物联网工程实战丛书

基于雾计算的智能硬件快速反应与安全控制

曾凡太　编著

机械工业出版社
China Machine Press

图书在版编目（CIP）数据

物联网之雾：基于雾计算的智能硬件快速反应与安全控制/曾凡太编著. —北京：机械工业出版社，2020.8

（物联网工程实战丛书）

ISBN 978-7-111-66055-2

Ⅰ. 物… Ⅱ. 曾… Ⅲ. ①互联网络－应用 ②智能技术－应用 Ⅳ. ①TP393.4 ②TP18

中国版本图书馆CIP数据核字（2020）第122733号

物联网之雾：基于雾计算的智能硬件快速反应与安全控制

出版发行：机械工业出版社（北京市西城区百万庄大街 22 号 邮政编码：100037）

责任编辑：李华君	责任校对：姚志娟
印　　刷：中国电影出版社印刷厂	版　　次：2020 年 8 月第 1 版第 1 次印刷
开　　本：186mm × 240mm 1/16	印　　张：14.5
书　　号：ISBN 978-7-111-66055-2	定　　价：69.00 元

客服电话：（010）88361066 88379833 68326294　　投稿热线：（010）88379604

华章网站：www.hzbook.com　　读者信箱：hzit@hzbook.com

丛书序

信息物理学是物联网工程的理论基础

物联网是近年发展起来的一种网络通信方式。它来源于互联网，但又不同于互联网。它不仅和软件相关，还涉及硬件。互联网在网络上创造一个全新世界时所遇到的“摩擦系数”很小，因为互联网主要和软件打交道。而物联网却涉及很多硬件，硬件研发又有其物理客体所必须要遵循的自然规律。

物联网和互联网是能够连接的。它能将物品的信息通过各种传感器采集过来，并汇集到网络上。因此，物联网本质上是物和物之间或物和人之间的一种交互。如何揭示物联网的信息获取、信息传输和信息处理的特殊规律，如何深入探讨信息物理学的前沿课题，以及如何系统、完整地建立物联网学科的知识体系和学科结构，这些问题无论是对高校物联网相关专业的开设来说，还是对物联网在实际工程领域中的应用来说，都是亟待解决的。

物联网领域千帆竞渡，百舸争流

物联网工程在专家、学者和政府官员提出的“感知地球，万物互联”口号的推动下，呈现出空前繁荣的景象。物联网企业的新产品和新技术层出不穷。大大小小的物联网公司纷纷推出了众多连接物联网的设备，包括智能门锁、牙刷、腕表、健身记录仪、烟雾探测器、监控摄像头、炉具、玩具和机器人等。

1. 行业巨头跑马圈地，产业资本强势加入

物联网时代，大型公共科技和电信公司已遍布物联网，它们无处不在，几乎已经活跃于物联网的每个细分类别中。这意味着一个物联网生态系统正在形成。

芯片制造商（英特尔、高通和 ARM 等）都在竞相争夺物联网的芯片市场；思科也直言不讳地宣扬自己的“万物互联”概念，并以 14 亿美元的价格收购了 Jasper；IBM 则宣布在物联网业务中投资 30 亿美元；AT&T 在汽车互联领域非常激进，已经与美国十大汽车制造商中的 8 家展开合作；苹果、三星和微软也非常活跃，分别推出了苹果 Homekit、三星 SmartThings 和新操作系统；微软还推出了 Azure 物联网；谷歌公司从智能家庭、智慧城市、

无人驾驶汽车到谷歌云，其业务已经涵盖了物联网生态系统中的绝大部分，并在这个领域投资了数十亿美元；亚马逊的AWS云服务则不断发展和创新，并推出了新产品……

在物联网领域中，企业投资机构携带大量资金强势进入，大批初创企业成功地从风险投资机构筹集到了可观的资金。其中最有名的就是Nest Labs公司，该公司主要生产配备Wi-Fi的恒温器和烟雾探测器；而生产智能门锁的August公司，也筹资到了1000万美元……

2．物联网创业公司已呈星火燎原之势

物联网创业公司的生态系统正在逐步形成。它们特别专注于“消费级”这一领域的物联网应用，很多创业孵化器都在扶植这个领域的创业军团。众筹提供了早期资金，中国的一些大型制造商也乐意与它们合作，甚至直接投资。一些咨询公司和服务提供商，也做了很多手把手的指导。物联网创业已经红红火火地启动，成为一种全球性现象。

3．高等院校开设物联网专业的热潮方兴未艾

近年来，我国理工类高等院校普遍开设了物联网专业。数百所高等院校物联网专业的学生也已经毕业。可以预见，高等院校开设物联网专业的热潮还将持续下去。但是在这个过程中普遍存在一些问题：有的物联网专业更像电子技术专业；有的则把物联网专业办成了网络专业，普遍缺乏物联网专业应有的特色。之所以如此，是因为物联网专业的理论基础还没有建立起来，物联网工程的学术体系也不完善。

物联网工程引领潮流，改变世界

1．智慧生活，更加舒适

科学家们已经为我们勾勒出了奇妙的物联网时代的智慧生活场景。

新的一天，当你吃完早餐，汽车已经等在门口了，它能自动了解道路的拥堵情况，为你设定合理的出行路线。

当你到了办公室后，计算机、空调和台灯都会自动为你打开。

当你快要下班的时候，敲击几下键盘就能让家里的电饭锅提前煮饭，还可以打开环境自动调节系统，调节室内温度和湿度，净化空气。

当你在超市推着一车购物品走向收款台时，不用把它们逐个拿出来刷条形码，收款台边上的解读器会瞬间识别所有物品的电子标签，账单会马上清楚地显示在屏幕上。

……

2. 智慧城市，更加安全

物联网可以通过视频监控和传感器技术，对城市的水、电、气等重点设施和地下管网进行监控，从而提高城市生命线的管理水平，加强对事故的预防能力。物联网也可以通过通信系统和 GPS 定位导航系统，掌握各类作业车辆和人员的状况，对日常环卫作业和垃圾处理等工作进行有效的监管。物联网还可以通过射频识别技术，建立户外广告牌、城市公园和城市地井的数据库系统，进行城市规划管理、信息查询和行政监管。

3. 工业物联网让生产更加高效

物联网技术可以完成生产线的设备检测、生产过程监控、实时数据采集和材料消耗监测，从而不断提高生产过程的智能化水平。人们通过各种传感器和通信网络，实时监控生产过程中加工产品的各种参数，从而优化生产流程，提高产品质量。企业原材料采购、库存和销售等领域，则可以通过物联网完善和优化供应链管理体系，提高供应链的效率，从而降低成本。物联网技术不断地融入工业生产的各个环节，可以大幅度提高生产效率，改善产品质量，降低生产成本和资源消耗。

4. 农业物联网改善农作物的品质，提升产量

农业物联网通过建立无线网络监测平台，可以实时检测农作物生长环境中的温度、湿度、pH 值、光照强度、土壤养分和 CO_2 浓度等参数，自动开启或关闭指定设备来调节各种物理参数值，从而保证农作物有一个良好和适宜的生长环境。构建智能农业大棚物联网信息系统，可以全程监控农产品的生长过程，为温室精准调控提供科学依据，从而改善农作物的生长条件，最终达到增加产量、改善品质、调节生长周期、提高经济效益的目的。

5. 智能交通调节拥堵，减少事故的发生

物联网在智能交通领域可以辅助或者代替驾驶员驾驶汽车。物联网车辆控制系统通过雷达或红外探测仪判断车与障碍物之间的距离，从而在遇到紧急情况时能发出警报或自动刹车避让。物联网在道路、车辆和驾驶员之间建立起快速通信联系，给驾驶员提供路面交通运行情况，让驾驶员可以根据交通情况选择行驶路线，调节车速，从而避免拥堵。运营车辆管理系统通过车载电脑和管理中心计算机与全球卫星定位系统联网，可以实现驾驶员与调度管理中心之间的双向通信，从而提高商业运营车辆、公共汽车和出租车的运营效率。

6. 智能电网让信息和电能双向流动

智能电力传输网络（智能电网）能够监视和控制每个用户及电网节点，从而保证从电厂到终端用户的整个输配电过程中，所有节点之间的信息和电能可以双向流动。智能电网

由多个部分组成，包括智能变电站、智能配电网、智能电能表、智能交互终端、智能调度、智能家电、智能用电楼宇、智能城市用电网、智能发电系统和新型储能系统。

智能电网是以物理电网为基础，采用现代先进的传感测量技术、通信技术、信息技术、计算机技术和控制技术，把物理电网高度集成而形成的新型电网。它的目的是满足用户对电力的需求，优化资源配置，确保电力供应的安全性、可靠性和经济性，满足环保约束，保证电能质量，适应电力市场化发展，从而为用户提供可靠、经济、清洁和互动的电力供应与增值服务。智能电网允许接入不同的发电形式，从而启动电力市场及资产的优化和高效运行，使电网的资源配置能力、经济运行效率和安全水平得到全面提升。

7．智慧医疗改善医疗条件

智慧医疗由智慧医院系统、区域卫生系统和家庭健康系统组成。物联网技术在医疗领域的应用潜力巨大，能够帮助医院实现对人的智能化医疗和对物的智能化管理工作，支持医院内部医疗信息、设备信息、药品信息、人员信息、管理信息的数字化采集、处理、存储、传输和共享，实现物资管理可视化、医疗信息数字化、医疗过程数字化、医疗流程科学化和服务沟通人性化，满足医疗健康信息、医疗设备与用品、公共卫生安全的智能化管理与监控，从而解决医疗平台支撑薄弱、医疗服务水平整体较低、医疗安全生产隐患较大等问题。

8．环境智能测控提高生活质量

环境智能监测系统包括室内温度、湿度及空气质量的检测，以及室外气温和噪声的检测等。完整的家庭环境智能监测系统由环境信息采集、环境信息分析和环境调节控制三部分组成。

本丛书创作团队研发了一款环境参数检测仪，用于检测室内空气质量。产品内置温度、湿度、噪声、光敏、气敏、甲醛和 PM2.5 等多个工业级传感器，当室内空气被污染时，会及时预警。该设备通过 Wi-Fi 与手机的 App 进行连接，能与空调、加湿器和门窗等设备形成智能联动，改善家中的空气质量。

信息物理学是物联网工程的理论基础

把物理学研究的力、热、光、电、声和运动等内容，用信息学的感知方法、处理方法及传输方法，映射、转换在电子信息领域进行处理，从而形成了一门交叉学科——信息物理学。

从物理世界感知的信息，通过网络传输到电子计算机中进行信息处理和数据计算，所产生的控制指令又反作用于物理世界。国外学者把这种系统称为信息物理系统（Cyber-Physical Systems，CPS）。

物理学是一门自然科学，其研究对象是物质、能量、空间和时间，揭示它们各自的性质与彼此之间的相互关系，是关于大自然规律的一门学科。

由物理学衍生出的电子科学与技术学科，其研究对象是电子、光子与量子的运动规律和属性，研究各种电子材料、元器件、集成电路，以及集成电子系统和光电子系统的设计与制造。

由物理学衍生出的计算机、通信工程和网络工程等学科，除了专业基础课外，其物理学中的电磁场理论、半导体物理、量子力学和量子光学仍然是核心课程。

物联网工程学科的设立，要从物理学中发掘其理论基础和技术源泉。构建物联网工程学科的知识体系，是高等教育工作者和物联网工程学科建设工作者的重要使命。

物联网的重要组成部分是信息感知。丰富的半导体物理效应是研制信息感知元件和传感芯片的重要载体。物联网工程中信息感知的理论基础之一是半导体物理学。

物理学的运动学和力学是运动物体（车辆、飞行器和工程机械等）控制技术的基础，而自动控制理论是该技术的核心。

物理学是科学发展的基础、技术进步的源泉、人类智慧的结晶、社会文明的瑰宝。物理学思想与方法对整个自然科学的发展都有着重要的贡献。而信息物理学对于物联网工程的指导意义也是清晰明确的。

对于构建物联网知识体系和理论架构，我们要思考学科内涵、核心概念、科学符号和描述模型，以及物联网的数学基础。我们把半导体物理和微电子学的相关理论作为物联网感知层的理论基础；把信息论和网络通信理论作为物联网传输层的参考坐标；把数理统计和数学归纳法作为物联网大数据处理的数学依据；把现代控制理论作为智能硬件研发的理论指导。只有归纳和提炼出物联网学科的学科内涵、数理结构和知识体系，才能达到“厚基础，重实践，求创新”的人才培养目标。

丛书介绍

《国务院关于印发新一代人工智能发展规划的通知》（国发〔2017〕35 号）（以下简称《规划》）指出，新一代人工智能相关学科发展、理论建模、技术创新、软硬件升级等整体推进，正在引发链式突破，推动经济社会各领域从数字化、网络化向智能化加速跃升。《规划》中提到，要构建安全高效的智能化基础设施体系，大力推动智能化信息基础设施建设，提升传统基础设施的智能化水平，形成适应智能经济、智能社会和国防建设需要的基础设施体系。加快推动以信息传输为核心的数字化、网络化信息基础设施，向集感知、传输、存储、计算、处理于一体的智能化信息基础设施转变。优化升级网络基础设施，研发布局第五代移动通信（5G）系统，完善物联网基础设施，加快天地一体化信息网络建设，提高低时延、高通量的传输能力……由此可见，物联网的发展与建设将是未来几年乃至十几年的一个重点方向，需要我们高度重视。

在理工类高校普遍开设物联网专业的情况下，国内教育界的学者和出版界的专家，以及社会上的有识之士呼吁开展下列工作：

梳理物联网工程的体系结构；归纳物联网工程的一般规律；构建物联网工程的数理基础；总结物联网信息感知和信息传输的特有规律；研究物联网电路低功耗和高可靠性的需求；制定具有信源多、信息量小、持续重复而不间断特点的区别于互联网的物联网协议；研发针对万物互联的物联网操作系统；搭建小型分布式私有云服务平台。这些都是物联网工程的奠基性工作。

基于此，我们组织了一批工作于科研前沿的物联网产品研发工程师和高校教师作为创作团队，编写了这套“物联网工程实战丛书”。丛书先推出以下6卷：

《物联网之源：信息物理与信息感知基础》

《物联网之芯：传感器件与通信芯片设计》

《物联网之魂：物联网协议与物联网操作系统》

《物联网之云：云平台搭建与大数据处理》

《物联网之智：智能硬件开发与智慧城市建设》

《物联网之雾：基于雾计算的智能硬件快速反应与安全控制》

丛书创作团队精心地梳理出了他们对物联网的理解，归纳出了物联网的特有规律，总结出了智能硬件研发的流程，贡献出了云服务平台构建的成果。工作在研发一线的资深工程师和物联网研究领域的青年才俊们贡献了他们丰富的**项目研发经验、工程实践心得和项目管理流程**，为“百花齐放，百家争鸣”的物联网世界增加了一抹靓丽景色。

丛书全面、系统地阐述了物联网理论基础、电路设计、专用芯片设计、物联网协议、物联网操作系统、云服务平台构建、大数据处理、智能硬件快速反应与安全控制、智能硬件设计、物联网工程实践和智慧城市建设等内容，勾勒出了物联网工程的学科结构及其专业必修课的范畴，并为物联网在工程领域中的应用指明了方向。

丛书从硬件电路、芯片设计、软件开发、协议转换，到智能硬件研发（小项目）和智慧城市建设（大工程），都用了很多篇幅进行阐述；系统地介绍了各种开发工具、设计语言、研发平台和工程案例等内容；充分体现了工程专业“理论扎实，操作见长”的学科特色。

丛书理论体系完整、结构严谨，可以提高读者的学术素养和创新能力。通过系统的理论学习和技术实践，让读者学有所成：在信息感知研究方向，因为具备丰富的敏感元件理论基础，所以会不断地发现新的敏感效应和敏感材料；在信息传输研究方向，因为具备通信理论的涵养，所以会不断地制定出新的传输协议和编码方法；在信息处理研究领域，因为具有数理统计方法学的指导，所以会从特殊事件中发现事物的必然规律，从而从大量无序的事件中归纳出一般规律。

本丛书可以为政府相关部门的管理者在决策物联网的相关项目时提供参考和依据，也可以作为物联网企业中相关工程技术人员的培训教材，还可以作为相关物联网项目的参考资料和研发指南。另外，对于高等院校的物联网工程、电子工程、电气工程、通信工程和自动化等专业的研究生和高年级本科生教学，本丛书更是一套不可多得的教学参考用书。

相信这套丛书的“基础理论部分”对物联网专业的建设和物联网学科理论的构建能起到奠基作用，对相关领域和高校的物联网教学提供帮助；其“工程实践部分”对物联网工程的建设和智能硬件等产品的设计与开发起到引领作用。

丛书创作团队

本丛书创作团队的所有成员都来自一线的研发工程师和高校教学与研发人员。他们都曾经在各自的工作岗位上做出了出色的业绩。下面对丛书的主要创作成员做一个简单的介绍。

曾凡太，山东大学信息科学与工程学院高级工程师。已经出版“EDA 工程丛书”（共5卷，清华大学出版社出版）、《现代电子设计教程》（高等教育出版社出版）、《PCI 总线与多媒体计算机》（电子工业出版社出版）等，发表论文数十篇，申请发明专利4项。

边栋，毕业于大连理工大学，获硕士学位。曾执教于山东大学微电子学院，指导过本科生参加全国电子设计大赛，屡创佳绩。在物联网设计、FPGA 设计和 IC 设计实验教学方面颇有建树。目前在山东大学微电子学院攻读博士学位，研究方向为电路与系统。

曾鸣，毕业于山东大学信息学院，获硕士学位。资深网络软件开发工程师，精通多种网络编程语言。曾就职于山东大学微电子学院，从事教学科研管理工作。目前在山东大学微电子学院攻读博士学位，研究方向为电路与系统。

孙昊，毕业于山东大学控制工程学院，获工学硕士学位。网络设备资深研发工程师。曾就职于华为技术公司，负责操作系统软件的架构设计，并担任C语言和Lua语言讲师。申请多项ISSU技术专利。现就职于浪潮电子信息产业股份有限公司，负责软件架构设计工作。

王见，毕业于山东大学。物联网项目经理、资深研发工程师。曾就职于华为技术公司，有9年的底层软件开发经验和系统架构经验，并在项目经理岗位上积累了丰富的团队建设经验。现就职于浪潮电子信息产业股份有限公司。

张士辉，毕业于青岛科技大学。资深App软件研发工程师，在项目开发方面成绩斐然。曾经负责过复杂的音视频解码项目，并在互联网万兆交换机开发项目中负责过核心模块的开发。

赵帅，毕业于沈阳航空航天大学。资深网络设备研发工程师，从事Android平板电脑系统嵌入式驱动层和应用层的开发工作。曾经在语音网关研发中改进了DSP中的语音编解码及回声抵消算法。现就职于浪潮电子信息产业股份有限公司。

李同滨，毕业于电子科技大学自动化工程学院，获工学硕士学位。嵌入式研发工程师，主要从事嵌入式硬件电路的研发，主导并完成了多个嵌入式控制项目。

徐胜朋，毕业于山东工业大学电力系统及其自动化专业。电力通信资深专家、高级工程师。现就职于国网山东省电力公司淄博供电公司，从事信息通信管理工作。曾经在中文核心期刊发表了多篇论文。荣获国家优秀质量管理成果奖和技术创新奖。申请发明专利和实用新型专利授权多项。

刘美丽，毕业于中国石油大学（北京），获工学硕士学位，现为山东农业工程学院副教授、高级技师，从事自动控制和农业物联网领域的研究。已出版《MATLAB 语言与应用》（国防工业出版社）和《单片机原理及应用》（西北工业大学出版社）两部著作。发表国家级科技核心论文 4 篇，并主持山东省高校科研计划项目 1 项。

杜秀芳，毕业于山东大学控制科学与工程学院，获工学硕士学位。曾就职于群硕软件开发（北京）有限公司，任高级软件工程师，从事资源配置、软件测试和 QA 等工作。现为山东劳动职业技术学院机械工程系教师。

王洋，毕业于辽宁工程技术大学，获硕士学位。现就职于浪潮集团，任软件工程师。曾经发表多篇智能控制和设备驱动方面的论文。

本丛书涉及面广，内容繁杂，既要兼顾理论基础，还要突出工程实践，这对于整个创作团队来说是一个严峻的挑战。令人欣慰的是，创作团队的所有成员都在做好本职工作的同时坚持写作，付出了辛勤的劳动。最终天道酬勤，成就了这套丛书的出版。在此，祝福他们事业有成！

丛书服务与支持

本丛书开通了服务网站 www.iotengineer.cn，读者可以通过访问服务网站与作者共同交流书中的相关问题，探讨物联网工程的有关话题。另外，读者还可以发送电子邮件到 hzbook2017@163.com，以获得帮助。

曾凡太

于山东大学

序言

云雾翻腾展身姿，群雄争锋露峥嵘

各位读者，“物联网工程实战丛书”的第 6 卷《物联网之雾：基于雾计算的智能硬件快速反应与安全控制》也终于完稿了。

雾计算作为物联网一项短距离通信的技术，在未来的物联网大发展中将会有广泛的应用。目前雾计算已经在智能硬件快速反应和安全控制领域有了一些应用。本书主要介绍雾计算的相关背景知识和基础理论知识，并对雾计算在物联网中的应用——智能硬件快速反应和安全控制做了较为系统的介绍和展望，这对填补国内这一领域的空白有积极作用。

我在编写本书时，自然想起了《物联网之云》这本书中的主题，也想起了该书序言中的一段小文，将其补充更新，是为本书序。

远在天边的云，美不胜收！

那是 IT 巨头的盛装表演，是王者的饕餮盛宴。

私有云巅峰已过，混合云正在崛起，公有云大战正酣。

公有云服务提供商实力与谋略火花四溅。

开源云软件之间“争风吃醋”与拥抱并存。

没有想象中的大众狂欢，只有整个 IT 业的呜咽。

除了公有云三巨头，其他的云计算公司和 IT 企业却并没想象中的光鲜。

中小企业、IT 创客、传统 IT 企业，都只是云的用户。

它们没有能力和 IT 巨头竞争，但还得生存，天天为行业做贡献。

那就用一本《物联网之云》来安慰一下 IT 创客们受伤的心灵，拯救那些还挣扎于“水深火热”中的传统 IT 企业吧！

何谓云？哪是雾？物联网上为何雾起云涌？

期待《物联网之雾》把答案呈现。

哦，物联网，那丛书，那理论，那实战……

近在咫尺的雾，恍如仙境！

那是群雄征战厮杀的战场飘起的缕缕硝烟。

云雾翻腾展身姿，群雄争锋露峥嵘！

物联网上，雾起云涌。

各种协议、各种标准、各种学说，层出不穷！

各种联盟、各种组织、各种山头，群峰林立！

平衡各方利益，规范通用，架起了沟通的桥梁。

寻求隐私保护，加密验证，树立了安全的屏障。

网络应有边缘，边缘计算在边缘，部署在终端。

网络本无中心，加密共识区块链，应用待完善。

大咖引导潮流，几分是真？几分是假？几分是梦幻？

人类信息传输，互联网诞生，风起云涌，一夜普及！

实物数据感知，物联网问世，云雾遮月，十年不破！

哦，物联网，那云，那雾，那网络……

置身迷雾中，彷徨又坦然。

云遮雾障崎岖路，迂回盘旋不胜寒。

魑魅魍魉舞翩翩，网络净化史无前！

网上警察、云上督察，鏖战正酣！

刀客、剑客、黑客、IT 高手，物联网上同台竞技。

霸主用产业生态奠基业，勇士习信息物理固元气。

太上老君送来一粒仙丹、一条金链。

仙丹圆圆，致幻了网上警惕的眼睛。

金链闪闪，改变了信任传输的理念。

就连物联网这个靠设备产生数据的“诚实人”，也试图服用仙丹，套上金链，从脚踏实地，走向飘飘欲仙！

真实的物理世界，幻化出无限的海市蜃楼，还有那仙山。

哦，物联网，那链，那物，那边缘……

走入云雾中，诗意又朦胧。

物联网描述的童话世界，神秘而辉煌。

互联网勾勒的智慧城市，美好且安祥。

远征人：望梅不止渴，画饼难充饥，疑是南柯梦一场。

治学者：理万千线索，阅海量华章，千日吸取百家长。

传感是源，采集感知的数据在存储时变成信息。

硬件有芯，检索存储的信息在分析时变成知识。

软件是魂，深度学习的知识在操作时化为智慧。
中心飘云，售资源、网络、软件、服务给千万家。
设备有智，集传感、计算、通信、控制于一身。
边缘生雾，分层次、框架、协议、接口予众厂商。
同一起点，工程师的物联网里，腾云驾雾，山重水复疑无路，柳暗花明又一村！
同一目标，运营商的雾计算中，殚精竭虑，蓬山此去多歧路，慧眼识途避险阻。
哦，物联网，那 OS，那 AI，那 IC……

仅以此文致敬那些辛勤工作在云雾之中的工程师们！

曾凡太

于山东大学

目录

第 1 章　概　　述

本章简单叙述互联网、物联网、云计算、雾计算、边缘计算和区块链的一些基本概念，为深入探讨物联网之雾技术架构和物联网工程实战做基础铺垫。

1.1　互　联　网

将计算机互相连接在一起的方法可称作“网络互联”，在这个基础上发展出来的覆盖全世界的网络称为“互联网”，即“互相连接在一起的网络”。互联网是指将两台及以上的计算机终端、客户端、服务端通过计算机信息技术手段互相联系起来而形成的网络，人们可以通过网络与远在千里之外的朋友相互发送邮件、共同完成一项工作、共同娱乐。更为重要的是，在互联网上还可以进行广告宣传和购物。互联网给我们的生活带来了很大的便利。在互联网上，人们可以在数字知识库里寻找自己在学业上、事业上的需求，从而通过网络帮助自己的学习与工作。互联网服务以提供中介服务为主，通过互联网，可以很容易地将相关的各方联系在一起，通过把中心化的服务器或相关资源联系在一起，提供更为方便、快捷的服务。

1．互联网特征

- 高并发（High Concurrency）：通过设计，保证系统能够同时并行处理很多请求。
- 响应时间：系统对请求做出响应的时间。
- 吞吐量：单位时间内处理的请求数量。
- QPS：每秒响应的请求数。
- 并发用户数：同时承载正常使用系统功能的用户数量。
- 互联网结构：互联网分布式架构设计，是提高系统并发能力的方式，主要有两种方法，即垂直扩展（Scale Up）与水平扩展（Scale Out）。
  - 垂直扩展：提升单机处理能力。首先，增强单机的硬件性能，如增加 CPU 核数为 32 核，升级更快的万兆网卡、更好的硬盘如 SSD，扩充硬盘容量到 2TB，扩充系统内存到 128GB。其次，提升单机架构性能，使用 Cache 来减少 I/O 访问次数，使用异步来增加单服务吞吐量，使用无锁数据结构来减少响应时间。

➢ 水平扩展：只要增加服务器数量，就能线性扩充系统性能。

2. 服务模式

面向连接的服务是按顺序、保证传输质量、可恢复错误和流量控制的可靠服务。其网络数据传输基于 TCP/IP 协议，具有实时通信、可靠信息流、信息恢复确认的优点；缺点是占用信道。

无连接服务是不按顺序、不保证传输质量、不可恢复错误、不进行流量控制、不可靠的连接服务。其网络数据传输基于 UDP/IP 连接，具有不占用信道的优点；缺点是非实时通信、信息流可能丢失、信息不恢复确认。

3. TCP/IP协议

互联网络由依靠 IP 协议及可靠性依靠 TCP 协议。

TCP/IP 协议的通信方式是分组交换方式。分组交换就是把数据分成若干段，每个数据段称为一个数据包，TCP/IP 协议的基本传输单位是数据包。TCP/IP 协议在数据传输过程中完成以下功能：

（1）由 TCP 协议把数据分成若干个数据包，给每个数据包写上序号，以便接收端把数据还原成原来的格式。

（2）IP 协议给每个数据包写上发送主机和接收主机的地址，一旦写上源地址和目标地址，数据包就可以在互联网上传送数据了。IP 协议具有利用路由算法进行路由选择的功能。

（3）数据包通过不同的传输途径（路由）进行传输，由于路径不同，加上其他原因，可能出现顺序颠倒、数据丢失、数据失真甚至重复的现象。这些问题由 TCP 协议来处理，它具有检查和处理错误的功能，必要时还可以请求发送端重发。

1.2 物　联　网

物联网（Internet of Things，IoT）是指通过信息传感设备，按约定的协议，将任意物体与网络相连接，物体通过信息传播媒介进行信息交换和通信，以实现智能化识别、定位、跟踪和监管等功能。

物联网是让所有能够被独立寻址的普通物理对象实现互联互通的网络，具有**普通物体设备化、自治终端互联化和普适服务智能化**的重要特征。

物联网概念是一种科学概念，是将其用户端延伸和扩展到任意物品与任意物品之间进行信息交换和通信的一种网络概念。

物联网是指各类传感器和现有的互联网相互衔接的一种新技术，利用互联网技术、RFID 技术、无线通信技术等，构造一个连接世界万物的网络。在这个网络中，物品（商品）能够彼此进行信息交流，而无须人的干预。

物联网概念的问世，打破了之前的传统网络思维模式。

1.3 云 计 算

云计算（Cloud Computing）是分布式计算的一种，指的是通过网络“云”将巨大的数据计算处理程序分解成无数个小程序，然后通过数据中心的多部服务器组成的系统进行处理和分析这些小程序，得到结果并返回给用户。云计算早期就是简单的分布式计算，解决任务分发，并进行计算结果的合并。通过云计算技术，可以在很短的时间内（几秒钟）完成对数以万计数据的处理，从而达到强大的网络云服务。

“云”实质上是一种提供资源的网络，使用者可以随时获取“云”上的资源，按需求量使用，并且可以将其看成是无限扩展的，只要按使用量付费即可。这种计算资源共享池叫作“云”。云计算把许多计算资源集合起来，通过软件实现自动化管理，只需要很少的人参与，就能把资源快速提供给用户。计算能力作为一种商品，可以在互联网上流通，就像水、电和煤气公司的商业模式一样。

云计算服务是一种网络应用概念，在网站上出售（提供）快速且安全的云计算服务与数据存储服务，让网络用户通过付费使用网络上的庞大计算资源与数据中心。用户通过网络获取到计算和存储资源，获取的资源不受时间和空间的限制。

云计算服务是一种按使用量付费的模式，这种模式提供可用的、便捷的、按需的网络访问，进入可配置的计算资源共享池（资源包括网络、服务器、存储和应用软件），这些资源能够被快速提供，只需投入很少的管理工作，或与服务供应商进行很少的交互。

云计算和我们的关系非常密切，在我们的日常生活中都会运用到云计算，并且云计算已经丰富了我们的日常生活。在我们的工作中，数据的统计和销售信息的分析等都在逐步使用云计算方式来完成。我们使用的云盘，以及我们手机上使用的云存储设备，都是由云计算技术而来。云计算为我们的生活带来了很多方便，它既可以帮助我们存储数据，同时还能够帮助我们了解更多的内容，甚至可以帮助我们进行备份，这些都是云计算的功劳。

云计算有一个很重要的特点和优势就是资源池化，就是把 IaaS、PaaS 和 SaaS 层的资源（CPU、存储、网络等）放入资源池中（云服务器），由云服务器进行集中管理。云计算里所有的服务都是通过资源池里的资源提供的。

云计算的意义并不在于它的概念，而在于它所代表的理念。这种全新的理念被称作“X即服务”（X as a Service）。例如，软件即服务（SaaS）是普通消费者可以感知到的云计算服务，这种服务最大的特征就是消费者并不购买任何实体的产品，而是购买具有与实体产品同等功能的服务。

云计算的特点如下：

- 使用虚拟化技术。虚拟化技术包括应用虚拟和资源虚拟，物理平台与应用部署的环境在空间上是没有任何联系的，通过虚拟技术对相应终端操作完成数据备份、迁移和扩展等。
- 动态可扩展。云计算具有高效的运算能力，能够使计算速度迅速提高，实现动态扩展虚拟化的目的。
- 按需部署。不同的应用对应的数据资源库不同，所以需要较强的计算能力对资源进行部署，云计算平台能够根据用户的需求快速配备计算能力及资源。
- 可靠性高。服务器故障不影响计算与应用的正常运行。单点服务器出现故障时可以通过虚拟化技术，将分布在不同物理服务器上的应用进行恢复，或利用动态扩展功能部署新的服务器进行计算。
- 性价比高。云计算将资源放在虚拟资源池中统一管理，优化了物理资源，用户不再需要昂贵、存储空间大的主机。
- 可扩展性强。用户可以利用应用软件的快速部署条件扩展自身所需的业务。在对虚拟化资源进行动态扩展的情况下同时能够高效扩展应用，提高云计算的操作水平。

云计算服务曾经承载着业界的厚望。业界有人认为，未来计算功能将完全放在云端。云计算服务的贡献是巨大的，然而将数据从云端导入、导出实际上比人们想象的要更为复杂和困难。由于接入设备（尤其是移动设备）越来越多，在传输数据和获取信息时，带宽就显得捉襟见肘了。随着物联网和移动互联网的高速发展，人们越来越依赖云计算，联网设备越来越多，设备越来越智能，移动应用成为人们在网络上处理事务的主要方式，数据量和数据节点数不断增加，不仅会占用大量的网络带宽，而且会加重数据中心的负担，数据传输和信息获取的情况将越来越糟。5G 通信技术的推广，暂时缓解了这种局面，但是人们仍在寻找更好的解决方案。

1.4 雾计算

雾计算（Fog Computing）由美国纽约哥伦比亚大学的斯特尔佛教授提出，当时的目的是利用“雾”来阻挡黑客入侵。后来，思科首次正式提出雾计算的概念，并赋予了雾计算新的含义。雾计算是面向物联网的分布式计算，将计算能力和数据分析应用扩展至网络“边缘”，面向物联网终端，使客户在本地分析和管理数据，在终端获得实时的测控能力。

在雾计算模式中，数据、数据处理、应用程序聚集在网络边缘的设备中，而不是保存在云中。

和云计算的叫法一样，雾计算的叫法也十分形象。云在天空飘浮，高高在上，遥不可及，刻意抽象；而雾却贴近地面，就在你我身边。雾计算由性能较弱、更为分散的各类功能不同的物联网终端组成，渗入工厂、汽车、电器、交通灯、城市夜间照明灯及人们生活的各类用品中。

雾计算与云计算是对称的，云计算的弱点，雾计算都没有。雾计算使用网络边缘中的设备，其数据传输具有极低的时延性。雾计算具有辽阔的地理分布，是带有大量网络节点的大规模传感器网络。雾计算实时性好，它使物联网终端和其他移动设备之间可以互相直接通信，信号不必到云端甚至基站去绕一圈，具备很高的实时性。

雾计算是新一代分布式计算，符合互联网的“去中心化”特征。自从思科提出了雾计算的概念，已经有 ARM、戴尔、英特尔、微软等几大科技公司及普林斯顿大学加入了这个阵营，并成立了非盈利性组织开放雾计算联盟（OpenFog Consortium，后文简称为“雾计算联盟”），旨在推广和加快开放雾计算技术的普及，建立雾计算标准体系，促进物联网的发展。

对物联网而言，雾计算技术把许多控制任务通过本地设备实现而无须交由云端处理，控制过程、判断决策在本地雾计算层完成，这将提升处理效率，减轻云端的负荷。

物联网将电子设备、移动终端和家用电器等都互联起来，这些设备数量巨大，分布广泛，只有雾计算才能满足物联网的计算功能。现实的需求对雾计算提出了要求，为雾计算提供了发展机会。有了雾计算，才使得很多业务可以部署，比如车联网。车联网的应用和部署要求有丰富的连接方式和相互作用，如车到车、车到接入点（无线网络、3G、LTE、智能交通灯和导航卫星网络等）、接入点到接入点。车联网提供娱乐信息、行车安全、交通保障等服务。智能交通灯需要对车辆移动性和位置信息进行计算，计算量虽然不大，但时延要求高，显然只有雾计算比较适合。如果城市中的所有交通灯都需要由云计算来统一计算，由数据中心来指挥，这样不仅不及时，也容易出错。智能交通灯的本意是根据车流量来自动指挥车辆的通行，避免前方无车但遇红灯时也要停车等到绿灯再走的情况。因此，实时计算非常重要，每个交通灯都应有计算能力，自行完成智能交通指挥，这就是雾计算的快速反应优势。

雾计算采用的分布式计算架构工作在物联网终端和网络边缘，因此数据的存储及处理更依赖本地设备，而非云服务器。云计算是新一代的集中式计算，雾计算是新一代的分布式计算，符合互联网的“去中心化”特征。

雾计算不像云计算那样，要求使用者连上远端的大型数据中心才能获取服务。除了架构上的差异，云计算所能提供的应用，雾计算基本上都能提供，只是雾计算所采用的计算平台效能可能不如大型数据中心。

雾计算不仅可以解决联网设备自动化的问题，更关键的是，它对数据传输量的要求更小。雾计算有利于提高本地存储与计算能力，消除数据存储及数据传输的瓶颈，非常值得期待。

1.5 边缘计算

边缘计算（Edge Computing）起源于传媒领域，是指在靠近物或数据源头的一侧，采用网络、计算、存储、应用核心能力为一体的开放平台，就近提供终端计算服务。其应用程序在边缘侧发起，产生更快的网络服务响应，满足行业在实时测控、智能应用、安全与隐私保护等方面的基本需求。从物理位置部署的不同可以看到，**边缘计算处于物理实体和网络连接之间，雾计算处于物理实体的终端，云计算处于遥远的数据中心**。

边缘计算是一种计算技术基础架构，在生产设施（设备）中现场收集、分析和存储数据，从而节省数据传输时间，提高系统响应速度，有助于系统维护运营，而不是依赖于将所有数据存储在云中的较慢系统中。边缘计算对优化工业物联网的性能，维持自动化系统正常运行和提供接近实时的数据与分析产生重大影响。

边缘计算联盟 ECC 对于边缘计算的参考架构的定义，包含了设备、网络、数据与应用这四域。第一个是设备域的问题。纯粹的物联网（IoT）设备跟自动化系统的 I/O 测控设备相比较，有不同但也有重叠部分。第二个是网络域的问题。在传输层面，物联网（IoT）终端数据与自动化生产线的数据，其传输方式、机制、协议都不同，要解决传输的数据标准问题。第三个是数据域的问题。数据域需要解决数据传输、数据存储、数据格式等问题，包括数据的查询与数据交互的机制和策略问题。第四个是应用域的问题。这一领域的应用模型尚未有实际的应用。边缘计算技术架构如图 1.1 所示。

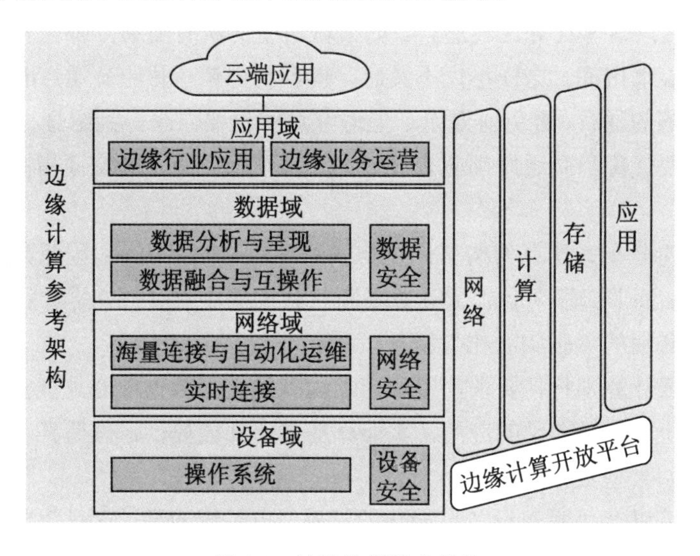

图 1.1 边缘计算技术架构

从产业价值链整合角度而言，边缘计算联盟 ECC 提出了 CROSS 概念，即在敏捷连接（Connection）的基础上，实现实时业务（Real-time）、数据优化（Data Optimization）、应用智能（Smart）、安全与隐私保护（Security），为用户在网络边缘侧带来价值和机会，也就是联盟成员要关注的重点。

工业自动化是以“控制”为核心的电子信息系统。自动控制是基于“信号”进行的，边缘计算则是基于“数据”进行的。计算的意义是指“策略”“规划”，更多聚焦于“调度、规划、策略”。就像对高铁进行调度的系统一样，每增加一个车次，都会引发调度系统的调整，它是基于时间和节点的运筹与规划问题。边缘计算在工业领域的应用是这类“调度、策略”的计算。传统自动控制是“基于信号的控制”，边缘计算则可以理解为“基于信息的控制”。

虽然边缘计算降低了延时，但是其 50ms、100ms 这种周期对于高精度机床、机器人、高速图文印刷系统的 100μs 这样的“控制任务”而言，仍然是非常大的延时。边缘计算所谓的“实时”，从自动化行业的视角来看依然被归在“非实时”的应用里。

1.6　云计算、雾计算、边缘计算的关系

云计算是以 IT 运营商为主体提供的服务，以社会公有云为主。雾计算是以终端设备为载体提供的计算服务，以个人云、私有云和企业云等小型云为主。云计算强调整体计算能力，一般由一堆集中的高性能计算设备（服务器）完成计算。雾计算扩大了云计算的网络计算模式，将网络计算从网络中心扩展到了网络边缘，更加广泛地应用于各种服务。雾计算具有更低的延时和更边缘的网络分布，更加适应移动性的应用，具有更多的边缘节点支持、更方便的移动业务部署和更广泛的节点接入网络。

云计算需要把数据传到云端，然后处理。而边缘计算不需要上传，直接在本地（设备端）实时收集有意义的数据并进行处理，相较而言，边缘计算不仅高效而且安全。

云计算将数据几乎全部保存在云中，而雾计算将数据存储、数据处理和应用程序集中在网络边缘的设备中，数据的存储及处理更依赖本地设备而非服务器。雾计算强调数量，支持更多的边缘节点，不管单个计算节点能力多么弱都要发挥作用，很适合移动性的应用。

三种计算服务模式的范畴如图 1.2 所示。

物联网的主要领域在边缘计算和雾计算。电信运营商当前的部署模型强调云连接，然而这在许多实际情况下是不可行的。将所有的边缘设备连接到云服务存在三个主要问题。

（1）随着网络边缘连接设备的增加，指数级增长的海量数据将带来网络拥塞方面的挑战。

（2）对于许多应用案例来说，性能、安全性、带宽、可靠性和许多其他问题，都依赖

云计算解决方案不切实际。

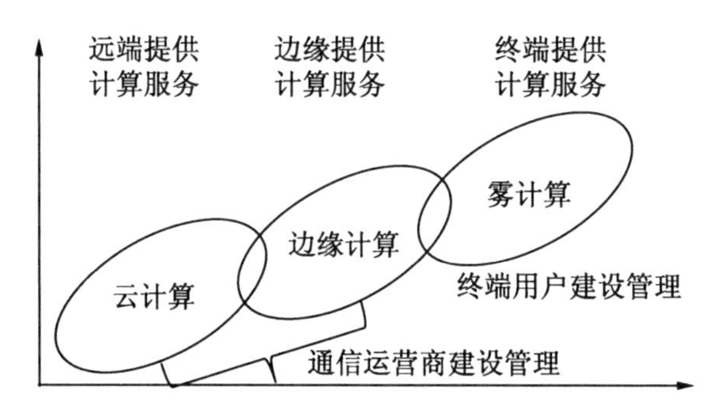

图 1.2　三种计算服务模式的范畴

（3）云计算架构方法支持不了物联网的数据传输速度和容量需求。为了保持物联网的发展，雾计算联盟正在定义一种架构，在逻辑的网络边缘用智能信息处理来解决基础设施和连接方面的挑战，这种方法称为雾计算。

互联网应用使用云计算更多一些，物联网应用使用雾计算更多一些。人机（物）结合的应用，需要云计算与雾计算的结合。

1.7　小　　结

本章给出了互联网、物联网、云计算、雾计算、边缘计算的一般概念，为后续章节展开深入分析和实战应用做好铺垫。

1.8　习　　题

1．什么是互联网？
2．什么是物联网？
3．什么是网络边缘？
4．什么是云计算？
5．什么是雾计算？
6．什么是边缘计算？

第2章　雾　计　算

雾计算是思科创造的一个术语，由雾计算联盟支持，该联盟由 ARM、思科、戴尔、英特尔、微软和普林斯顿大学边缘计算实验室于 2015 年成立。该联盟的使命如下：

联盟的工作将定义分布式计算、网络、存储、控制和资源的架构，以支持物联网边缘的智能，包括自我感知的机器、物体、设备和智能对象。雾计算联盟成员还将识别和开发新的运营模式，有助于实现和推动下一代物联网发展。

雾计算的主要目标是提高效率，并化解传送到云端的计算、储存时可能产生的网络拥塞现象。雾计算也可以用来提高物联网的安全性、规范性和快速反应机制。

2.1　雾计算概述

1. 雾计算的安全性

伴随着移动智能终端和无线网络技术的日益推广，越来越多的数据产生并分布于网络环境中。数据的增长给计算服务带来了压力，传统的云计算网络架构无法满足异构、低延时、密集化的网络接入和服务需求。雾计算将云计算扩展到了网络的边缘，解决了云计算移动性差、地理信息感知弱、延时长等问题。然而，雾计算兴起的同时也给用户的数据安全带来了新的挑战。一方面，雾计算位于网络的边缘，更靠近用户，复杂的应用环境和多样的业务服务使得数据可靠性得不到保证，这就需要采用更好的保护技术加强雾计算系统的稳定性和可靠性。另一方面，雾计算环境中的业务数据面临着各式各样的安全威胁，传统的数据安全机制很难抵御恶意入侵和破坏，需要新的数据安全技术来应对。科技工作者采用复杂的网络理论、微分博弈理论和超图理论等作为数学工具，围绕雾计算的结构模型、系统安全的鲁棒性、入侵检测技术、恶意程序传播模型及密钥管理技术等方面展开深入研究。他们研究雾计算系统模型在遭受随机攻击及蓄意攻击后，其结构和功能的变化，并给出相应的计算公式。物联网演化模型为分析雾计算系统的鲁棒性提供了一个通用的结构框架。

2. 雾计算的分布性

数据产生和采集的设备不具备计算能力和存储资源，无法执行各种高级分析计算和机器学习任务，而雾计算能够发挥作用，是因为它在网络边缘运作。云端服务器拥有完成这些项目所需的所有功能，但它们通常距离太远而无法及时响应。雾计算与各端点更接近，能够带来很好的结果。在雾计算的环境里，所有的处理程序通常都在特定的智能型设备或特定的通信设备中部署，这样发送到云端的数据能有效地减少。

3. 关于雾计算联盟

雾计算联盟的成立宗旨是加快雾计算技术的普及，解决涉及物联网、5G 和人工智能应用的带宽、延时性和通信方面的挑战。联盟致力于建立开放式技术，其任务是建立和验证物联网框架，让云端和终端之间拥有安全、高效的信息处理能力。雾计算联盟如今已成为物联网雾计算领先的研究组织和创新机构。

4. 关于雾计算国际大会

雾计算国际大会（Fog World Congress）是规模最大的以雾计算为中心的会议，旨在将运维业务、技术研发和理论研究的专家们聚集在一起，探讨雾计算、人工智能、物联网和 5G 等技术及其挑战、部署及机遇。

5. 关于IEEE标准协会

IEEE 标准协会是全球认可的 IEEE（电气与电子工程师协会）标准制定机构，通过开放式流程订立共同的标准，推动行业参与并汇聚广泛的利益相关方群体。IEEE 标准以最新的科学技术知识为基础来制定规范和实践方案。IEEE 标准协会已有 1250 多个现行标准，另有超过 650 项标准正在制定中。雾计算联盟与其合作制定了第一个雾计算标准 IEEE 1934。

2.2 雾计算的标准

为了推广雾计算应用，雾计算联盟已经制定了一个 IEEE 标准，该标准将奠定雾计算的技术基础，以确保设备、传感器、监视器和服务器是可互操作的，并将共同处理来自物联网、5G 和人工智能系统的数据流。该标准被称为 IEEE 1934，主要是在过去两年由 OpenFog 财团，其中包括 ARM、思科、戴尔、英特尔、微软和普林斯顿大学制定的。

IEEE 1934 标准将雾计算定义为一种系统级的水平体系结构，它将计算、存储、控制、网络的资源和服务分布在从云到物的任何地方。它支持行业垂直应用领域，使服务和应用程序能够更接近数据生成源，并且能从实物设备、网络边缘、中心云端多个层次进行扩展。

雾计算由业界支持，并且计划通过雾计算标准增加新应用和商业模式的发展。根据 OpenFog 联盟的说法：物联网、5G 和人工智能应用程序的广度和规模需要多个层面的协作，包括硬件、软件、边缘计算和云计算，以及能够支持我们的所有“实物”进行交流的协议和标准。

现有的网络基础设施无法跟上物联网设备产生的数据量和速度，也无法满足某些应用案例（如应急服务和自动驾驶车辆）所需的低延时响应时间。

雾计算能够在数据生成传感器附近执行等待时间敏感的计算，从而得到更有效的网络带宽、更多的功能和高效的物联网解决方案。雾计算还将提供更大的商业灵活性、更深入和更快的洞察力、逐渐提高的安全性和更低的运营成本来实现业务的敏捷性。

IEEE 采用雾计算参考架构作为雾计算的正式标准。

雾计算标准提供行业认可的框架，在提高性能和保障安全的同时加速物联网、5G 和人工智能方面的创新和市场发展。

雾计算拥有以行业为后盾的宏伟蓝图，能够通过雾计算开发新的应用和商业模式，对于期望从该标准带来的后续创新和市场发展中受益的公司和行业而言，这不仅是物联网发展中的重要里程碑，也是一个巨大的转折点。

雾计算有一个系统级架构，沿着从云到物（Cloud to Things）的路径在任何位置分配用于计算、存储、控制和联网的资源和服务。它支持多个行业垂直和应用领域，使服务和应用能够更接近数据（生成）源，实物设备在网络边缘通过云并跨多个协议层进行部署和测控。

雾计算参考架构为开发雾计算标准提供了坚实的基础，雾计算参考架构框架标准工作组、OpenFog 技术委员会和 IEEE 标准委员会密切合作，协同效应明显，加速了雾计算标准的制定进程。

2017 年 2 月发布的雾计算参考架构，基于 8 项核心技术，被称为“八大支柱”，代表了系统需要的关键属性。该参考架构现已成为 IEEE 标准，满足了从云到物统一体的可互操作的需求，包括端到端连接方案的需求。

雾计算参考架构的目的是将其作为项目开发的结构框架标准，实现了雾计算的标准化，使其成为下一代计算和通信行业数字化革命的催化剂。

雾计算 IEEE 标准的通过，建立了可普遍理解的一致性协议，从而形成了产品开发的基础，提高了产品的兼容性和互操作性，简化了产品开发流程，加快了产品上市时间。

交通、医疗、制造和能源等行业，产生、传输、分析和使用的巨大且不断增长的数据，使单纯的云架构和位于网络边缘的操作面临挑战。雾计算与云计算协同，可有效支持端到端的物联网、5G 和人工智能等工程应用场景。

2.2.1 IEEE 雾计算标准发布

近年来，移动通信网络和物联网应用正处于高速发展期，基于物联网技术的智能服务日益丰富，从方方面面影响着企业生产模式、商业运营模式，乃至人们每一天的工作和生活方式。随着越来越多的智能设备被联网，“物联网”技术应运而生。

雾计算能够充分利用网络环境中分散存在的计算、存储、通信和控制等能力，通过资源共享机制和协同服务架构，以实现更短的服务响应时间、更强的本地化计算能力、更少的数据传输负载、更安全的分散式服务架构，实现更快更精准的分析、决策和控制。

在数字化和信息化全面发展的智慧城市中，从产业领域的工业控制系统、智能电网、物流系统，到与人们生活息息相关的无人驾驶、智能服务机器人，人们对数据处理和决策的速度要求会越来越高。在雾计算技术的支持下，生产效率和用户体验都将被大大提升。

火灾救援机器人就是雾计算应用的一个很好的例子。当机器人进入救援现场，第一步要做的是激光扫描现场地形，然后进行数据处理，建立现场地图，最后才能进行搜救行动。如果完全靠机器人自己来处理这些任务，就会浪费宝贵的救援时间和电池电量；如果传送到云端进行处理，又难以及时作出响应和决策。这时，在救援现场附近临时布置的雾计算节点就可以提供更强大的信息处理能力，发挥快速及时响应的作用。

每一台本地化智能联网设备都可以成为潜在的雾计算节点，如智能手机、智能计算机和智能汽车。在雾计算节点之间建立信任关系，可以推动节点间的充分资源共享与复杂任务的公平分配，在云、雾、边缘等多层次架构间实现高效通信和紧密协作。

IEEE 一直致力于推动科技创新和前沿技术的发展与应用。在雾计算领域，IEEE 在 2018 年 8 月发布了全球首个雾计算参考架构的国际标准（IEEE 1934），并积极推动开发雾计算节点设备，通过实施雾计算实验室的多个项目，不断推进雾计算技术在智能驾驶、机器人、智慧楼宇、智慧电网等多领域的应用。

可以预见，随着雾计算技术的发展成熟和普及应用，智能物联网将越来越便捷、高效，雾计算将和云计算互补协作，为每个人提供触手可及、无处不在的智能服务，为万物互联的智能城市注入发展动力。

2.2.2 雾计算标准诞生的背景

云计算技术的发展已经处于成熟期，来自物联网设备的大部分数据都在云端进行处理，到 2020 年，物联网设备的数量猛增到 200 亿台，人工智能的发展也带来了数以亿计的数据量，分布广泛的传感器、智能终端等每时每刻都在产生大量的连续数据。

尽管云计算拥有"无限"的计算和存储资源池，但云数据中心往往是集中化的且距离终端设备较远，当面对大量的分布广泛的终端设备及所采集的海量数据时，云计算不可避免地会遇到三大难题。

- 核心网络拥塞：如果大量的物联网和人工智能应用部署在云中，将会有海量的原始数据不间断地涌入核心网络而造成拥塞。
- 网络延时：终端设备与云数据中心的较远距离将导致较高的网络延时，而对实时性要求高的应用则难以满足需求。
- 安全性低：对可靠性和安全性要求较高的应用，由于从终端到云平台的距离远，通信通路长，因此云中备份的成本高、风险大。

因此，为满足物联网和人工智能等应用的需求，雾计算以其广泛的地理分布、带有大量网络节点的大规模传感器网络、支持高移动性和实时互动性，以及多样化的软硬件设备和在线分析等特点，成为云计算服务的扩展和互补，这样雾计算服务也应运而生。

2015 年 11 月，ARM、思科、戴尔、英特尔、微软和普林斯顿大学率先在北美建立了国际雾计算产学研联盟（雾计算联盟），汇聚了超过 55 家企业和高校的几百位行业领袖及学术精英。他们以雾计算参考架构作为指导方针，推动了雾计算行业标准的形成。

2017 年 11 月，雾计算联盟和 IEEE 联合宣布成立 IEEE 1934 工作组。该工作组旨在以用户需求为基础，提出严格的架构、规范的功能、详尽的应用程序接口（API）标准，定义了雾计算的网络架构标准，设计了可互操作的指导原则，加速了雾计算的推广和商用进程。

雾计算是面向未来的下一代物联网技术。雾计算在高速响应、信息安全、规模扩展、接口开放等方面独具优势，在智慧农业、智能交通、智慧城市、智能医疗等众多垂直市场应用前景广阔。

物联网提供了机器与机器的通信条件，实时计算需求和联网设备需求推动了雾计算市场的不断发展。

2017 年 10 月 31 日，根据雾计算联盟委托 451 Research 进行撰写的最新报告《雾计算市场项目的规模和影响》显示，到 2022 年，全球雾计算市场的容量将超过 180 亿美元，预测雾计算的最大市场依次是能源、公用事业、运输、医疗保健和工业类别，如图 2.1 所示。雾计算的总体收入来源最主要的是硬件（51.6%），其次是雾应用程序（19.9%）和服务（15.7%）。到 2022 年，随着雾计算功能并入现有的硬件中，物联网工程的重点将转移到应用和服务上。对于一直专注于云计算、物联网、人工智能领域相关技术研究的创新创业公司，这无疑是一个好消息，雾计算这块还未开垦的土地上蕴藏着巨大的宝藏。

图 2.1　雾计算在交通运输、农业、建筑和城市、医院、安防监控、风电场等领域应用

2.2.3　IEEE 1934—2018 雾计算标准文献的目录结构

IEEE 1934—2018 雾计算标准共有 10 章，其目录结构如下：

第 1 章：开放联盟的雾计算参考架构概述。

第 2 章：阐述了雾计算财团的使命与推进雾计算的计划，以及雾计算参考架构的概况。

第 3 章：提供了一些新兴的使用案例，这些案例在不断增长和发展中。

第 4 章：描述了雾计算参考架构的支撑技术，是雾计算的指导原则。

第 5 章：深入解析了雾计算的架构。

第 6 章：开启遵守雾计算标准对话，目的是推动各种设备之间的接口标准化。

第 7 章：给出了各种雾计算应用案例，进一步明确雾计算各个方向的问题，驱动雾计算的健康发展。

第 8 章：包含雾计算开放领域和一些新的研究领域。雾计算联盟成员公司和学术组织将继续加强雾计算标准的研究，持续推进雾计算整体结构的发展。

第 9 章：下一步计划。

第 10 章：附录。

2.3　雾计算的支撑技术

雾计算由一组核心规则驱动，称为支撑技术。这些支撑技术从意义、方法和目的几个方面引导雾计算参考架构的定义。它们表示系统需要的关键属性，以体现系统级体系结构的、开放的雾计算定义。该体系结构提供了分布式计算、存储、控制和网络功能。这些功能靠近数据源，沿着云到实物连续分布。雾计算参考架构的八大支柱技术如图 2.2 所示。下面描述每一个支柱技术的细节。

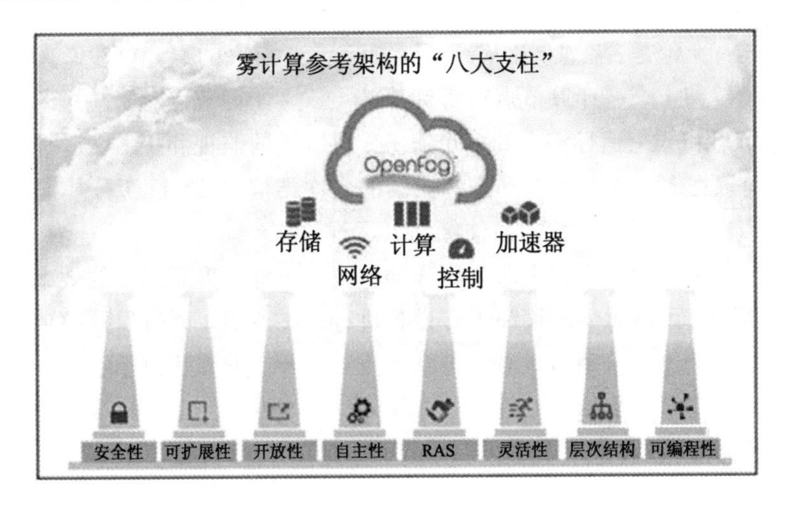

图 2.2　雾计算参考架构的“八大支柱”

基于 8 个被称为支柱的高级特性，雾计算联盟已经创建了一个开放的、可互操作的雾计算参考架构。这 8 大支柱是安全性、可扩展性、开放性、自主性、可靠性/可用性/可维护性（RAS）、灵活性、层次结构和可编程性。

- 安全性：如前面所述，安全对雾环境至关重要。雾使生产系统能够在端到端的计算环境中安全地传输数据并对数据进行处理。在各种应用中，可以动态地建立物到雾（T2F）、雾到雾（F2F）和雾到云（F2C）的安全连接。
- 可扩展性：通过在本地处理大多数信息，雾计算可以减少从工厂到云端传输的数据量。这将提高生产资源和第三方提供商的成本效益，改善带宽性能；可以动态缩放计算容量、网络带宽和雾网络的存储大小，以满足需求。
- 开放性：雾计算联盟定义的可互操作架构，可通过开放的应用程序编程接口（API）实现资源透明和共享。API 还使工厂的生产设备能够连接远程维护服务提供商和其他合作伙伴。
- 自主性：雾计算提供的自主性，使得供应商即使在与数据中心的通信受限或云服务不存在的情况下，也能执行指定的操作，实现与其他工厂资源共享。这可以通过及早发现可能发生的故障和预测性维护来减少装配线上的停工次数。即使云无法访问，关键系统仍可以继续运行。
- 可靠性/可用性/可维护性（RAS）：雾节点的高可靠性/可用性/可维护性设计，有助于关键任务的生产在苛刻环境中实现顺利运行。这些属性有助于远程维护和预测维护，并加快任何必要修复的速度。
- 灵活性：雾计算允许在自动化系统中快速进行本地化智能决策，使工厂生产设备发生的小故障可以得到实时检测和处理，生产线可以迅速调整，适应新的需求。灵活性还有助于实现预测性维护，从而减少工厂的停机时间。

- 层次结构：无论是否在生产制造现场，OpenFog定义的雾计算参考架构允许机器设备对雾计算节点、雾计算节点对雾计算节点、雾计算节点对云端进行操作。它还允许在雾节点和云上运行混合的多个服务。对制造的监视和控制、运行支持和业务支持，都可以在多层雾节点的动态和灵活的层次结构中实现，工厂控制系统的每个组件都可以在各自层级结构的最佳级别上运行。
- 可编程性：根据业务需要重新分配和调整资源，可以提高工厂的效率。基于雾计算的编程能力，可以对生产线和工厂设备进行动态变更，同时保持整体生产效率。它还可以创建动态的价值链并分析现场数据，而不是将其发送到云端。

2.3.1 安全支撑技术

由雾计算参考架构支持的许多物联网应用项目具备隐私评估、任务评估和生存评估能力。雾计算网络中的任何安全漏洞都可能会造成严重的后果，雾计算参考架构作为这些技术的精粹，能够灵活地建立计算环境，评估系统风险，解决云到雾计算节点之间的安全泄密问题。

雾计算参考架构中的安全支撑技术能应用于雾节点从芯片到软件的安全环境中。为了创建一个安全的执行环境，在商业案例、目标市场、垂直应用行业，雾节点架构中必须包含安全支撑技术部分。

安全支撑技术的实现有许多不同的描述和属性，比如隐私、匿名、完整性、信任、认证、验证和评估，这些是雾计算参考架构的关键属性。实现安全的执行环境的基本要素是需要用一种方法来发现、证明和验证所有连接的智能“实物”的身份，然后才能建立信任。

遵守雾计算参考架构的约束要求，就能确保部署的雾计算节点能构建一个安全的端到端的计算环境。这包括雾计算节点安全、雾计算网络安全、雾计算管理和流程编排安全。这要求雾计算网络搭建者、设计者高度聚焦安全和隐私问题，并在他们的项目应用、工程案例中采用特定类型的设备。

在许多物联网应用中，部署在待重新开发的城市用地上的薄弱设备或传感器没有安全能力。雾计算的节点作用于这些设备上的第一点就是进入雾计算和云计算层次中，意味着在隐私敏感数据离开边缘节点之前控制其聚合，提供上下文的完整性和安全隔离。

雾计算联盟研发人员将更复杂的拓扑结构创建到雾计算服务中，形成连续的信任链，从一个雾节点传递到另一个雾节点，一直传递到云端。由于雾计算节点可能是动态实体或是可分解的，因此硬件和软件来源必须是可追溯的。如果元件来源不可追溯，则不允许进入雾节点，不被看作是完全可信的数据。

研发人员在一开始就清楚地定义基础模块，用于雾计算参考架构的安全技术支撑，所有的雾节点必须部署在基于硬件的、不变的、信任的根节点上。硬件信任根节点在设备加电后接受控制，然后扩展信任链到其他硬件、防火墙或软件部件中。这个信任根节点必须是基础设备上运行的、软件代理可追溯的。信任根节点因为靠近网络边缘，经常把雾计算网络节点作为第一个访问控制和加密的节点。

2.3.2　可扩展性支撑技术

可扩展性支撑技术解决物联网工程动态部署的业务需求。弹性可伸缩涉及所有雾计算应用的垂直领域。雾计算的层次性及其在网络逻辑边缘的位置，使物联网雾计算网络参考架构增加了动态扩展的可能性。

- 通过添加硬件或软件，各个雾节点可以在内部动态伸缩。
- 雾计算网络可以通过添加雾计算节点来按比例向上和向外扩展，以帮助负载沉重的节点，这些节点可以位于雾计算网络层次结构的同一层，也可以位于相邻层。
- 在弹性需求的环境中，雾节点网络能够向上、向下扩展。
- 存储、网络连接、分析服务能够随着雾计算基础设备的扩展而扩展。

由于雾计算用例的可变性，在大型关键任务部署中，雾计算参考架构允许根据需求灵活伸缩、适度部署。这种可扩展性是雾计算适应工作负载、实现系统成本、性能和其他不断变化的业务需求所必须具备的。

可扩展性在雾计算网络中可能涉及许多方面。

- 可扩展性可以根据应用项目需求，增加雾计算能力。
- 随着更多的应用程序、终端设备、实物、用户和对象从网络中添加或删除，可扩展的能力允许雾计算网络的大小发生变化。可以通过添加处理器、存储设备或网络接口等硬件来为各个雾节点添加资源容量，扩大系统规模。通过软件和各种按需付费的授权来增加容量，反之亦然。

可扩展的稳定性允许用冗余的雾计算能力处理超负荷的工作与系统故障。冗余的雾节点也能确保雾计算网络大规模可伸缩部署的完整性和稳定性。可靠性/有效性/可维护性（RAS）是支撑技术的组成部分。可扩展性的稳定取决于硬件和软件必须是高可靠的。可扩展性机制支持雾计算网络的稳定性，扩展硬件和软件的可维护性通过接口兼容的方法实现。

可扩展的安全性是通过外加更严格的基础雾节点（硬件和软件）而实现安全性。可扩展的分发能力、权限访问、密码处理能力和自治安全特性等功能有助于实现可扩展的安全性。

可扩展的硬件规模包括修改雾节点内部元件的配置能力，以及网络中雾节点的数量和关系。主要表现在：

- 处理器的规模从普通的单核 CPU 到具有数千个门或数百万个门的专用加速器芯片。
- 网络规模从单个无线接口或有线接口，扩展到 Gbps 容量的大型无线、有线和光纤接口。
- 存储可以从简单的闪存芯片扩展到大阵列的闪存/旋转磁盘和网络附加文件系统。

老旧的传统设备在初始部署中可以配置资源，并根据需要将其改造为现有的模块化雾节点。通过在本地网络位置上添加雾节点阵列替代单个节点来管理整个网络负载，在网络级别进行网络规模的伸缩变化。

硬件扩展、压缩也可以是向下的，在这个方向上，特定位置不再需要的模块或整个雾节点将被关闭或删除。软件的可扩展性也是重要的，包括应用程序和底层驱动程序。

雾计算的基础设施管理必须是可扩展的，以便能够高效部署和持续运行数千万个雾节点，以支持万物互联。业务流程必须是可扩展的，以管理跨雾计算网络的资源分区，开展负载平衡和任务分配活动。

雾计算的分析能力作为雾计算网络的一种功能，属于雾计算可扩展性的目标范围。由于分析算法的日益复杂，容量需求增加了几个数量级。

可组合性和模块化是可扩展性的重要方面。在可扩展性中，将单个硬件模块和软件组件组装到一个雾计算网络中，优化后运行所需的特定应用程序。

可扩展性使雾节点能够提供基本的支持来处理业务需求，并为雾计算即服务（FaaS）启用按增长付费的功能，这对于初始部署时的经济性和稳定性至关重要。

2.3.3 开放性支撑技术

对于物联网平台和应用而言，开放性、兼容性、标准化是实现无所不在的雾计算生态系统的关键。专有的或单一的供应商解决方案可能导致有限的供应商多样性，这可能对系统成本、质量和创新产生负面影响。开放性支撑技术的重要性是突出的，雾计算联盟的愿望是实现完全互操作、接口全兼容、协议全统一、开放的雾计算系统，支持一个充满活力的供应商生态系统。

开放性作为一个基本原则，使得雾节点可以存在于网络或跨网络的任何地方。这种开放性通过资源池化来实现，这意味着可以动态创建新的软件定义的雾节点来解决业务需求。安全性支撑技术与开放性支撑技术有着共同的特征和要求。

- 可组合性：支持 App 实例和雾计算服务的可移植性和流动性，在可编程性支撑技术中，格外强调可组合性是可实现的。
- 互操作性：实现计算、网络和存储部件的安全替换，并使执行过程具有流动性和可移植性。市场已经清楚地表达了它对充满活力的供应商生态系统的期望，期望来自一个供应商的元件可以自由地替换来自另一个供应商的元件。这将通过测试接口标准化和开放性来解决。

- 开放通信：通过汇聚网络边缘附近的资源，收集空闲处理能力、存储容量、感知能力和无线连接，然后加以利用，进行动态资源再分配。例如，在雾计算参考架构中开发的计算密集型应用程序，可以利用每天晚上在公共交通系统中乘客闲置的笔记本电脑、系统资源和机顶盒上的数百 GB 的空间（资源共享，利益交换）。发现这些接近边缘的计算资源是至关重要的，可以避免传输数据到云端，减少传输成本。
- 位置透明性：位置透明能确保任意节点中的实体可以部署在网络层次结构中的任意位置。位置透明性为网络运营商的控制能力提供了另一种选择。这意味着任何物联网设备，如智能手表，都需要自己的运营计划。每个硬件实物或软件程序都可以依据其本地情况来决定加入哪个网络。雾计算网络中的每个端点都可以获取所需的计算能力、网络信道和存储资源。

2.3.4　自主性支撑技术

自主性（自治）支撑技术使雾计算节点能够在面对外部服务故障时，继续完成预先设计的功能。在雾计算体系结构中，整个层次结构都支持自治功能。决策处理活动将在部署层次结构的所有级别上进行，包括设备层或更高的层次。云中的集中决策不再是唯一的选择。网络边缘的自治能力意味着来自本地设备或对等数据设备的智能，可以在最有商业意义的地方完成作业任务。

开放的雾计算参考架构支持设备的自治能力，集中操作不再是唯一选择。在网络边缘计算中，自主支撑典型技术包括：

- 设备的主动发现，以支持资源发现和注册。例如，一个联网的物联网设备通常会首先打电话回家（发心跳信息到云端），让后端云知道它是活动的，它的相关功能是可用的。但是，当连接到云的上行网络不可用时，它可以停止设备的运行。一个自治的雾计算节点可以潜在地充当设备注册的代理，允许设备在没有云终端的情况下上线。
- 编排和管理（O&M）自治设备的自动化服务上线的过程，并通过操作生命周期和退役来管理它们。操作及管理系统的自主权包括一系列活动：服务的实例化，提供服务的环境，如数据流的路由，跟踪资源的健康状况和运行状态。包括自主、伸缩、编排管理，所有这些操作都应该通过可编程策略尽可能自动化。该体系结构包括一个自主的、可扩展的操作和维护功能，该功能可以处理任何资源激增的需求，而不需要实时依赖云计算或大量的人工劳动。

- 安全的自主性使设备和服务模块能够联机，根据最近的一组雾计算安全服务进行身份验证，并执行其设计的功能。此外，这些安全服务的记录可以存储，以备将来进行审计。通过自治，这些操作可以在需要的地方、需要的时候执行，而不需要考虑到云的连接性。雾计算节点可以在没有管理员参与的情况下，对不断发展的安全威胁做出自主反应，例如更新病毒筛选算法、确定拒绝服务攻击（DoS）等。
- 操作自主性支持物联网系统的本地化决策。传感器提供的数据是在网络边缘自主决策行动的基础。如果系统层次结构中只有云或单个设备是唯一可以进行决策的机构，那么这就违反了确保可靠性能力的原则。因此，雾计算体系结构要确保操作的自主性。

节约成本是自治设备的关键动力。网络的连接是要花钱的，通过网络发送的数据越多，企业的生产成本就越高。这就需要在网络边缘进行更多的处理，只将必要的实时数据发送到云中，以获得关键的业务信息。例如，当一个石油钻井平台每秒产生 3 万个点的数据时，并不是所有的数据都必须通过一个密集的卫星链路发送。在本地或局部进行雾计算分析和预处理可以自动过滤掉不重要的数据，提取出更多的关键数据，以交付到层次结构的下一层进行处理。

物联网为什么能使设备智能化？雾计算的关键技术是将数据转化为可操作的智慧。我们称之为 DIKW（Data-to-Information-to-Knowledge-to-Wisdom Model），它的意思是采集的数据在存储时变成信息，检索的信息在分析时变成知识，知识为自主物联网带来智慧。这一原则是本地化分析的基础，以支持最接近网络边缘的自主决策。

2.3.5 可靠性/可用性/可维护性

可靠性/可用性/可维护性（RAS）是系统体系结构成功的基础，在开放雾计算参考架构中非常重要。硬件、软件和操作是 RAS 支撑技术的三个主要应用领域。

在正常和不正常的操作条件下，系统可靠性部署将保障系统持续完成预设的功能。RAS 支撑技术的可靠性包括但不限于以下特性：

- 确保底层硬件的可靠运行，使软件具有可靠性和弹性，以及可靠通畅的雾计算网络（通常以无故障运行时间 MTBF 度量）。
- 使用增强的硬件、软件和网络设备，在边缘网关上保护数据和计算的可用性、完整性。
- 当系统有健康需求时，启动自主预测和自适应自我管理功能，启动硬件和软件的自修复程序，升级新固件、应用程序和安全补丁。这个功能称为设备健康管理（PHM）。
- 通过简化设备维护、设备自优化、设备自修复来提高客户满意度。

- 启动预防性的维护请求，包括更新硬件和软件补丁，重启网络路由等。
- 在各种环境条件下测试和验证系统组件，包括设备驱动程序和诊断工具。
- 提供报警、报告和日志等。
- 通过互操作性认证，利用测试套件对系统平台和体系结构进行验证。

可用性确保了持续的系统管理和业务流程，这通常以无故障运行时间来度量。RAS 支撑技术的可用性包括但不限于以下特性：

- 对配置、管理和控制的雾计算层次结构所有级别开展安全访问，包括系统升级、硬件诊断和安全固件修改。
- 故障隔离、故障症状检测和机器学习有助于提高平均修复时间（MTTR），以实现更高的可用性。
- 基于云的终端支持概念，支持系统接口的可用性，具体包括以下 6 点：
  - 从多个设备对远程访问进行安全保护。
  - 物联网平台设备的冗余/重复。
  - 端点/传感器的网络访问能力。
  - 平台的远程引导能力。
  - 修改和控制从最低级别的固件（BIOS）到层次结构中的最高端软件。
  - 支持冗余配置，以实现持久的生产效率。

RAS 支撑技术确保雾计算网络部署、维护、操作的正确性，其适用性包括但不限于以下几点：

- 高度自动化的安装、升级和修复，从而有效地大规模部署雾计算网络。
- 硬件或软件可以自动修复，也可以由不同的制造商提供服务。
- 雾计算系统维护容易、方便。可维护性包括以下几点：
  - 硬件、系统软件、应用程序、联网和数据的维护很方便。
  - 软件、BIOS 和应用程序的本地或远程实时安全升级。
  - 易于接入/更换硬件（部件互操作、互换能力）。
  - 系统配置在云上进行复制、备份、替代、更换。
- 支持冗余配置，以实现持久的生产效率。

RAS 在开放的雾计算参考架构中非常重要，尤其在恶劣的环境条件和边缘地区。这就是 RAS 特性为什么在雾计算参考架构中无处不在的原因。

2.3.6 灵活性支撑技术

灵活性支撑技术解决了雾计算参考架构的业务部署和操作决策问题。仅靠人工是不可能分析、预测物联网所产生的数据规模，灵活性支撑技术的重点是将这些数据转换成可操作的决策，作为快速响应、健全业务、运营决策的基础，灵活性设计技术满足雾计算网络部署的高度动态性，灵活性支撑技术适应雾计算网络快速响应的变化需求。

在雾计算网络参考架构（OpenFog RA）部署中，传感器和系统生成的数据是不稳定的、突发的，通常情况下是大量生成的。最重要的是，数据可能没有上下文，只有对数据进行整理、聚合和分析时才会创建上下文。数据分析可以在云端执行，理想的方法是在数据可以转换为有意义的上下文时尽快做出操作决策。雾计算体系参考架构支持在接近数据生成的地方进行数据分析、决策生成、上下文创建，这对于给定的应用场景最有意义。可以在雾计算层次结构的更上层制定更具战略性的全系统范围的部署决策和管理策略。

物联网系统开发人员把雾计算参考架构方法作为决策组件，用于优化雾计算网络布局和应用程序。

2.3.7 可编程支撑技术

可编程支撑技术支持高度自适应部署，包括对软件和硬件编程的支持。这意味着为了适应动态操作，应重新调度雾计算节点或雾计算节点集群，使它们完全自动化，应使用兼容通用的计算接口或加速器接口及雾计算节点固有的可编程接口，来完成重新分配任务。雾计算节点的可编程性包括以下优点：

- 适用广泛：适应不同的物联网部署场景，支持不断变化的业务需求。
- 资源高效部署：通过使用包括资源容器化在内的多种特性来使资源利用最大化。这增加了组件的可移植性，并且是可编程性支撑技术的关键目标。
- 多租户：在逻辑隔离的运行环境中容纳多个租户。
- 经济操作：可使基础设施适应需求的变化。
- 安全增强：可以自动应用 App 补丁，更快地应对不断发展的威胁与攻击场景。

2.4 物联网系统的结构层次

并非所有的雾计算体系结构都需要层次化结构，但层次结构在大多数物联网部署中仍然得到了体现。雾计算体系结构是对传统云体系结构的补充，部分原因在于雾计算的层次结构支撑技术。

雾计算参考架构可以看作是一个端到端的逻辑层次结构。根据要处理的场景规模和性质，层次结构由物理层或逻辑层排列的分区连接系统组成，层次结构也可能分解为单个物理系统。

以智能城市的楼宇自动化为例，管理单个办公综合体（Single Office Complex）的公司可能将整个雾计算网络部署在本地。大型商业物业管理公司可能已经在本地（或区域级别）部署了雾计算节点，为集中系统和雾计算服务提供信息。每个雾节点都是自治的，以确保其管理的设施不间断地运行。

图 2.3 从计算的角度展示了物联网系统的逻辑视图。层次结构中的每一层都是针对物联网系统的特定关注点。

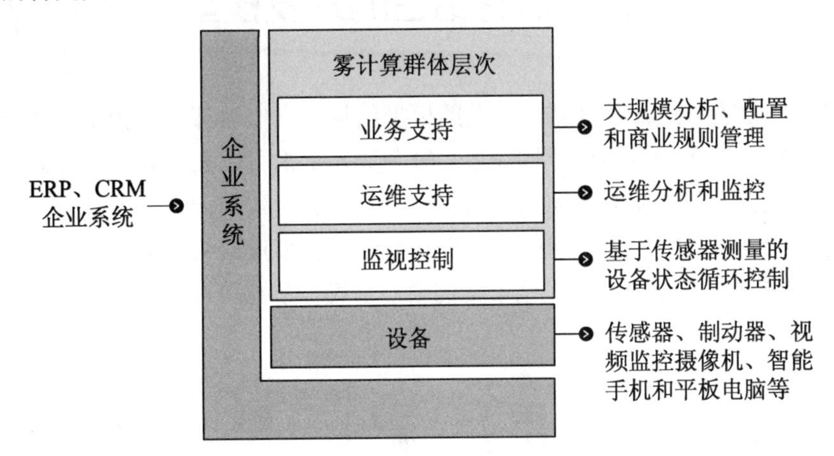

图 2.3　物联网系统的结构层次

- 设备层：传感器和执行器装置是产生遥测数据供监控层使用的实物。如果被监视的过程偏离了所需的状态，利用这一层分析遥测技术并生成驱动命令。请注意，术语“过程”由一组测量参数表示，这些参数依赖于一组执行器设置。根据工程领域的实际问题，一些系统可能没有任何执行器。类似地，对于移动网络加速场景，核心功能是加速内容交付，而不是监视和控制；对于建筑系统场景，则可能由执行器来根据空间占用情况改变高压交流电照明。
- 监视控制层：传感器和执行器连接到微控制器，微控制器可编程。传感器、执行器、微控制器组成的设备用来监视和控制过程的状态。过程状态由传感器测量的一组参数表示，并由执行器修改调节。这一层的主要职责是通过对传感器遥测的状态检测来执行控制逻辑。“过程”包括报警计算和事件生成，这些事件能通过机器对机器或人工干预触发“过程”的工作流程。
- 运维支持层：负责遥测数据流分析和存储。这些数据流通过接口提供，比如控制室的仪表盘和手机 App 显示。这一层结合了历史数据分析和数据流分析，用于实时操作和进行一些短期的图像组合。敏捷性在层次结构中被看作是对遥测数据进行复杂事件处理的实时实现。
- 业务支持层：这一层的主要职责是存储和分析整个过程中的数据和运营历史。这是物联网运营的记录系统，它制定保留政策，管理合规记录。大规模数据分析将有助于挖掘洞察力（趋势分析）、业务规划、比较操作流程的效率，通过训练机器学习模型进行操作优化等。此外，数据诠释、数据管理、业务规则管理及较低层次的设备操作也是业务支持层的范畴。

2.5　云雾结合的开发模型

如图 2.4 所示为一组云和雾结合开发的模型结构，它们被部署在物联网系统的分层视图框架内，用于解决各种领域的不同场景。每个雾元素都可以表示为一个雾集群的层次结构，以履行相同的功能职责。根据场景的不同，多个雾元素和云元素可能会分解为单个物理系统。在图 2.4 中，每个雾元素还可以表示对应的雾节点网络，例如连接的汽车、电动汽车充电装置和闭环交通系统。在这个案例中，车载雾节点可以安全地被发现，它们相互沟通并交换情报。

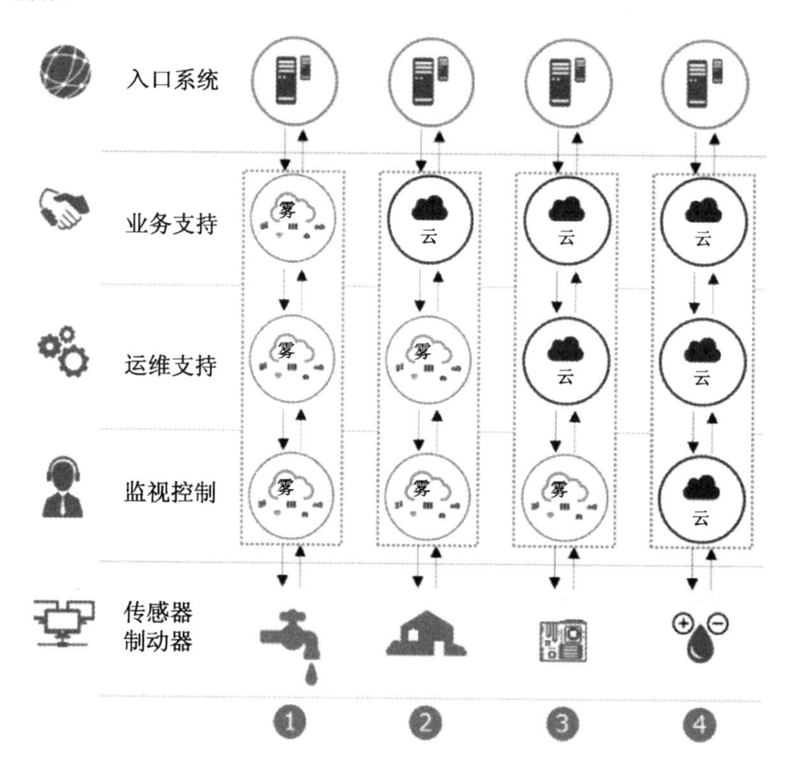

图 2.4　云雾结合开发模型的层次结构

如图 2.5 和图 2.6 所示为云计算及雾计算网络层次组合的不同形式。

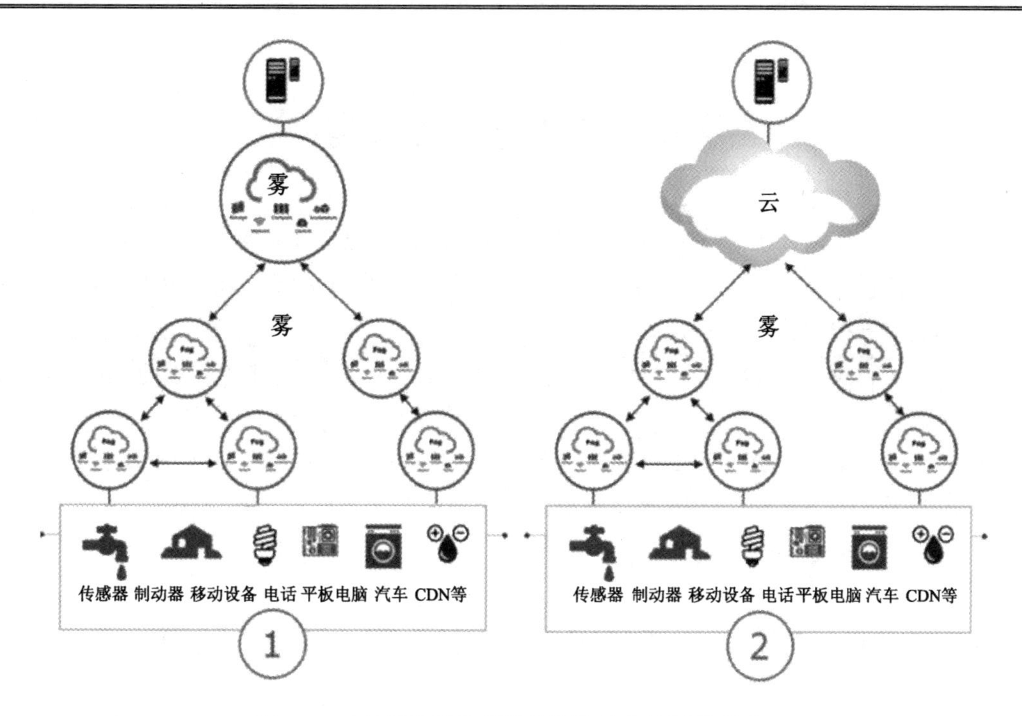

图 2.5　云计算和雾计算网络层次组合的不同形式 1

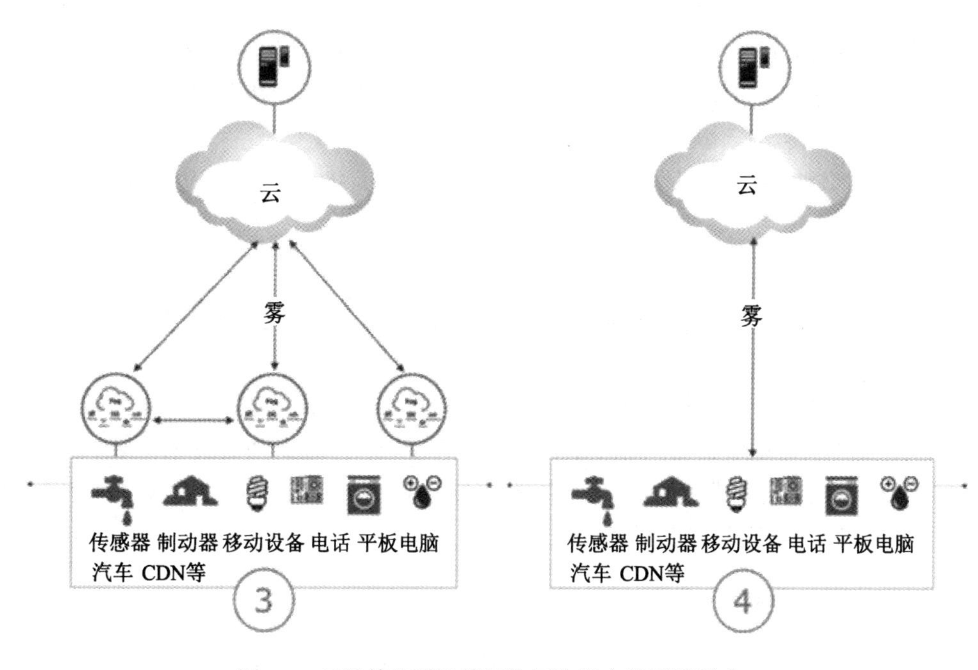

图 2.6　云计算和雾计算网络层次组合的不同形式 2

2.6 雾计算参考架构

雾计算参考架构基于8项支撑技术。雾计算节点的抽象描述是多种观点的综合，解决了雾计算价值链中各个利益相关方的关注问题。这个标准建立了跨物联网组织的术语体系，有助于各方技术合作。

- 观点（View Point）：一个观点在系统中表示一种方法，包括但不限于功能与部署的观点。
- 概览（View）：物联网参考架构一个或多个构建问题的陈述。在当前雾计算参考架构的版本中，结构陈述用软件概览、系统概览和节点概览等术语描述。
- 透视（Perspective）：描述雾计算参考架构的交叉关系术语。

2.6.1 以功能需求为出发点来定义（设计）雾计算参考架构

雾计算参考架构以物联网雾计算体系结构的功能需求为出发点，应用开放的雾计算体系结构元素来处理涉及利益相关方的各种关注问题，以满足给定应用场景的功能需求。其所选择的每个场景都将侧重于雾计算的不同方面和不同的市场机会。我们期望架构描述、架构层次、架构层次间的交叉关系会随着时间而变化。这种变化和改进应该从开放雾计算参考架构的测试平台、应用驱动到多个应用场景。

例如，一个端对端的应用场景是视频监控，我们的目的是定义该应用场景如何工作，然后通过相关的各种测试平台来验证或修改该应用场景的体系结构。

2.6.2 以网络部署为出发点来定义（设计）雾计算参考架构

如何部署雾计算软件和雾计算系统来处理给定的应用场景非常重要。不同应用场景存在许多部署类型，如从嵌入式系统到完全互联的大型集群系统。所选择的部署类型是基于特定场景的，但是无论部署类型如何，关键的体系结构都是必须具备的。有些应用场景的雾计算参考架构是可扩展、可剪裁的，这一点很重要。

1. 多层雾节点部署

在多数雾计算网络部署中，通常存在几个层次的雾节点，如图2.7所示。

我们用一个食品加工厂的工程案例来固化逻辑层。它是在进入下一阶段的包装和运输之前，在一个传送带上进行食品加工处理的流程。边缘节点通常集中处理传感器的数据采集、数据归一化及传感器和执行器的控制命令。

在网络边缘，距离物体最近的雾节点（在传送带上）从感知到驱动，需要以毫秒和微秒的时间单位进行操作，以避免产品污染，确保操作的安全性。

在节点的较高层次聚焦数据的过滤、比较和传输，也为需要实时处理或临界实时处理的要求提供一些边缘分析，当远离真正的网络边缘时，可以体现出更高水平的机器学习和系统分析能力，比如在云计算中心。

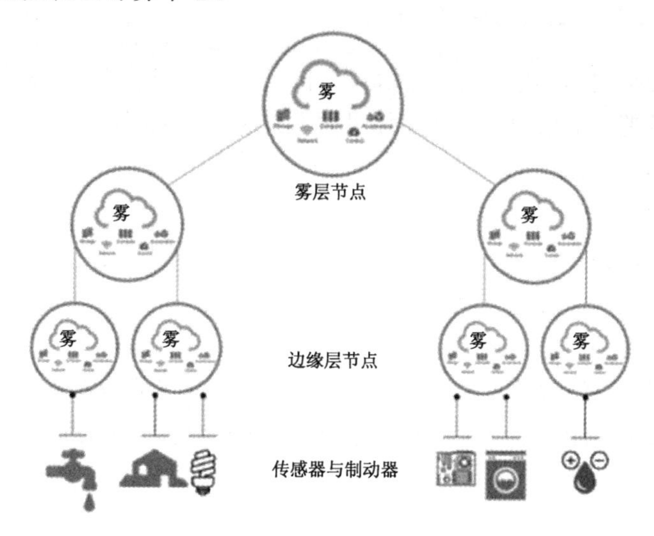

图 2.7　物联网工程应用多层次部署

通过提供的食品加工的例子可以看出，层节点要在稍高的级别上操作，有毫秒级的延时。要确保传送带或其他附近的操作更加有效，雾计算参考架构的关键要点是保障应用数据在层间迁移，满足最底层和中间层之间的功能要求。

位于更高层次或距离云端最近的节点，通常用于聚合数据并将数据转换为信息。要注意的是，离真正的网络边缘越远，可以实现的洞察力（趋势分析能力）就越大。

注意： 在一些物联网部署的拓扑结构中，某些数据分析可能位于网络边缘的节点中（如监控摄像机的视频分析）。这是因为网络传输能力可能不够大，无法有效地将原始的传感器数据传输到更高层的雾计算节点中进行处理。实际上，随着计算能力的增长，低层的分析功能也会增长，使雾计算的智能增长成为可能。不同的网络部署，雾计算的架构也会不同。

机器学习是当今研究的前沿，它需要对训练模型进行计算，并对这些模型进行推理或打分，以便在网络边缘端得到接近实时的响应。我们可以用机器学习来优化智能城市中火车站的操作。在火车站，我们可以监视和感知资源占用、旅客移动和整个系统的使用情况，并随着时间的推移调整基础设施、雾计算参考架构，以确定如何最有效地使用它。

以智慧城市为例，让更多的建筑彼此之间交流信息，并使用比它们高一层的数据分析进行判断、决策，使城市街区管理可以更有效地运作。从一座座建筑物中学到的东西为我们提供了如何使整个城市管理更有效率的策略。重要的是，当远离真正的网络边缘时（在云端），通过数据分析可以获得操作方面的知识，并增加整个控制系统的智能化。此外，在水平和垂直方向上，这些雾节点之间迁移数据可以提高系统性能和操作能力。

2. 根据部署场景确定结构层次

基于所处理的给定场景来确定雾计算网络部署将是大规模或小规模的。不同的雾计算网络部署，其系统架构的层数将由应用场景需求来决定，包括：

- 每一层所需的工作量；
- 传感器的数量；
- 每层节点的能力；
- 节点之间的延时和传感器到制动器之间的延时；
- 节点的可靠性与有效性。

通常，雾计算层次结构的每一层都将筛选和提取有意义的数据，以便在每一层创建更多的智能。最高级别层的创建是为了有效地处理需要处理的大数据，并提供更好的操作和系统智能，如图 2.8 所示。

图 2.8　来自高层（云端）数据分析产生的智能

我们允许在每个级别和每个节点上运行的软件能跨节点迁移数据，跨节点的物理实体（硬件）、程序组件（软件）随着时间的推移进行更新，以满足给定应用场景的需求。为了安全实现这一目标，不仅需要处理软件，而且还需要处理执行该软件的硬件。软件、硬件和系统架构随时间而变，随应用而变，随部署而变。

3．雾节点的一致性（Uniformity）

雾计算节点的体系结构元素（硬件、软件）根据其在雾计算网络部署中的角色和位置而变化。正如前面所讲，边缘节点的架构处理、网络通信和数据存储可能比高层节点更少。但是，为方便边缘处的传感器数据接收而需要的 I/O 加速器可能比为更高级别节点设计的 I/O 加速器要大得多，如图 2.9 所示。

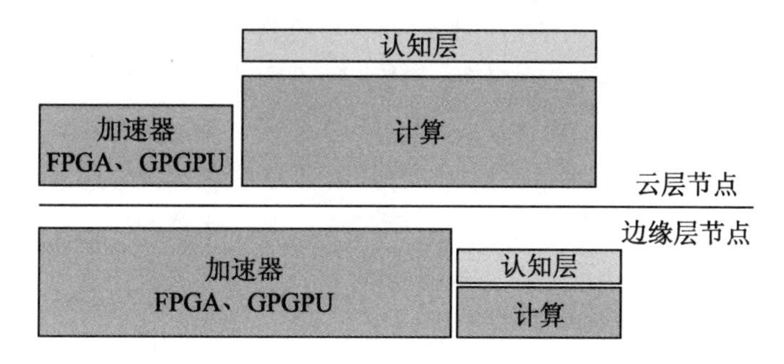

图 2.9　边缘节点加速器性能高于云端加速器的性能

雾节点可以连接成一个网格，以提供负载平衡、结构弹性、系统容错、数据共享和最小化云通信。在体系结构上，要求雾节点能够在雾计算网络层次结构中横向通信（点对点）及纵向通信。为了支持 RAS，节点还必须能够发现、信任和利用另一个节点的服务。以智能建筑物和智慧城市为例，其体系结构如图 2.10 所示。每个建筑和相邻节点之间相互连接，提供优化服务的基础设施。

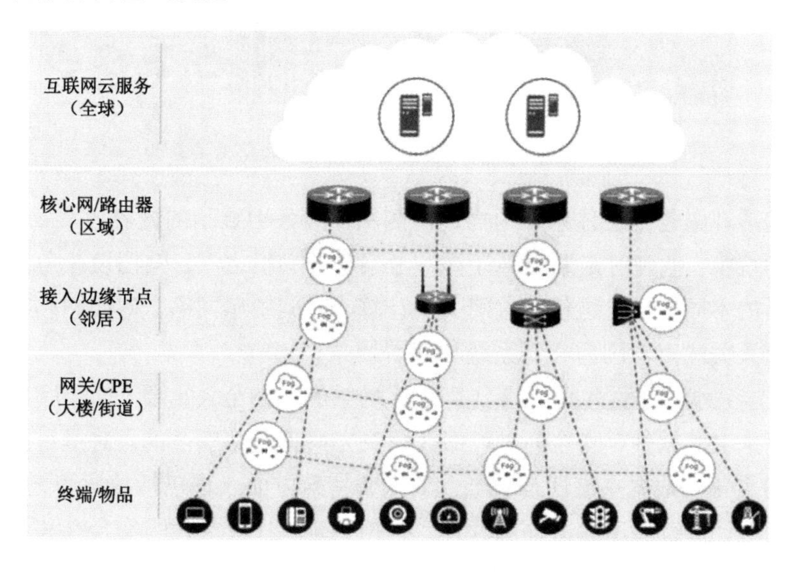

图 2.10　智能建筑物和智慧城市体系结构

2.6.3 雾计算参考架构透视

正如我们前面所描述的，雾计算非常重要，因为它支持低延时、可靠的操作，并且消除了对持久云连接的需求，以适应当今出现的许多场景。我们还描述了如何将雾计算节点部分或全部连接起来，以增强整个系统的智能和操作能力，以及系统范围内如何在远离原始数据的情况下增强智能处理能力。

雾计算联盟的利益相关方包括芯片制造商、系统制造商、系统集成商、软件开发商和应用程序开发人员。雾计算参考架构有助于将各种不同的基于边缘的计算结合起来，在单一的语言条件下可能会有不同的工作，这样就可以有一个共同的基准，并朝着实现多供应商互操作的雾计算生态系统的愿望而努力。开放雾计算参考架构描述是这些涉众关注点的复合表示，我们称为架构透视图，如图 2.11 所示。雾计算参考架构兼顾了这些联盟成员的利益，因为需要他们来促进所有基于雾计算的系统成功部署。在进入视图的较低层细节之前，我们首先来了解一下复合体系结构描述。

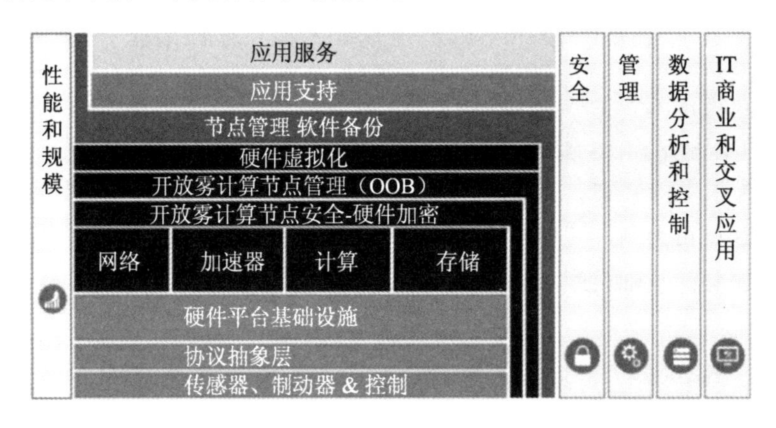

图 2.11　雾计算参考架构透视图（层间交叉关系）

体系架构透视图包括在体系架构描述两侧灰色竖条中显示的内容。

- 性能和规模：低延时是采用雾计算参考架构的动机之一。架构设计考虑兼顾多个联盟成员的不同需求。这包括时间关键计算、时间敏感网络、时间网络协议等。这是一个交叉关注点，因为它对系统和部署场景有影响。
- 安全：端到端安全性对所有雾计算部署场景的成功至关重要。如果底层硬件是安全的，但是上层软件有安全问题，那么解决方案就是不安全的。对于目前缺乏足够安全性的设备，数据完整性是安全性的一个特殊方面，这包括故意和无意的破坏。
- 管理：雾计算部署所有方面的管理，包括稳定性、灵活性、安全性和设备可操作性等，是跨雾计算层次结构的所有层的一个关键方面。

- 数据分析和控制：雾节点的自治能力需要与本地化的数据分析和控制相结合。根据给定的场景，驱动/控制活动需要发生在层次结构中的正确层或位置。它并不总是在网络的物理边缘，也可能在更高的层次。
- IT 商业和交叉应用：在多供应商的生态系统中，应用程序能够移植并在雾计算部署层次结构的任何级别上正常运行。应用程序能够跨部署的所有级别来最大化它们的价值。

综上所述，开放的雾计算参考架构描述是多个组件的结合，用于满足给定的雾计算部署场景。我们已经确定的三个组件包括软件组件、系统组件和节点组件。

- 软件组件：在顶层有三个组件，即应用服务、应用支持、节点管理与软件平台。
- 系统组件：在参考架构的中间层，包括硬件平台基础设备的硬件虚拟化。
- 节点组件：架构图的底层包括协议抽象层、传感器、制动器和控制组件。

注意：雾计算硬件平台和雾计算软件组成一个完整的雾节点。一个或多个雾节点组成一个细分市场或应用场景的工程解决方案。

雾计算联盟期望帮助工程师、架构师和商业领导者明确自己的要求，清楚哪种雾节点能够用于他们的应用场景。雾计算联盟的目标就是增加雾计算的细分市场的数量和商业价值。雾计算联盟将创建一个测试平台，使高层架构可以适应细分市场。测试平台提供了雾计算接口组合，有助于部件级（模块级）互操作和加速模块产品的上市时间。

2.7　架构概览

交叉透视图是通过部署雾计算来实现的。“交叉”是架构层次的分割能力。把图 2.11 两侧合并，结果如图 2.12 所示，可得到开放的雾计算参考架构透视图。

图 2.12　开放的雾计算参考架构透视（层次关系）

2.7.1　性能和规模层

当雾计算携带了一些来自云服务的数据分析和智能决策信息推送到网络边缘后，将使整个系统的性能得到改善。雾计算快速响应性能的改进，能更好地适应交通模式。这个意义在于雾计算能适应特殊商业工程案例的需求。

在某个领域，系统的改进不能以降低服务质量或性能为代价。当测定雾计算节点的性能时，通常关注的是吞吐量和延时这两个参数。整个系统中的流量依赖于交互的优先级排序能力。在雾计算参考架构中，虚拟化和集成化技术用于雾计算，有助于系统规模扩展和部件之间的隔离。这些新技术未来支持更高优先级及特殊资源的动态服务能力。

更高优先级交互可以标识和划分网络接口、计算单元和高层次应用方法，在动态情况下可以给出网络带宽和本地存储更高的优先级。例如，如果雾节点用于流量检测，则处理器/存储器分配的优先级更高。

2.7.2　安全层

在雾计算基础设施中，端到端的安全性必须覆盖所有设备，包括从网络边缘到云端之间的设备。在体系架构中，安全性从各个雾节点硬件开始。如果一个雾节点没有遵循安全性设计要求，则它不能成为一个可信的雾计算基础设备。一旦可信任雾节点已经部署，雾计算网络的安全层已经形成，就可以提供基于节点到节点、节点到物体、节点到云端的通信安全网络。

1．可信度

可信的雾计算系统依赖于可信单元，这些可信单元在给出的设备上持续执行安全策略。如果一个或多个可信元件（硬件、固件、软件）被盗用，那么这个节点甚至扩展到整个系统就不再是可信的。如果系统及其组件以可信的方式运行，雾计算参考架构也要进行可信属性检查，包括层次结构各个层级的历史行为的可信度检测，安全策略规定了在什么情形下访问这个资源并用可信机制实现了这个安全策略。一些安全策略嵌入在雾节点的硬件和软件中。其他的安全策略也可能从雾计算管理系统推送到雾节点。在图 2.13 中，雾计算网络部署中的每一层都体现出了安全策略的要求。

2．基于网络威胁挑战的雾计算参考架构安全设计

雾计算部署要求安全保护机制的设计要依赖于威胁模式和在该雾节点受保护资产的

价值。在该体系结构中，我们假设攻击者正在积极地寻求要破坏的资产，寻找最脆弱的入口点。雾计算安全保护机制的目标是为被威胁模块提供足够的安全性，并随着时间的推移根据需要升级安全性。在为雾计算环境中的威胁进行防范设计时，需要了解每种威胁的不同结构，以及正在处理的雾计算部署模型。在许多雾计算部署中，不能在雾计算平台上企图超范围占有资源和添加要求。

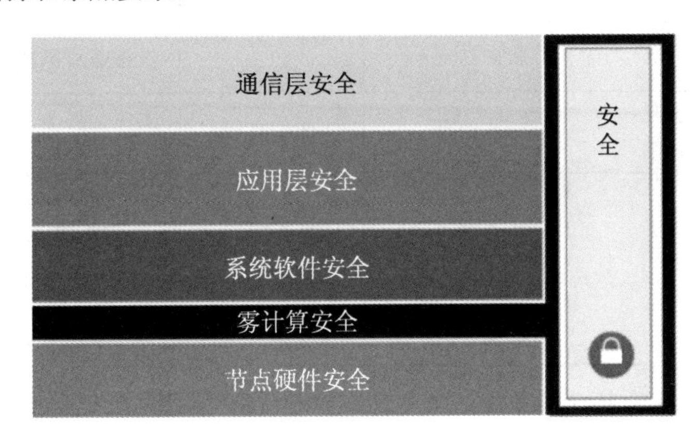

图 2.13　雾计算参考架构层次上的安全策略

不同的工程案例模型，甚至在单个案例的垂直方向也存在不同的安全层级和安全需求条件。在不同的应用内容和应用定位中，需要不同类型的防护规范对应不同类型的威胁风险，所需条件列表如下：

- 信息基础设施；
- 鉴别基础设施；
- 智能设备；
- 金融数据；
- 服务能力和生产效率；
- 敏感信息；
- 个人信息和名誉声望。

3. 网络威胁模型

关于网络威胁和威胁模型阐述如下。

- 威胁：破坏资产或造成安全漏洞的行为。
- 威胁模型：指定系统防御的威胁类型，以及未被考虑到的威胁类型，如表 2.1 所示。威胁模型应该清楚地指定对系统、用户和潜在攻击者所做的假设，不需要描述它的攻击细节。它应该指定是对现场操作系统策划的攻击，还是由内部人员在开发过程中策划的攻击。内部攻击通常更难防范，因为设计人员可以构建一个后门，稍后系统运行的过程中可以利用它（后门）进行攻击。

表 2.1　威胁和攻击的类型

威胁分类	保密违规	诚信违规	认证违规	可用违规	隐私违规
攻击地点和目的	通过公开或秘密的渠道泄露信息	没授权情况下修改数据或代码	将实体伪装成另外一个实体	呈现资源不可到达或不可用	泄露实体敏感信息，包括身份
内部攻击	数据泄露	数据蚀变	身份ID、密码或密钥泄露	设备蓄意破坏	数据或身份泄露
硬件攻击	硬件木马 旁路攻击	硬件木马	硬件木马	无线干扰 带宽耗尽	硬件木马 旁路攻击
软件攻击	恶意程序	恶意程序	恶意程序	拒绝服务或分布式拒绝服务、资源耗竭	恶意程序 网络分析
网络攻击	窃听	消息或事务重播	欺骗及不可否认攻击	DoS/DDoS 子网洪泛	信息分析

雾计算安全有 3 个基础问题，即机密性、完整性和可用性。

- 机密性：防止向未经授权的实体泄露秘密或敏感信息。
- 完整性：防止未经授权而修改受保护的数据或代码。
- 可用性：系统根据需要按照商定的服务水平向授权实体持续提供服务的能力。从安全的角度来看，可用性必须考虑外部攻击，如拒绝服务，而不仅仅是硬件和软件的故障。

4．雾计算网络系统的访问控制

对资源的访问限制及允许访问该信息人的范围限制，是构建安全系统的关键。访问控制包括身份验证（Authentication）、授权（Authorization）和记账（Accounting）。

- 身份验证回答问题“你是谁？”，用于人和机器、机器和机器之间的身份验证。
- 授权是指系统中实现的记录保存和跟踪机制，包括跟踪和记录对系统资源的访问。
- 物理访问安全确保只有授权人才被允许接触雾计算硬件。

5．隐私

隐私权是决定如何使用个人信息的权利（机密性是保护机密或敏感信息的义务）。机密是数据的性质之一。雾计算必须允许用户指定系统中数据的隐私属性。在多租户系统中，涉及租户之间数据的隐私和共享问题。如果雾计算系统在边缘端捕获数据进行分析，那么在网络边缘部署雾计算系统时，也必须考虑到数据的私密性。

6. 身份和身份保护

公钥密码可用于建立长期的网络身份，用于身份验证。在公钥密码学中，密钥在每个用户、实体、计算机或项目中是成对出现的（公钥和私钥）。私钥必须只能被实体访问，并且代表实体在网络空间中的数字身份。

可以使用 Hash 来验证代码模块的完整性，方法是获取已知代码模块的 Hash 值并使用它来标识模块（如唯一的全局名称）。被恶意软件感染的相同代码模块将具有不同的标识或 Hash 值。两个相同的代码模块或数据，文件名不同，具有相同的哈希值，这意味着相同的标识。

密钥对中的私钥类似于其数字身份。例如，使用 Alice 的私钥，执行的操作必须保密，以保护某人的数字身份。

2.7.3　管理层

许多雾计算部署包括机器视觉和类人功能。为了承担雾计算功能，物联网设备具有响应、记忆、运动、自动决策能力，和传统的状态模式相比，它们具有更高层次的可管理能力。另外，雾节点可在本地的更大范围内部署，如边远地区部署、固定或移动部署、恶劣环境条件下的部署，因而方便管理十分重要。

与传统的信息技术（IT）和操作技术（OT）的管理系统相比较，雾计算驱动了网络服务可管理技术的变化。

1. 管理界面

雾计算部署的管理界面必须支持内部管理或外部管理，它们各有优缺点，主要依赖部署场景的选择。然而，我们在进入自动可管理层级时，两种选择都是可能的。

- 内部管理界面：涉及管理界面在给定的系统中的软件和固件运行时是否是可见的。管理界面如果在给定的雾计算节点中出现，雾计算节点内部可管理界面能提供与系统服务处理器（SSP）通信或与基板管理控制器（BMC）通信的操作条件。在一些场景中，运行在分立操作系统的内部可管理模块在它的线程和服务周期中，用“心跳”技术管理系统的健康。如果内部管理线程没有送出心跳，更高级别的管理实体可能通过重启方法和启动报警服务等方法解决这个问题。
- 外部管理界面：涉及运行在非主操作系统上的管理子系统。这些分散管理模块在所有加电系统中存在，尤其是在雾计算平台掉电、主机平台上的软件不执行时，分散在终端的管理模块仍执行管理任务。面向对象的可管理性接口仍然可以与平台进行通信，并执行存储控制、系统健康和加电管理等操作。外部可管理界面有潜在的安全优势，尤其在物联网关键业务中。

2. 管理生命周期

即使最小的雾计算节点也有管理生命周期。如图 2.14 所示为主要部件的管理生命周期。在所有系统中存在一个或多个管理代理，它们能作为一个离散系统或软件服务来实现。管理代理的目的是确保雾计算节点中的每一个部件都能成功通过管理生命周期。自动操作在管理生命周期中是重要的，因为人工干预在大型雾计算网络中是不可行的。

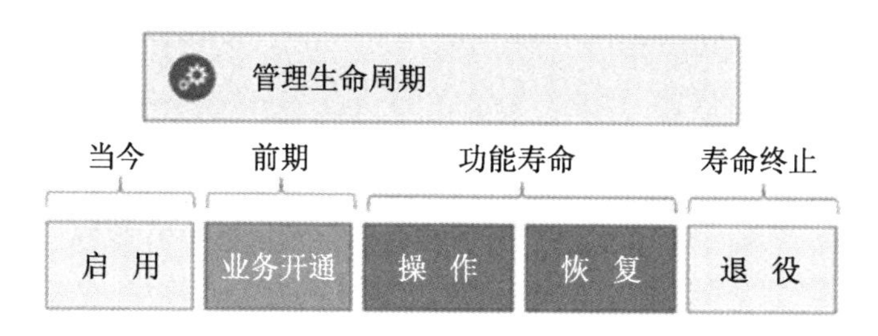

图 2.14　主要部件的管理生命周期

（1）启用阶段：在雾计算平台生命周期的早期，当管理实体投入使用时，开始管理活动之前请求配置。这包括身份识别、认证和时间校准等。在启用阶段管理雾计算实体必须具备：

- 在生命周期启用阶段必须要有的安全验证和安全信任功能。
- 可靠性/可用性/可维护性（RAS）。
- 数据收集和监控要灵活。
- 允许控制打开，并提供对其资源的可见性。

（2）业务开通阶段：当一个被管理实体在一个雾节点中开始它的早期生命周期时，它必须被登记。这包括发现、识别、特性，以及功能的发布、信任和部署等特点。托管实体在开通时也必须是可伸缩的，它必须能够支持多种层次结构。

（3）操作阶段：雾计算节点在操作使用阶段时，可管理模块要求可靠性/可用性/可维护性，涵盖所有雾计算操作的方面。

（4）恢复阶段：当雾计算节点的操作超出预期的规范时，它必须具有自动恢复的能力，应该尝试自我修复并执行恢复操作。其他的雾节点可以帮助其恢复操作，这就是为什么体系结构同时定义了外部和内部可管理性接口的原因。

（5）退役阶段：由于雾计算节点的许多方面可能涉及个人身份信息（PII），因此体系结构指定了一种清除硬件所有数据的能力。这包括使雾计算节点退役并在另一个工程实例部署中重用它们的能力。它包括安全清除所有非易失性（NV）存储的方法，以便将来的应用程序不会访问以前租户的数据。

3. 管理层

如管理生命周期所述，雾计算管理层有许多职责，如图 2.15 所示，包括终端设备自动发现、注册、服务开通。发现服务提供了一个寻找设备的有效方法，用于识别、登录、经营雾计算基础设施部件。内部发现服务通常用于操作系统和软件代理的发现。外部发现服务通常执行通过无线、SMBus 或 I2C 接口，在低功耗状态期间容易开展的维护工作。发现服务的目的就是获取一个完全可理解的终端设备的资源，确立健康基准，确保正确的操作状态，直到这个部件退役。

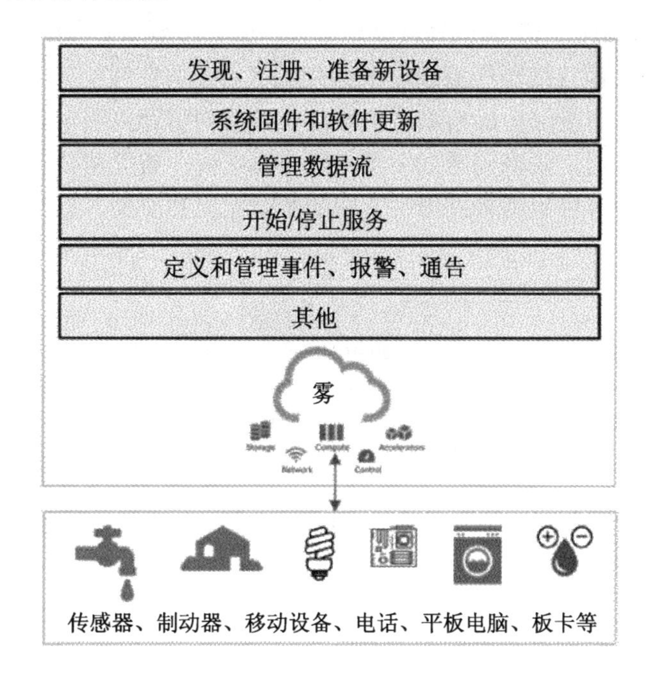

图 2.15　雾计算参考架构的管理层

雾计算节点管理最常用的功能是在系统异常时，操作软件升级、固件升级、远程告警。作为雾计算系统，经常部署、运行在边远地区和条件苛刻的环境中，通常要求提供软件、固件的无线下载能力（Over The Air，OTA），管理层能够具备这种升级的能力。

2.7.4　数据分析和控制层

传统的方法提供的分析不再有效，在一些工程案例中，会用传感器到云端这种数据传输模式。这是因为有大量的数据必须捕捉、存储、传输到数据中心或云端，以便为大规模商用开展数据处理和分析工作。正如我们所看到的，在深入商业和工业的过程中，可从更多的精细数据元素中获取有活力的商业信息。传输到数据中心或云端的数据中，有些用于描述理解其操作，分析设备状态；有些用于诊断分析、根源分析、预测分析，给出系统的运行趋势。有些公司感兴趣的是数据的预测分析，以确信自己的过程是优化的。大多数公司想获悉其所需的操作、计算、资源等信息。

我们用雾计算工具去捕捉、存储、分析、传递相关的数据，由上层数据中心完成智能分析，或将云应用程序尽可能地嵌入数据源生成的部件中。这意味着在数据源之间的集成和商业智能分析应用中，网络边缘将捕获数据，在当地进行数据分析，并提供一个操作控制，在同一时间发送相同的数据到数据中心或云端，以进一步进行业务处理或操作决策判断。这有助于在雾计算不同层次中展开算法分析，在不同部件中执行操作控制。

如图 2.16 所示为商业处理中数据跨过所有层次，各部件间交叉交换的综合过程。这种集成和交换是商业智能分析的精确性所必须具备的。雾计算联盟为企业之间、供应商之间围绕设备识别和通信安全问题开发了多种方案。商业智能将依赖于定义良好的流程和安全的边界，促进各种数据处理部件之间的数据捕获和交换，以及能够理解这一切的数据科学。

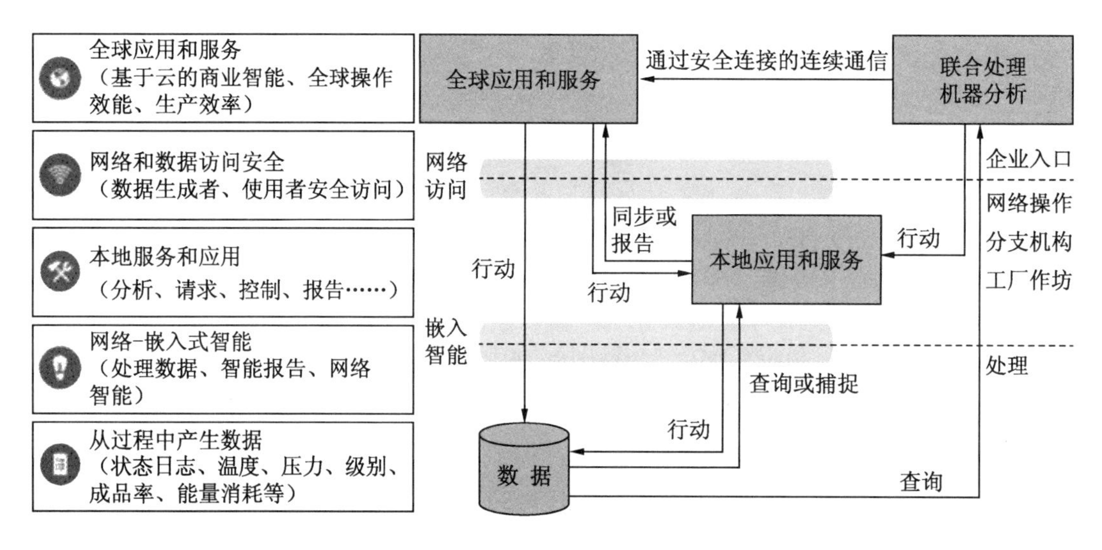

图 2.16 商用物联网雾计算层次

2.7.5 IT 商业和交叉应用层

雾计算和应用应该具有灵活性，可以跨越和互操作雾层次结构中的各个级别，在多供应商生态系统中，这是雾计算的基础功能。另外，一个雾计算节点采集和生成的数据，必须能被雾计算其他层次的节点共享。如图 2.17 所示为雾计算交叉应用层。

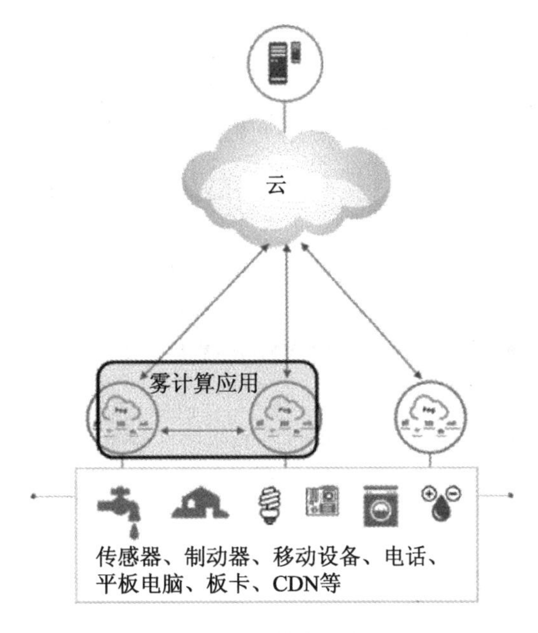

图 2.17　雾计算交叉应用层

我们采用智能物体时，要理解它们的数据模型和相关互操作能力，为雾计算交叉应用创造附加值才是关键。

2.8 节点透视

透视就是要观察节点内各模块的交叉关系。

如前面所述，开放的雾计算参考架构组合了多个利益相关方的技术方案。雾计算节点视图在我们描述的雾计算参考架构中处于较低层次，如图 2.18 所示。节点设计综合了芯片设计者、硅制造商、固件架构师和系统架构师的不同技术方案和观点。

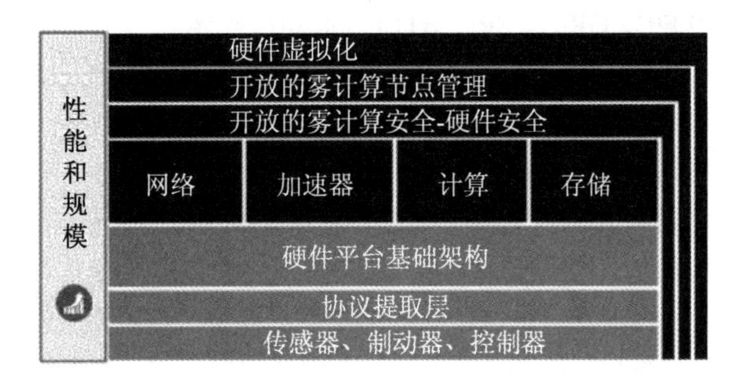

图 2.18　节点透视

把一个节点带入雾计算网络时，下列问题必须解决。

- 节点安全：如前面所述，节点安全对于整个系统是非常重要的，包括接口、计算模块的保护。在许多情况下，节点作为一个网关，连接传感器、制动器，运行高层雾计算函数。在图 2.18 中，作为一个安全网关，水平方向和垂直方向的节点安全都是重要的。这是一个重要的概念，作为安全主题，必须考虑到所有层次（从硬件到软件）。
- 节点管理：节点必须支持管理接口，提供的节点是可管理的。管理接口确保在更高层次上的管理代理能看见和控制低层次的节点芯片。统一的管理协议能连接许多不同的物理接口。
- 网络：每一个雾计算节点必须能够通过网络进行通信。由于许多雾计算应用是时间敏感和时间感知的，一些雾计算网络可能需要支持时间敏感网络（Time Sensitive Networking，TSN）。
- 加速器：许多雾计算应用利用加速器满足延时和功耗需求，与给定的应用场景有关。
- 计算：一个节点必须有通用计算能力。运行在节点上的软件标准是重要的，这使得系统高层和雾节点之间能互动操作。
- 存储：一个自动化节点必须能自学习。在任何学习成为可能之前，节点必须有存储数据的能力。存储设备挂在或嵌入这个节点中要满足性能要求、稳定性要求、系统的数据完整性要求和应用场景需求。另外，存储设备应该能提供这些信息：关于设备健康警告的信息，支持自愈特性的信息，以及支持基于 ID 性能配置的信息。某种地方的脱机存储要求用于本地上下文内容数据、登录信息、图像编码和运行在节点上的服务应用程序，要求多种存储介质，如本地硬盘、SSD、带有密钥的安全存储和其他存储材料。
- 传感器、制动器和控制器：这些硬件或基于软件的设备是物联网底层设备。有几百个或更多的底层设备与单个雾计算节点关联。有些哑设备没有任何信号处理能力，有的设备可能有一些基本的雾计算功能。这些部件通常大量连接，包括使用有线、无线协议，如 I2C、GPIO、SPI、BTLE（低功耗蓝牙）、ZigBee、USB 和互联网等。
- 协议抽象层：市场上的许多传感器、制动器没有与雾计算节点接口的能力。协议抽象层使得这些元件置于一个雾节点的监控下在逻辑上成为可能，这样它们的数据就可以被用于更高级别的系统和软件中进行分析。

协议抽象层是物联网上的多个供应商的设备与节点之间相互操作的关键。众所周知，英特尔的设备接口提供了一个协议抽象层。它们使供应商能够共享它们支持的雾计算体系架构部件的元数据，从而促进多供应商的数据互操作性和服务可组合性。当元数据被公开时，它也可以用于跨层优化。例如，在以信息为中心的网络中，数据在雾节点之间路由优化，或者像使用软件定义的网络那样，创建动态雾计算网络拓扑。

雾计算参考架构的未来版本中会给出一个小巧接口，将包括许多关于协议和抽象层的细节。

2.8.1　网络

雾节点在应用场景中通常是最有价值的部分。数据在边缘处需要采集，雾节点对来自数千台到百万台设备中的数据进行分析，所需时间在微秒到毫秒之间。在这些场景中各种网络设施可以互相通信，包括从传感器到雾计算节点，上至架构的更高层次，直到云端。

网络在通信模式和通信处理时，要求具备可扩展性、可用性和灵活性。雾计算网络应该满足 QoS 要求：关键优先、延时敏感、按时交付。雾计算节点提供 QoS 保证，为网络系统高层提供者和应用者打下稳定的基础。

我们从雾计算节点的角度，探测各种网络部件的连接和通信要求。

注意： 依赖于网络部署场景，雾节点存在于网络部件内，如接入点、网关、路由器中。在体系结构中，假设无论雾计算节点的位置如何，网络需求都是相同的，这显然会随着物联网雾计算的部署而改变，我们将通过测试平台和其他部署策略来完善这一点。

1. 有线联网

网络的连接模式依赖于节点的目的和位置，例如：

- 雾节点在工厂中用于采集和分析制造过程数据，与上层或下层网络连接最常用的是有线网络模式。
- 雾节点采集独立传感器的数据，最常用的是无线网络模式。
- 雾计算内部节点连接，常用 RDMA 和其他低延时互联技术。

有许多物理连接的标准、类型和接口用于雾计算节点连接。物理连接是一个或多个网络连接的典型方法，支持的速度范围在 10Mbps 到 10Gbps，支持铜线或光纤连接，以满足各种需求扩展。铜线可连接 100m 长，支持速度在 10Mbps 到 1Gbps。如果连接要求更远、更快，可能需要用到光纤连接。光纤支持不同波长和发送模式以满足传输距离和容量要求。例如，单模光纤传输距离大于多模光纤。

为了连接雾计算节点到物联网设备或传感器，有多重标准接口，它们与解决方案有关。例如，在工业环境中，雾计算节点要求支持控制器局域网（CAN）总线或现场总线，用于底层应用和底层处理的通信。

在工业自动化应用中，保证数据实时传输是关键，这种类型的网络称为时间敏感网络

（Time Sensitive Network，TSN）。TSN 用基于时间同步技术标准（如 IEEE1588）和带宽预留来优化以太网环境，改善控制交互质量。

在工业物联网环境中，雾计算节点与工业设备连接时，需要做到时间同步，所以是需要 TSN 的。

2．无线联网

无线联网在物联网和常规的数字化中是必不可少的。无线连接具有连接灵活、提高生产率的优势。无线连接有各种协议、标准和机制。连接质量依赖于许多条件，包括但不限于灵活度、移动性、到达率、可用性、功耗、环境和地理等条件。雾计算可应用于各种物联网场景，尤其是传感器到雾节点之间的无线连接比较有益。无线连接也用于雾节点到雾节点，或雾节点到云端的通信中。

雾节点的无线联网技术应考虑以下各种情况：

- 在层次结构中的功能或位置。
- 移动性的本质属性是支持车载雾计算节点，各种类型的车载雾计算节点是地理分布不同的物联网终端，无线接口是到达它们的唯一可行路径。
- 满足部署范围的要求。
- 满足吞吐量和数据传输率的要求。
- 无线信号波形参数要求支持各种类型的天线、模块、收发器。
- 如果雾计算节点期望在高速率条件下向雾计算参考架构中的其他层次接收、处理和转发信息流，那么能源成为重要的设计因素之一。类似地，如果传输、处理速率很低，那么电池供电、能量接收、重复充电等方式可用于物联网节点电源部分的设计。
- 无线联网质量与环境干扰高度相关。例如，在噪声环境部署一个无线连接部件，或周围有高反射金属面，可能会影响雾计算节点的性能。这也适用于海上和其他地区的物理基础设施技术认证，要求雾节点的结构完整，不受天线附件和电缆附件的有害影响。在这些场景中，必须要求安全和可靠的无线通信。
- 使用许可的频谱通常需要付费才能接入频率范围，而在大多数情况下，使用开放的频谱可能是低成本或无成本的。

无线联网能够组网进入 3 个主要领域：无线广域网（WWAN）、无线局域网（WLAN）和无线个人局域网（WPAN）。

目前，存在多种通信协议和标准，下面列出的标准可能要求在同一网络中支持雾计算节点和其他设备通信。

蜂窝通信技术包括 3G、4GLTE 和 5G，具有高数据传输率的特征（1Gbps）。它们的成本更高，能效更低。大多数技术标准由第三代合作伙伴计划（3GPP）制定。

5G 比现在的蜂窝通信系统具有更高的速度、更高的容量、更低的延时，可能达到两位数的传输速率（10+Gbps），将促进物联网解决方案和设备的更广泛应用。雾计算节点在车辆、移动设备、传感器之间相互传输数据，需要 5G 支持。

雾计算节点要求在下行和上行数据交互时支持蜂窝通信技术。大多数移动雾计算节点在上行通信时将用到蜂窝通信接口。许多软件定义无线电，物理连接雾节点，都能利用蜂窝通信技术解决这些场景要求。常用的无线联网技术如下：

（1）窄带物联网（NB-IoT）是 3GPP 标准，解决物联网的各种应用和需求，履行长距离、低功耗传输的原则。目前，窄带物联网还没有被广泛部署。

（2）低功耗广域网（LPWAN）有较低的传输速率、较高的能量利用率和较低的成本。LPWAN 所有权归属一些联盟组织，如 LoRa 联盟和 Sigfox。LPWAN 在农业方面的应用项目较多，因为它有能力覆盖大面积的农业和田园土地。

（3）无线局域网（WLAN）利用多种拓扑结构和协议，但是 WLAN 与 WiFi 是同义语。WLAN 对于小地理面积是一种好的通信选择，经常用于建筑物和校园通信。仰仗接入点的数量和密度要求，WLAN 也可以用于体育馆、制造厂、油气田和精炼厂通信。

（4）WiFi（WLAN）是 IEEE 802.11 工作组定义的标准，这些标准解决了部署环境中的许多要求和挑战。其支持的数据传输率从几 Mbps 到数个 Gbps。最通用的标准是 IEEE 802.11a、b、g、n、ac。其中，IEEE 802.11ac 是 IEEE 802.11 系列标准中最新的，它支持更高的传输率。

IEEE 802.11 工作组的当前工作新方案是解决高容量、高速度、高密度的需要，尤其是物联网应用需求。例如，IEEE 802.11ax 期望更高的速度和超过 802.11ac 的能力。IEEE 802.11ah 是为物联网低功耗、大范围要求而定制的标准。IEEE 802.11p 将定义一个新标准，目的是为车辆到车辆、车辆到路边基础设备能更好地进行通信。未来进入光通信时代，如 LiFi，它可以作为雾计算无线网络的一个选项。

（5）无线个人局域网（WPAN）的特征是近距离通信、低功耗、低成本。WPAN 可能用在可穿戴设备和家庭管理系统中。WPAN 包括以下技术：

- 蓝牙：特点是近距离通信，其规范和标准由 SIG 工作组管理。
- 红外（IR）：特点是通过红外光波进行无线通信，其规范由红外线数据协会提供。
- ZigBee：特点是低功耗、短距离、低传输率通信（直线无障碍环境条件可达 100m）。
- Z-Wave：特点是 RF 用射频发信号和控制，大多用于家庭自动化。
- IEEE 802.15.4（Low Rate WPAN）：应用于无线局域网场景，其标准由 OSI 模块定义。

（6）近场通信（NFC）：NFC 通信技术可以用于雾计算节点支持的非常紧密的设备通信。NFC 通信技术长期用于物流和供应链解决方案，现在已经应用于垂直细分市场，包括无人零售方案、农业和健康管理。射频卡（RFID）也能用于 NFC 近场通信，如资产跟踪和物理接入的应用场景。

无线连接到雾计算节点，允许各种传感器和数据进入节点内进行处理。作为节点能力的增长，无线通信技术能够与高层安全通信的能力被雾计算参考架构所采用。

3. 网络管理

随着传感器和数据源数量的增加，管理所有资产、节点资源的需求变得越来越重要。雾计算节点支持外部（OOB）网络管理的能力，将有助于提高资源管理、网络安全、节点健康和适应环境条件变化的能力。用于管理传感器、节点和网络设备的协议和机制，根据使用的通信协议、连接选项随 CPU 和内存资源的不同而不同。有时网络管理是独立分离的，有时网络管理是不独立的，管理的通信数据传送至主网络，用于管理历史查询。将有多路管理信息发送至雾计算节点，以确保加密连续、传输可靠和操作的安全性。重要的是，网络管理可简可繁。

4. 网络的安全威胁和缓解

雾计算需要防护来自网络的各种威胁，包括：

- 阻断服务攻击；
- 入侵；
- 域名服务器电子欺骗（DNS Spoofing）；
- 地址解析协议欺骗和中毒（ARP Spoofing or Poisoning）；
- 缓存溢出。

雾计算节点可能不具备防护能力，它们大多依赖于网络和相邻设备来保护自己。下面是网络设备助力雾计算节点防护攻击的示例。

- 防火墙阻塞未授权的访问；
- 入侵防护系统；
- 使用虚拟专用网络进行安全的远程访问；
- 基于行为的异常检测设备或软件。

大规模的 DoS 攻击，使用物联网关联设备可以更快地检测到，并利用雾计算驱动的网络安全工具，使网络攻击、安全威胁得到缓解。

5. 雾计算节点的设计考虑

设计雾计算节点要考虑是否安装已有的网络系统或新开辟的网络环境，考虑雾节点功能的物理实现或虚拟实现，考虑节点容量和需求策略。例如，物理基础设施的所有权可能是决定访问权限的因素之一，节点到节点之间的通信要考虑：

- 直接或间接通信；

- 任意两个节点之间的距离（影响能源使用，引起带宽争用。距离越长，部署电缆越复杂，数据通信成本越大）；
- 要求两个节点之间进行状态保护；
- 通信接口和协议的类型；
- 容量规划，在为具体应用场景进行架构设计时要考虑结束状态；
- 数据流准备，预估数据量的大小，留下裕量；
- 维护和升级频率；
- 与 IT 融合，为实物配置以太网 IP，实现节点到实物的通信，可以更容易地与 IT 环境集成，并有助于提高系统的效率。

2.8.2 加速器

除了传统的 CPU 之外，一些雾计算节点，特别是那些从事数据分析的节点，需要的 CPU 吞吐量超过了服务器和企业 CPU 芯片所能提供的能力（电源或处理效率）。在这种情况下，加速器模块将配置在处理器模块旁边（或紧密集成），以提供充足的计算吞吐量。举例如下：

- GPU 图像处理器含有数千个单核。大规模并行应用使它们的速度可以提高一个数量级，并节省大量的电力和空间。每个标准 CPU 上可以配置多个 GPU。但是，为了实现这种能力，需要增加与节点的物理和电气连接，这会增加节点的总功耗。
- FPGA 是大量的门级可编程硬件资源。用客户逻辑设计配置 FPGA 器件，去解决各种特殊问题非常有效。但是，根据部署的不同，与其他加速器相比，功耗降低可能需要利用 VHDL 进行低功耗设计。在许多情况下，FPGA 提供了比 GPU 更高的电源效率。
- 数字信号处理器（DSP）是专门针对信号进行优化的处理器。一些 DSP 是通用的，而另一些 DSP 优化了特殊功能，如视频压缩和操作。

当我们为一个雾计算节点选择加速器时，必须权衡以下问题：

- 接口到雾计算节点的电力输送。
- 多场景通用条件下的加速器动态变化能力（可编程能力），以便解决新的应用案例。
- 要求动态变化。
- 考虑环境制约因素。
- 高层软件编程接口和 API 的支持，特别是发现业务所需的加速器存在的功能。

可编程性支撑技术意味着节点能够灵活地定义它，用来解决给定的问题。这种后期绑定技术在许多工程应用领域尤为重要。

2.8.3 计算

在网络边缘，进行通用计算仍然很重要，越来越多的数据要处理，对网络边缘的计算能力的要求也在增加。随着计算能力的增长，系统 DRAM 也大量增长。为了保证更高的计算可靠性和准确性，ECC 存储器（Error Checking and Correcting，错误检查和纠正）在计算中变得更加突出。雾计算的另一个关键的重要性是部署生命周期可能更长，因此将长寿命和计算性能规划为一个或多个 CPU 来实现是很重要的。当其他计算架构存在时，要平衡其他计算架构的可编程能力是很重要的。

当考查一个计算部件时，了解某些环境条件下必须能正确地操作是重要的。在许多雾计算部署中，计算部件在环境温度 70℃以上仍要求连续工作很好。事实上，在世界上的许多地方，高达 100℃的恶劣环境并不罕见。

雾节点对计算功能有许多要求，以下是满足计算能力的一些需求。

- 多租户部署时，要为每个最关键的应用程序提供完整的计算核心，来确保每个租户获取 QoS。
- 在雾计算网络部署中，可能需要内存管理单元来管理大型的虚拟内存空间，将平台与应用程序空间隔离开，以及在多租户环境中将应用程序彼此隔离开。
- 雾计算网络需要高性能的 I/O 子系统，以便将每个 CPU 与其相关的加速器、存储器和网络外围设备连接起来。
- 在某些雾节点设计中，硬件信任根位于 CPU 的复合体本身之中，只有在 CPU 验证签名之后才会验证代码。

2.8.4 存储

雾计算节点将要求多种类型的存储器。随着雾计算节点的不断部署，我们将看到通常只在数据中心中才能看到的存储层出现在节点上，因为它们跨层次收集和处理这些数据。

- RAM 阵列：由于数据是由传感器创建的，节点需要对数据进行接近实时的操作，RAM 阵列满足了这一要求。而访问非易失性存储时需要的延时时间长，在一定的场景中，许多雾计算节点将被要求配置 RAM 存储器，以满足延时方面的要求。
- 固态盘：基于闪存（Flash）的存储器。因为它具备稳定性高、吞吐量大、功耗要求低、环境适应性强的特点，可用于大多数雾计算应用中。这包括 PCIe 和 SATA 挂接的 SSD。另外，伴随着新编程模式，新型固态存储介质开始出现，包括 3DXpoint 和 NVDIMM-P。
- 固定旋转磁盘：用于大量、成本敏感的磁盘应用项目。雾计算节点可能含有旋转磁盘，有时用便宜的磁盘阵列排列成冗余存储阵列。

实际上，存储介质的选择依赖于实际应用环境。在一个给定的雾计算节点内，存在典型的存储层次选项。基本上，在系统中的存储设备需要满足成本、性能、稳定性、数据完整性的要求。另外，在雾计算环境中，存储设备要支持雾计算开放架构中的 8 项支撑技术，主要是安全性、可靠性/可用性/可维护性（RAS）。另外，基于闪存（Flash）的存储技术，每字节成本（Cost/Byte）和延时时间持续已逼近 DRAM。

存储设备应该提供那些基于 AES-256 和 TCG 标准的用于数据加密、关键管理、身份验证等的支持。存储设备也应该提供实时信息、存储介质的早期报警和自愈特性。在虚拟化雾计算环境中，存储设备应支持基于 ID 的定位性能，以支持存储资源动态调整，用来服务虚拟机和某些特殊应用。在空闲期间，支持数据加密也是很重要的，因为在大多数雾计算部署环境中，像数据中心那样具有物理保护机制是不可能的。

2.8.5　管理

在许多部署中，由于硬件平台管理设备（Hardware Platform Management devices，HPM）可以与主要的计算部件一起在外部运行，所以它也拥有自己的可信计算平台模块（Trusted Platform Module，TPM），并通过一个安全的引导过程实现信息安全认证。与其他实体一样，HPM 应该支持 HW 信任根。

开放的雾计算节点不运行主机操作系统，它的管理涉及系统管理能力。这些通常是离散的可管理性系统，可以在所有电源状态下生存并管理雾节点。它们有时也被称为硬件平台管理设备（HPM）。

大多数雾计算节点含有一个 HPM，用于响应节点内的其他部件的控制和监视。这个 HPM 是主 CPU 上或母板上的一个小辅助处理器。它有各种传感器和一些监测点，如温度、电压、电流和各种错误。如果检测到一系列错误，HPM 发出的告警会逐步加强。

HPM 系统也能响应雾计算节点的内部配置控制。它能设置通信参数，如 IP 地址、线速等，也能配置新的硬件模式。如果模块失效，它能隔离这个模块，并试图覆盖其功能。HPM 也能与雾计算节点引导硬件合作，使其能安全地下载软件，更新系统操作。传感器与雾计算节点物理操作硬件关联，包括雾计算节点设备周边的温度、湿度、气流、扇速、供电电压、供电电流、节点设备的橱柜门破坏等，也能通过 HPM 系统送出管理数据。

2.8.6　安全

正如在安全透视层中所描述的，为了正确识别雾计算节点的需求，对雾计算节点进行安全分析和威胁评估是非常重要的。完成此任务后，能获得适当的物理安全措施所需的信息，能建立维护信任的最佳方法，以及为了使雾计算节点环境安全，应该设置什么类型的管理和响应策略。

1. 物理安全和防篡改机制

雾节点支持的物理安全级别应该与该设备的安全策略和威胁级别一致。这将取决于访问系统组件有多困难，以及系统被破坏会有什么后果。雾节点的位置和物理访问的可用程度将在评估中起作用。雾节点位于开放的公共空间，如购物中心、街角、电线杆，甚至在个人车辆中，这将加大被物理攻击的风险。

防篡改机制的目标是防止攻击者对设备进行未经授权的物理或电子攻击。防篡改机制划分为四个组：阻止、证据、取证和响应。

重要的是，合法的保护措施不应该由于防篡改机制而影响节点的正常运行。为了防止这种情况，节点可能具有一种特殊的保护模式，可以用授权实体配置该模式，以便在进行维护时禁用防篡改响应，维护完成后重新启用防篡改功能。

2. 篡改阻止

防篡改使用特殊的物理建筑材料，使篡改雾节点变得困难。这可能包括诸如硬化钢外壳、锁、密封或安全螺丝等特性。采用密闭的通道，增加在不打开外壳的情况下使用光纤探测节点内部的难度。当查看雾计算节点视图时，启用了 SoC 芯片制造商的所有接口，包括许多制造商称为制造或测试模式的特殊操作模式的接口。在部署节点之后，必须保护这些操作模式不受篡改和物理攻击。

3. 篡改证据

篡改证据的目的是当篡改发生时，留下可见的证据。篡改证据的机制是破坏者的主要障碍。多种篡改证据材料和设备是合法的，比如一些特殊的封条和胶带，当发生物理篡改时就很明显。另外，篡改证据可以通知 HPM，以确保更高级别的管理实体在不到场的情况下确定发生了篡改事件。

4. 篡改取证

篡改取证意味着系统知道发生了不需要的物理访问。用于检测入侵的机制分为以下几种。

- 开关：如微型开关、磁性开关、水银开关和压力触点，检测设备的开启、物理安全边界的破坏或特定组件的移动。
- 传感器：温度和辐射传感器可以检测到环境变化，电压和功率传感器可以检测到故障攻击。

- 电路：如柔性电路、镍铬线和缠绕在关键电路或电路板上特定元件上的光纤，用于检测包装器的击穿、损坏或试图修改的企图。例如，如果镍铬线的电阻发生变化，或者通过光缆传输的光功率减小，则系统存在物理篡改的企图。
- 篡改响应附件：有一种篡改响应附件，它结合大量篡改证据和检测功能，旨在保护雾节点的物理边界的安全。

所有这些篡改取证机制被触发时，将给安全检测器提供典型的硬件非法信号。

5. 篡改反应

当篡改发生时，篡改反应机制是一个应对策略，对此类事件的响应是可配置的。

- 软故障：敏感数据被清除后，中断信号发送到安全监视器上，确认这项工作已经完成，以便它重新启动处理器并继续执行。
- 硬故障：硬件发生故障时，软件故障操作模块可能被执行，缓存和内存被归零，系统被重置。较小和较严重的后果都可能出现。最小的后果是什么也不做，或者可以将事件记录下来供以后分析。严重后果可能是设备“变砖”，硬件彻底被损坏。这意味着在清除所有敏感数据、缓存和内存之后，不能再次启动节点，必须更换节点。

对篡改的响应需要被雾计算参考架构中的高层理解，这种依赖性在系统部署中经常被忽略，因此攻击通常会得逞。运行在节点上的软件必须理解节点的响应，以应对网络攻击。

6. 建立和维持信任

可信计算（TCB）涉及平台硬件、软件、网络部件，如果违反了安全规定，系统中的安全策略具有纠正不可信行为的能力。TCB 中的组件和代码越多，就越难保证它没有 bug 和安全漏洞。最好确保 TCB 尽可能小，以最小化其攻击面。有时达不到这个要求，因为满足实际要求的系统环境太复杂。在复杂系统环境的空余区域创建多个隔离和保护区域是创建小型 TCB、减少攻击面的方法之一。

7. 硬件信任根

在 TCB 心脏中的雾计算节点安全模块是信任之根，它不允许恶意行为者劫持早期初始化或引导进程。雾计算节点安全模块需要固定在硬件中，这样它就不能被绕开或规避监管。硬件信任根是雾计算节点 TCB 的关键部件，雾计算参考架构依赖于可信计算组（TCG）定义的硬件信任根（HW-RoT），用可信任计算技术研发可信计算组（TCG），类似于平台的一个可信任模块，TCG 能够用于大量部署的雾计算系统，保障雾计算系统的信息安全。

8．安全启动或验证启动

雾计算节点应该拥有一个硬件信任根用于验证启动过程。安全启动和验证启动过程是物联网雾计算参考架构用于验证已签署的固件映像，引导装载程序、操作系统内核和软件模组。

验证启动（引导）有多重实现方法。引导过程开始后会加载ROM中的代码执行引导过程，雾计算节点中的计算实体仅用加密固件映像操作。

安全启动（引导）的实现也可能是专有性质的，系统架构师验证启动的功能和安全性不应该有规避（绕开）签名的漏洞。另外，HW-RoT不执行未经验证的代码也很重要。这包括来自PCIe设备和其他组成部件的ROM选项。

9．可信启动或测量启动

可信启动不同于安全启动，因为高级软件可以（以编程方式）验证固件的运行是安全的。

可信计算组（TCG）描述的方法是用可信计算模块（TPM）定义的方法，使用可信计算模块执行此功能。当代码被执行时，它将创建代码模块的加密摘要而存储在TPM中。用于每个信任链的存储空间是配置寄存器（PCR）。

PCR可以被认为是一个用于某些特定目的的单一信任链。其他实现方法可能会被未来的创新方法所代替，雾计算联盟会调查TCG方法对雾计算节点的适用性。至于经过验证的启动（引导），系统架构师可用来为雾计算节点验证功能、验证测量、验证启动的安全性。

10．保护启动过程

雾计算节点必须提供一种方法来安全地建立信任根，并且通过启动过程的其余部分对信任进行验证和扩展，以确保该节点可以被信任。

雾计算节点必须提供一种方法来确保固件和系统软件在执行之前没有被篡改。实现这一目标的方法多种多样。这个需求的选择和实现的解决方案，应该与在安全分析和威胁评估期间的发现一致。

11．身份证明与鉴别

雾节点必须能够向网络中的其他实体标识自己，例如，向雾节点请求服务的实体必须能够向雾节点标识自己。这种识别的最佳方法是使用带有认证的不可变标识符。认证是系统向远程第三方验证者提供一些不可伪造证据的能力。其中一种方法是使用直接匿名认证（DDA）方法，它可以使雾计算系统在保护隐私的同时验证给定系统的凭据。

12．认证

采用可信处理器的系统安全性依赖于认证。在雾计算层次结构中，远程认证代理可以验证雾系统的真实性和安全状态。根据用于创建信任链的方法和受信任的环境（即测量或验证），远程代理将验证不同的属性和数据。对于使用测量来构建信任链的系统，远程认证代理将能够远程验证给定雾计算节点的测量结果是否正确。在这两种情况下，目标都是能够证明在其上运行的固件和软件是已知的或可信的。如果在给定系统上运行的固件认证失败，就不应该使用它，应该进行修复。对于远程认证有许多可用的实现选项，雾计算联盟将与 TCG 和其他基于标准的跨多个接口的认证方合作，共同建立认证体系。

2.9　系统结构概览

物联网雾计算参考架构的系统概览由一个或多个节点架构与其他组件组成，以创建一个物联网雾计算平台。通常创建这些系统以促进雾计算网络的部署，这涉及众多利益关注方的技术方案，包括系统架构师、硬件 OEM 制造商和平台设计商的关注点。雾计算联盟的利益相关方还需要理解雾计算节点架构，以便能够将他们创建的系统方案部署到给定的工程项目中。图 2.18 只展示了嵌入其中的一个雾计算节点映像，但是我们还使用多个节点来创建一个庞大的物联网系统，用于满足冗余需求或其他部署需求。图 2.11 为物联网系统的雾计算参考架构透视图。

2.9.1　硬件平台基础设施

雾计算平台必须为其内部组件提供强大的机械支持和保护。首先从雾计算节点中选择的组件开始，然后扩展到物联网系统。在许多部署中，雾计算平台必须能在恶劣的环境条件下生存。对雾计算平台外壳（在系统架构中称为硬件平台基础设施）的一些要求如下：

- 遵守当地法规和标准惯例。
- 符合环境保护要求。
- 能够抵抗物理攻击、破坏或偷窃行为。
- 可接受的尺寸、功耗和重量特性符合要求。
- 符合功能性安全要求，以保护人和物免受伤害。
- 内部部件的机械支撑符合要求。

- 内部部件的冷却管理符合要求。
- 支持节点级模块化，具备构建和修改配置的能力，包括扩展能力以处理不同规模的部署。
- 雾计算平台部署在世界各地，要考虑外观造型的美学和其他因素，应能被普遍接受。

2.9.2 环境条件

许多雾计算平台部署在严苛、恶劣的环境条件中。这意味着它们应该有符合各种国际安全和环保责任标准的规范，如 UL、CSA、ROHS 和 WEEE。安全及环保规定的例子如下：

- 温度范围要求：
  商用产品温度要求：0～70℃；
  工业产品温度要求：-40～85℃；
  军用产品温度要求：-55～125℃。
- 环境危害，包括湿度、振动、污染、地震和极端的太阳能辐射。
- 国际保护标志达到 IP 68 水平。

2.9.3 散热

根据部署情况，用于恶劣环境位置部署的雾平台可能是密封的。它们不应该要求任何风扇或其他活动部件来维持安全的内部温度；它们不应该需要空气过滤器。然而，由于一些高性能雾节点的高功耗和高封装密度，特别是那些具有大型加速器阵列的节点，可以采用主动冷却方式。如果使用强制空气冷却，则需要空气过滤器来减少颗粒污染。关键雾节点上的风扇应该是冗余的，这样，如果单个风扇出现故障，雾节点可以继续在其余风扇上满负荷运行。散热部署方案将规定外壳的使用。功率输出、性能和散热有很强的相关性。在设计整个解决方案时，需要考虑设备散热。

2.9.4 模块化

大多数雾计算节点都将是模块化的。在很小的设计中，母板上的部件和一些可配置的部件组成了系统模块。模块化系统也要权衡兼容性方面的考虑。模块适配器要求有不同的封装，以适应野外更新，提供可维护（修）能力。可配置部件包括：

- 更快的微处理器；

- 不同的 RAM 部件；
- 不同的存储部件；
- 配置 I/O 支持下行网络边缘接口和上行因特网接口，包括 RS232、Modbus、网络接口和光纤接口等；
- 加速器。

规模中等大小的雾计算平台可以替代主机的母板，并通过将部件安装到母板上来支持模块化。这是典型的近边缘或现场的雾计算平台。最大的雾计算平台将类似于高容量的刀片服务器，支持许多模块，包括高端的多插槽 CPU 部件、大型 GPU 阵列、P 字节级存储，以及潜在的数千个 I/O 连接。

在部署场景中，这些规模大小的雾计算平台有一个很好的应用实例：支持机器视觉所需的雾计算平台。靠近边缘的训练系统将利用较大的雾计算平台来训练神经网络。中等大小的雾计算平台将采用经过训练的模型，并将其用于许多不同视频流的动态推断或识别图像中。一个较小的雾计算平台可以嵌入相机中，并利用一个嵌入式加速器来识别来自单一相机输入的图像。

2.9.5　模块间互相连接

模块化雾计算平台要求内部模块互相连接。这些连接可能是母板和子板之间，或母板和母板之间的连接。数百个 Gbps 流量的连接可能是模块和模块之间的连接。这种传输是有线、光纤或其他形式。

在大型雾计算平台中，光模块用于中央集线器，CPU、加速器、存储器、网络模块采用星型拓扑连接。理想情况下，这些互联设备遵守开放标准，如 PCIe 或因特网标准，连接搭建成一个硬件生态系统。

2.9.6　硬件虚拟化和容器化

用于雾计算平台的处理器硬件都支持基于硬件的虚拟化机制，并在系统安全方面发挥重要作用。用于 I/O 和计算的硬件虚拟化，允许多个实体共享同一个物理系统。虚拟化在确保不应该使用的指令或系统组件方面非常有用。

容器是相对较新的技术。容器可以在雾计算环境中提供较低层次的隔离机制。隔离保证由操作系统做出，而不是完全基于硬件。这将隔离需求从硬件转移到运行的软件上。使用容器或虚拟机进行隔离的方法，通常出于给定工程案例的安全性考虑。

2.10 软件结构概览

雾计算参考架构的软件架构透视（交叉关系）是由运行在平台上的软件组成的，平台由一个或多个节点架构和其他组件组成，以创建一个处理给定应用方案的系统。软件架构设计，涉及系统集成商、软件工程师、解决方案设计人员和雾计算环境的应用程序开发人员。在雾计算平台上运行的软件要求满足给定的部署方案。健壮的雾计算部署要求雾计算节点、雾计算平台和雾计算软件之间的关系是无缝的。

2.10.1 软件架构层透视

如图 2.19 所示，节点软件分割成三层加载在硬件平台的顶层。

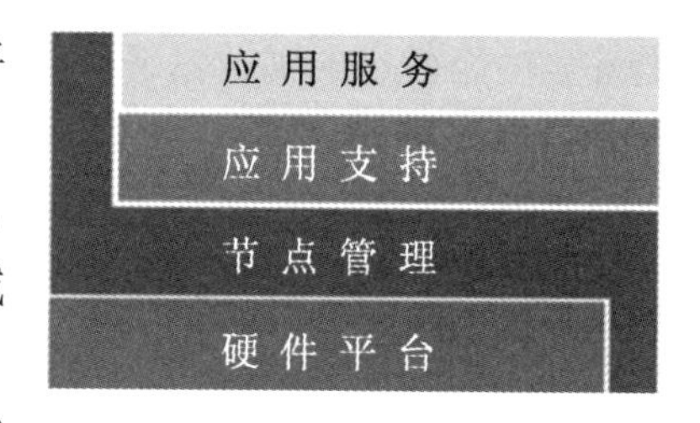

图 2.19 软件架构层次概览

- 应用服务：依赖于其他两层提供的基础设施服务，满足特定的应用场景需求，并解决特定工程领域的需求。
- 应用支持：基础架构软件本身不满足任何应用实例，有助于支持多个应用程序服务。
- 节点管理：节点的一般操作和管理，以及与其他节点和系统的通信，通常采用软件与管理子系统交互的方式。

2.10.2 节点管理

雾计算节点的管理软件要求能运行在软件平台上，支持节点和节点之间的通信。

- 操作系统：在虚拟化层上运行并一直扩展到应用程序微服务的内核。
- 软件驱动和固件：硬件接口初始化和硬件启动。
- 通信服务：启动通信模块，定义 SDN 机器协议栈。
- 文件系统：操作系统建立的各种程序的组织结构。
- 软件虚拟化：为了支持软件运行和应用微服务而提供的虚拟化服务。
- 容器化：为了支持软件运行和应用微服务而提供基于操作系统的隔离。

软件容器提供了良好的机制，用于运行在软件平台上的应用程序和微服务的细粒度分离。与虚拟机（VM）不同，软件容器通常不需要单独的操作系统。容器使用 CPU、内存、I/O 块、网络等进行硬件资源隔离，容器使用单独的名称空间来隔离操作系统和应用程序。

在容器内，可以对应用程序进行配置，以隔离应用程序的大小，并限制服务的大小。多个容器共享相同的内核，但是每个容器可以被限制为只使用定义（配置数量）的资源，如CPU、内存或I/O。

容器允许多个应用程序在单个物理计算节点上、跨多个虚拟机、跨多个雾计算节点运行，促进了高度的分布式系统。这是雾计算所需的弹性计算环境的关键能力。

软件平台的安全性是在平台上的软件层建立信任的组件。软件平台应该利用节点和平台建立的信任链，提供一种验证应用程序，这种验证可以扩展到外部系统的远程认证。

为了安全地初始化容器、应用程序服务和微服务，以及为了提供想要的服务，软件平台应该能够扩展信任的根。因为软件平台在软件栈的上层管理可信任的执行环境以及容器的创建和退役，所以软件平台上层能够验证实体是至关重要的。软件平台应该定义一个策略，根据从其他设备收到的命令响应执行任务。这些策略允许使用防火墙规则、应用程序组合和设备通信程序。

软件平台层编排实物（设备）到节点、节点到节点、节点到云之间的通信。 这一层必须提供数据加密和数据完整性服务，以保护各个方向的数据完整性通信。软件平台层必须强制有线通信或无线通信的数据源认证或通信的点对点认证，提供上传、节点到节点的数据认证。为了支持远程认证，要求该层支持可信计算。软件平台的可信计算服务利用硬件可信根，从安全管理维护模块签发的安全证书中导出其数据安全性和数据可信性。所有跨过软件平台的通信必须用一个基于标准保密函数的列表来提供保密性、完整性、身份认证和不可抵赖的服务。

由于性能的原因，这些保密函数由安装在雾计算节点中的加密加速器来运行。下面的描述是软件平台的一些附加模块。

- 服务发现模块：当多个雾计算网络部署时，需要用特别的方法创建其多信任边界集合，用于它们之间的合作、信息交换、数据计算，这是十分必要的。在临时协作的雾计算网络之间建立信任，需要有良好的信任框架和信任提供者服务图表。
- 节点发现模块：多项目部署的集群中，会应用到雾计算内部发现机制。当一个新部署的雾计算网络添加到集群中时，它将报告（广播）自己的存在并加入集群中。从那时起，这个节点共享网络负载是合法的。
- 状态管理模块：支持有状态和无状态的计算模式。状态计算模型能够具体化或通过弹性复制模型将状态存储在雾计算节点集群中。一致性算法能保证同一实体的多个副本同步，用以防止数据丢失。状态具体化需要在数据库和存储技术上运行会话和状态服务进程。
- 发布和订阅管理模块：运行在构造顶部（应用层）的事件发布、状态变化通告和信息广播，需要基础设施支持。发布和订阅管理机制支持临时订阅、固定订阅和可插入通知，应用程序层通过运行环境层，将有效负载推送到目标端点。

在描述管理时，管理层中的雾计算负责将雾计算节点或系统的硬件和软件配置为所需的状态，雾计算节点运行时维持其节点性能、节点可用性和节点弹性。管理层的组成是变化的，节点用不同的性能设计以支持这种变化。雾计算节点可以远程处理嵌入式模块和独立部署的模块，节点可以远程处理。雾计算节点的硬件平台管理子系统与主处理器上的软件合作，负责执行这个节点的管理。以下是每个雾计算节点所需的管理能力列表。

- 配置管理能力：通过软件代理支持操作系统和应用程序的配置管理，维持操作系统的期望状态和应用程序运行时间。作为部署成本的组成部分，代理是节点管理的一个可选项。
- 操作管理能力：雾计算节点的遥测操作分别是捕捉、存储，用于系统管理人员和自动系统响应，也用于监管基础设施。这些信息包括网络操作时间、网络操作过程和应用程序报警生成。这些警告的矫正可以是自动或手动的。
- 安全管理能力：安全管理包括密钥管理、加密套件管理、身份管理和安全策略管理。
- 容量管理能力：根据工作需要监控附加的容量、计算页面、网络和存储资源。
- 可用性管理能力：关键基础设施要求在故障事件中、软件或硬件崩溃时自动康复。如果硬件发生故障，工作负载将重新加载到不同的硬件节点。在软件发生故障的事件中，虚拟机或容器可能重启。基础设施的系统硬件应保持足够的备用系统容量并处于就绪状态，以满足给定场景的任何等级协议的服务。

2.10.3 应用程序支持

应用程序支持是由多个应用程序使用并共享的软件。应用程序支持可能依赖于底层驱动程序，如图 2.20 所示。应用程序依赖于部署类型和应用项目，支持软件可能提供多种形式（例如，在某些雾计算节点上的某些应用中，可能要求多种应用存储数据库）。

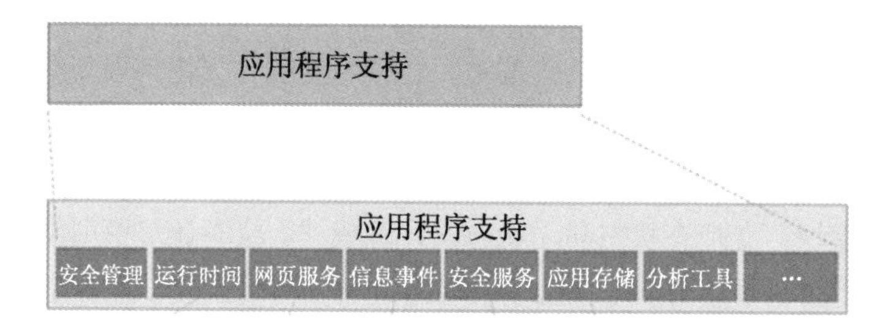

图 2.20　应用程序支持

应用程序支持层中的模块通常以软件平台提供某种形式的虚拟化部署。例如，由雾计算节点内的多个应用程序使用的消息代理，或 SQL 数据库本身可能是独立容器化的，并通过该容器化的接口提供其支持能力，如图 2.21 所示。

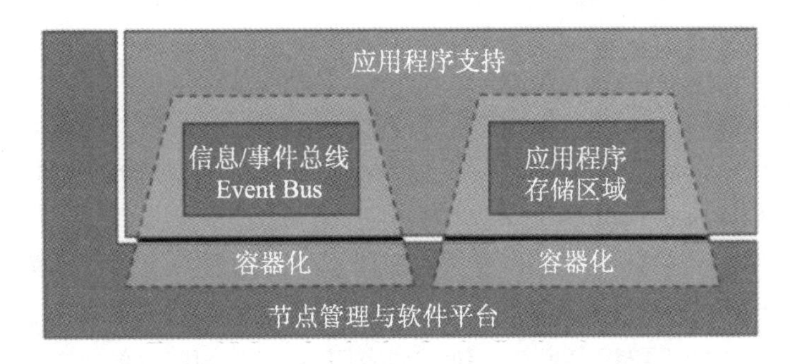

图2.21 容器化技术支持应用管理

信息/事件总线（Event Bus）是一个Android事件发布/订阅轻量级框架，通过解耦发布者和订阅者，简化Android事件传递。Event Bus可以代替Android传统的Intent、Handler、Broadcast或接口函数，在Fragment、Activity、Service线程之间传递数据。

任何支持层的功能容器化或虚拟化，为这些功能提供了更松散的耦合和附加的安全性，甚至可以允许软件平台更快/更轻松地扩展支持层的内容。

应用管理包括应用程序支持软件，应用程序服务的供应、验证、更新和一般管理。同样的机制也可以管理FPGA和GPU等加速器的配置映像。应用管理包括以下内容。

- 应用程序供应：网络运行时将托管配置代理，用于接收和处理来自管理系统的应用程序配置请求。然后，管理软件将使用应用程序清单从版本化的映像存储中选择正确的映像。配置代理将帮助处理应用请求。
- 映像管理：应用支持层作为构造控制基础结构的一部分，承担着映像管理的任务。映像管理接口包括用于信任软件、恶意软件、版本控制、依赖项管理的映像验证。
- 映像验证：默认情况下，Fabric仅运行经过验证的安全映像。这要求Fabric控制器支持PKI之类的代码身份验证方案。

注：Fabric是一个程序库，用于通过SSH远程执行Shell命令。

- 版本管理：映像管理允许部署特殊版本，具有创建、读写、更新和删除功能。
- 透传更新：根据托管应用程序行为状态的有或无，Fabric运行时将统一应用程序的多个实例分散到更新区域。这使Fabric运行时能够一次访问和更新一个区域，确保不会关闭整个应用程序。
- 运行引擎：虚拟机、容器、运行平台、程序语言库和可执行程序为应用程序和微服务提供了执行环境。示例包括Jave虚拟机、Node.js（JavaScript运行时）、NET框架、Python标准库和运行时可执行文件。

注：微服务是使用一套小服务来开发单个应用的方法，每个服务运行在自己的进程中，并使用轻量级机制通信，通常是HTTP API。微服务基于业务能力构建，并能够通

过自动化部署机制来独立部署。微服务使用不同的编程语言和数据存储技术实现，并保持最低限度的集中式管理。

- 应用服务：包括托管微服务、其他支持基础设施的节点服务、Web 服务等。示例包括 Wildfly/JBoss、Tomcat 和 Zend 服务。
- 信息与事件：支持基于消息和事件的应用程序和微服务通信。示例包括消息 DDS、ActiveMQ 和 ZeroMQ（通常归类于消息中间件、消息代理和消息总线等）。
- 安全服务：支持应用程序安全，包括加密服务和身份代理等。应用程序支持层中的安全服务，包括深度包检查、入侵检测和预防系统，以及系统和网络事件监视、内容过滤。
- 应用数据管理/存储/保持：应用程序数据转换功能和存储，包括类似于内存缓存一样的持久留存。持久性存储可能包括 SQL 和 NoSQL 数据库，但是应该考虑其他形式的持久性存储，比如内存数据库和缓存。示例包括 SQLite、Cassandra 和 Mongo。在这一层包括编码、解码、代码转换和加密/解密。
  - 编码：从应用层有效载荷到二进制传输。例如，从 JSON 到 OPC UA 二进制。
  - 解码：从二进制编码到 JSON 编码用于应用层处理。例如，协议转换从 OPC UA/DDS/LONWORKS 二进制到 JSON。
  - 代码转换：数据结构从一种形式到另一种形式，常用于网关。
  - 加密/解密：传输中的数据和存储中的数据。
- 信息保持/缓存：支持服务具有信息保持和缓存的能力。包括：
  - 允许存储结构化和非结构化数据。
  - 持久和非持久数据。
  - 插入编码、解码、代码转换流水和滤波过程。
  - 支持流和批处理模型。
  - 支持多租户。
  - 存储和转发能力。
  - 特别支持数字媒体内容。
- 分析工具和架构：包括 Spark、Hadoop 和其他 MapReduce 类型的技术。

2.10.4 应用服务

由于部署、案例和资源可用性的差异，雾计算节点应用程序会有很大的不同。雾计算应用程序由松散耦合的微服务集合组成，这些服务可以根据它们的角色被分成层，如图 2.22 所示。

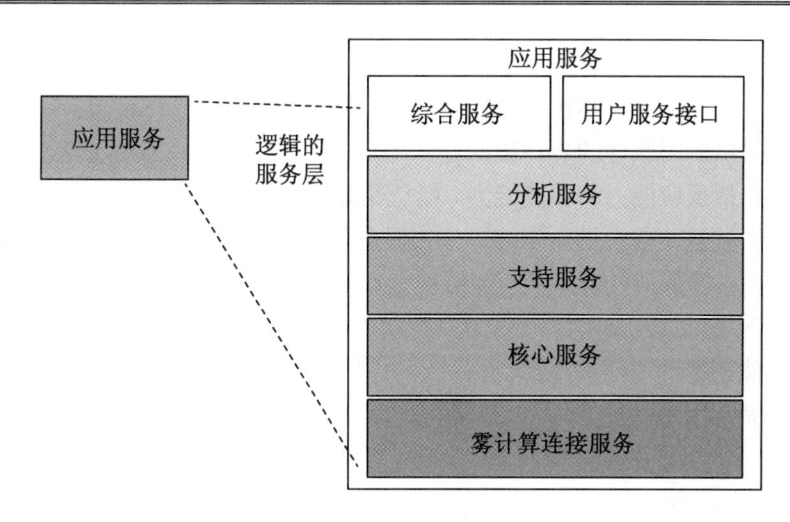

图 2.22 应用服务层

与应用程序支持服务一样，应用程序可以在软件平台提供的容器化/虚拟化环境中运行。应用程序可以利用容器技术支持、运行、部署服务（像一个运行引擎），如图 2.23 所示。

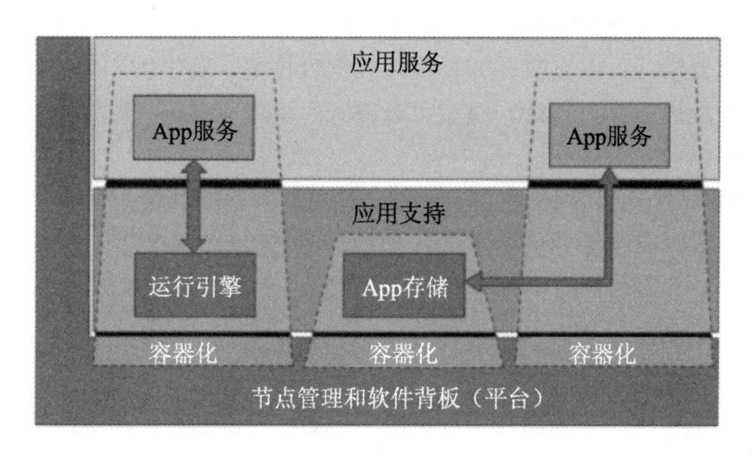

图 2.23 虚拟化用于应用支持

雾计算连接服务用于应用层架构的下行连接，这些接口指向物联网的实体设备。这包括传统的传输接口，如 Modbus 等。这些微服务含有一组 API 用于高层雾计算服务，其他平台用边缘计算协议在设备、传感器、执行器之间进行通信。协议抽象层顶部的雾计算连接器操作物理设备产生的数据，然后用代码转换技术把这些数据转化为通用数据的结构和格式，并送到核心服务设备上。

核心服务从边缘服务中分离出来，它从物联网边缘采集数据，这些数据对于系统上的其他服务也是可用的，如云服务。核心服务经常请求边缘资源占用，为边缘设备请求转换信息格式。这种转换是雾计算连接器的一个功能，包含一组 API，用于高层雾计算服务，边缘设备的执行器接收命令和传输命令服务。

支持服务提供应用软件的各种微服务，如日志记录、调度、服务注册和数据清理。

分析服务包括反应能力和预测能力，接近物联网边缘的雾节点具有更活跃的服务。雾节点的处理能力越强，基于机器学习、认知服务的预测能力就越强。

反应性分析关注原始的输入数据，监视数据变化是否超出预期的规范。反应性分析包括但不限于以下内容：

- 关键事件处理；
- 简单的异常检测；
- 数据越界警报触发；
- 传感器融合与流处理；
- 监督分布式控制；
- 状态机和状态机引擎；
- 用于在状态机中移动的表达式语言；
- 为事件处理引擎提供/更新规则的 SDK 或 API。

预测性分析被定义为分析预测，包括但不限于以下内容：

- 雾节点机器学习可以支持雾计算模型或混合模型，其中的一些方面在云中执行，而更多的处理在雾中执行。模型可以在云中生成，并向下传递到雾计算节点代理以供使用。
- 连接到机器学习或其他可能在节点外运行的预测分析引擎。
- 从一组传感器或设备中获取可操作的情报，通常不能从单个传感器或设备中获取。数据可以从并行测量的相似信号量（如一组安全摄像机）或监控不同（但相关）参数的不同传感器中融合。传感器融合还包括从节点外部安全收集的信息，如来自 Internet 的信息。
- SDK 和工具侧重于如何将预测或机器学习算法与数据流、模型创建等连接起来。
- 集成服务允许外部的雾计算节点注册，集成服务笔记收集或生成计算节点注册的相关数据，并规定在何处、何时、如何以及以何种格式交付数据。例如，客户端可能要求通过 REST 将所有与温度相关的数据以 JSON 格式加密发送到指定的地址，然后集成服务提供使用管道或过滤器机制（在客户端注册时指定）交付数据的方法。

用户接口服务是微服务，专用于以下内容：

- 在雾计算节点的数据采集和管理；
- 在雾计算节点的操作服务和状态；
- 在雾计算节点的分析处理结果；
- 系统管理和雾计算节点操作。

2.10.5 遵守雾计算参考架构标准

雾计算联盟打算与 IEEE 标准开发组织合作，提供详细的功能需求来促进更深层次的物联网模块的互操作性。这需要时间，因为建立新标准是一个长期和持续的过程。在这些详细标准定稿之前，该联盟正在为组件级互操作性和最终认证奠定基础。雾计算联盟测试平台工作组将与技术委员会一起，提供物联网雾计算应该遵循的架构原则的细节，通过测试平台展示各种模块互操作的能力。它们将支持雾计算参考架构的各种技术，以及特定场景的整体解决方案。

针对具体场景的雾计算参考架构端对端（E2E）解决方案就是我们所说的 OpenFog 结构。在标准化之前，该联盟将利用其技术工作组对各种声称开放（兼容、可互操作）的雾计算实现进行评分。该评分结果和随后的上诉过程将对联盟成员可见，并将结果发布，以识别开放（兼容、可互操）的雾计算技术方案，区分不开放（不兼容、不可互操作）的雾计算技术方案。

2.11 小　结

本章阐述了雾计算国际标准 IEEE 1934 的核心内容、雾计算的 8 项支撑技术、雾计算的层次架构、雾计算节点透视的硬件和软件的交叉关系，并给出了雾计算节点的部署策略。IEEE 1934 标准是平衡了各个利益相关方的技术方案后制定的，获得了 IEEE 组织的批准和执行支持。

2.12 习　题

1．什么是雾计算？
2．简述雾计算 IEEE 1934 标准的 8 项支撑技术。
3．机器设备的智能是怎样获得的？
4．雾计算参考架构有哪些层次？
5．雾计算节点的硬件有哪些功能？
6．雾计算节点的软件有哪些功能？

第3章　物联网与雾计算

本章将给出雾计算的几个工程应用案例，介绍云雾结合、优势互补的物联网工程方法。云雾结合方法在智慧车辆、智慧城市、安防监控、机场安检项目中获得了广泛应用。

3.1　云雾之间

雾计算的关注点是控制的性能、工作的效率和传输的延时。这些是雾计算网络成功的关键因素。云计算和雾计算是一个优势互补、相互依赖的连续体。

某些网络功能有利于在雾节点中执行，而其他的网络功能则更适合于云计算。随着雾计算的出现，传统的云终端将继续成为计算系统的重要组成部分。哪些任务属于雾计算的范畴，哪些任务属于云计算的范畴，由特定的应用环境确定。但如果网络状态在处理器负载、链路带宽、存储容量、硬件故障、安全威胁、成本目标等方面发生变化，云雾之间的划分也会发生动态变化。

雾计算参考架构规划了云雾之间划分和云雾之间的接口。与其他方法相比，雾计算参考架构提供了以下独特的优势。

- 安全：增强安全性，确保设备安全、事务可信。
- 自主：以客户为中心的认知理念，实现了局部设备自治。
- 灵活：共同基础设施下的快速响应和可负担的规模扩张。
- 延时：提高了“信息—物理”系统的实时处理和响应速度。
- 效率：本地用户终端闲置资源动态池化，提高了设备的利用效率。

下面以一个快速应用的案例来阐述雾计算的价值。考虑一个输油管线的压力传感器、流量传感器和控制阀可以将所有的传感器读数传输到云，分析云服务器中的数据来检测设备的异常情况，并将命令发送到输油管线现场的控制器上，以调节阀门的位置。

在这种场景中存在几个问题：传感器传输带宽不足；制动阀数据传输到云，每月的成本将达数千美元；这些连接容易受到黑客的攻击；花费数百毫秒才对传感器畸变数据做出反应；如果到云的连接宕机，或云服务超负荷，输油管线将失去控制。

现在，考虑在输油管线本地放置一个雾计算节点。它利用成本低廉的本地网络连接传感器和制动阀。雾计算节点有较高的安全性，黑客威胁性较低。雾计算节点可以在毫秒内对畸变数据做出纠正反应，快速关闭阀门，以最大限度地减少数据泄露。在雾计算节点的本地控制系统中会产生一个更强壮的（Robust）控制系统。控制系统的大多数判决函数移动到雾计算节点，功能下放，由云决策变为雾决策，与云的接触仅是偶尔报告一下状态或接收命令，创建一个最优的控制系统。

平台即服务（PaaS）是云服务的一个类型，服务商提供平台，允许客户在平台上开发、运行和管理网页应用程序，而不需要构建、维护与开发和应用程序相关联的基础设施。雾计算参考架构定义了基础设施要求，雾计算即服务（FaaS），用来处理特定类别的业务挑战。FaaS 包括基础设施即服务（IaaS），平台即服务（PaaS），软件即服务（SaaS），许多特定的服务构成雾计算服务。这些基础设施和模块架构构成了雾计算服务，形成了雾计算参考架构。

雾计算参考架构是针对垂直市场和应用而设计的。这个架构应用包括但不限于这些场景：交通运输、智慧农业、智慧城市、智慧建筑、健康管理、智慧医院和金融服务等。物联网的商用价值，体现在实时判决形成、低延时响应和安全改进等方面。

3.2　雾计算与智慧车辆

智能自动驾驶汽车每天将从光测距、全球定位系统、监控摄像机的组合中产生多达 TB 级的数据。当智慧汽车与智能设备耦合时，如果仅采用单一的云模式，自动驾驶运输系统将不能流畅工作，因此雾计算方法是必要的。我们描述的智慧车辆和交通控制的架构需求分析，也能用于其他运输领域，如船舶、铁路和航空领域等。本节将以雾计算在智慧车辆和交通控制领域的应用案例为基础，介绍雾计算在智慧车辆和交通控制领域的机遇，解释雾计算如何满足工程的需求。如图 3.1 所示为雾计算在智能高速公路的应用概况。

智慧车辆和交通控制案例提供了多个雾域及多个云域之间的交互和验证环境。除此之外，这个案例证明了：

- 多种雾计算环境下的网络组合和多种云服务网络，包括网络单元管理系统云、服务提供商云、城市交通服务云和系统制造云等。
- 移动雾节点支持车辆到车辆（V2V）、车辆到基础设备（V2I）和车辆到其他设备（V2X）的互动。
- 多个雾计算网络由自己或不同权限的操作者提供相似的（或不同的）功能。
- 多租户跨雾节点的整合提高了雾计算效率。
- 在雾计算服务和云计算服务兴起以前，通常使用的是孤立的单点终端设备。

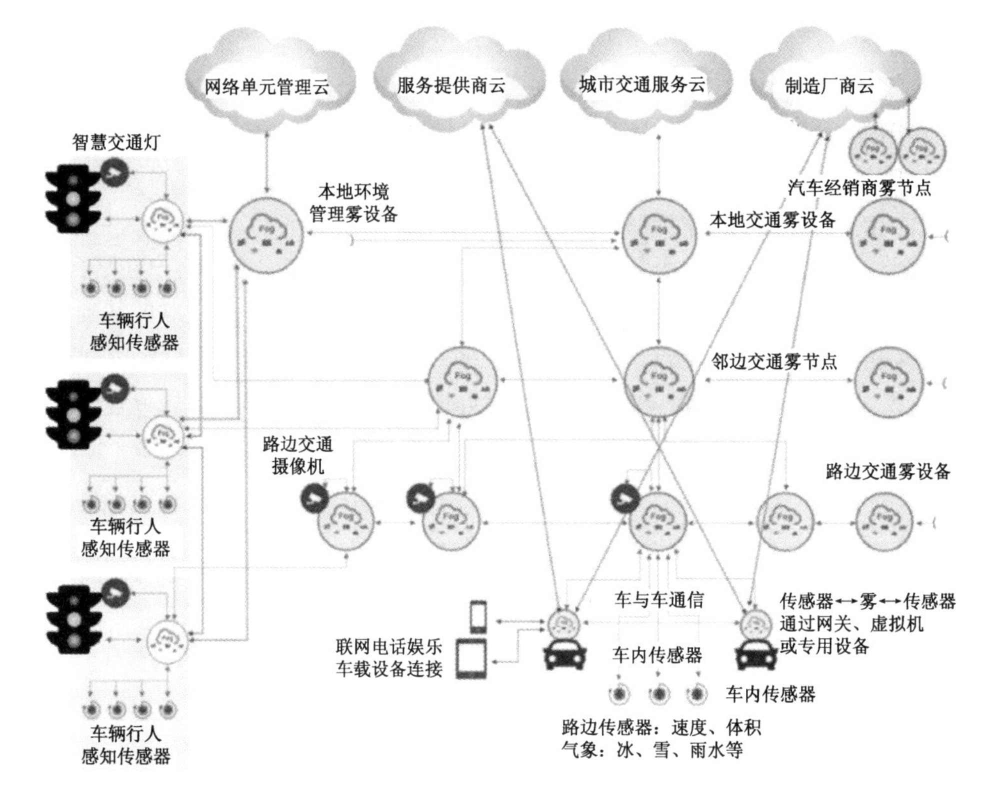

图 3.1　雾计算应用于高速公路运输场景：智慧车辆和交通控制系统

这个案例显示了雾计算参考架构的层次化和分布式的优点。在图 3.1 中，这个系统包括几个类型的传感器、制动器，这些统称为实物（Things）。实物包括路边传感器（基础设施）和车载传感器。这些传感器提供各种数据（包括信号灯、汽车等设备的数据），执行给定的功能函数（如车辆自动驾驶）。智慧运输系统硬件也就是管理制动器，控制基础设施，如交通信号、门控和数字标牌。

车辆连到云，并在雾节点层次进行自动驾驶服务和系统交通控制。

3.2.1　车载雾计算节点

在这个案例中，车辆就是移动的雾节点，作为 V2I 的互动，使其与其他雾节点合法通信。车载雾节点是移动的雾节点，在无法对其他雾节点或云进行互动的情况下，必须能够自主执行所有的车内操作。

车载雾节点提供的服务包括高级驾驶辅助系统（ADAS）、自动驾驶、防撞系统、导航和娱乐等。几种不同的网络技术包括专用近场通信（DSRC）、蜂窝通信（如 3G、LTE 和 5G 等）及其他网络技术，使车辆之间、车辆和基础设备之间安全连接。

3.2.2 运输雾计算网络

运输雾计算网络由三层雾节点组成。

第一层是物联网雾计算基础节点或路边雾节点。在这一层，路边传感器从其他设备采集数据，如路边摄像机。

雾节点为本地活动执行一些本地数据分析，如警示车辆前方道路路况较差，触发自动驾驶响应，车辆慢速通过，甚至在连接上层节点不通畅时自动执行调度功能。第一层雾计算节点将互动数据汇聚起来并送到雾计算网络节点的第二层、第三层或邻近雾节点，进一步进行数据分析和交通分流。这些数据也能发送到它可能用到的其他基础设施上。典型的用法是每一个雾计算节点层为车辆提供数据处理、存储、联网服务。例如，在雾计算网络的较高层级提供数据处理、数据分析和大容量存储功能。运输雾计算网络是一个复杂的自治系统，并产生大量数据的基础设备群。

3.2.3 交通控制系统

交通控制雾计算节点能够接受其他数据源的输入，如智能信号灯系统、市政管理者、基于云的系统。交通控制系统、雾节点基础装备和所有方向的车辆，要让它们之间数据流通，必须确保交通雾计算网络层次结构的所有级别都具备所需的数据和控制能力。

智慧车辆和交通控制的雾计算参考架构的目标，是在多个数据提供者的生态系统中确保它是开放、安全、分布式、可缩放的架构，并具备最优化的实时响应能力。这个案例证明了雾计算在物联网、5G 通信、人工智能等其他应用场景中的安全可信和操作效率。

3.3 雾计算与安防监控

本节将说明如何将雾计算体系结构应用于具体的安防监控视频摄像工程项目中。

安防监控摄像机已经在世界范围广泛部署。这些摄像机确保了物资、人员、场所的安全。每台摄像机每天产生 TB 字节的数据。传统的云计算网络为低分辨率摄像机而部署，因为急剧上升的网络传输成本和可用性的约束，不能扩展到 1080P 和 4K 分辨率的摄像机。由于保密性的需要，本地安装的摄像机不能单独连到云计算网络中。机器视觉是安防监控加速器的候选技术，能够在硬件和软件的各种机器视觉算法中不断动态更新。这些摄像机捕捉到人物、场所和实物的图像并紧密耦合到本地决策系统，提高了摄像机的软件、硬件的安全性级别。

智慧城市、智慧家庭、零售商店、公交运输、工厂企业依赖于增加摄像传感器来保障人员安全，识别未经授权的访问，增加保密性，提高稳定性和效率。通过大型网络收集视觉数据，将所有视频数据传输到云，网络的绝对带宽使得云计算以获取实时信息变得不切实际。在人口密集场所安装监控摄像机具有较高的价值，如机场、车站和码头。

在城市交通灯上规模部署监控摄像机，在边缘地带可能连不上云端，甚至视频信号网络基础设施都不具备。安防监控系统的应急处理任务提出了低延时的要求，交通事件从检测到决策的实时响应的时效性是重要的。

另外，使用摄像传感器必须解决个人隐私问题和没经过授权的图像采集问题。雾计算参考架构的部署，提供了构建实时响应、延时敏感、维护隐私、分布式安防监控系统的机遇。雾计算参考架构提供了一个方法，在雾节点和云端之间智能划分视频处理，确保从异常检测、实时监控和长时间段视频数据中分析出有用信息。视频分析算法能够定位雾节点附近的摄像机，并利用雾节点的异构处理器能力，在传统的处理器和加速器上运行部分视频分析算法程序。

安防监控视频处理安全案例，要求所有的雾节点满足性能稳定、安全高效的要求。雾计算的视频分析对于车辆检测、人员检测、智慧商店和其他区域的机器视觉，都是很重要的。

3.4 雾计算与智慧城市

智慧城市用技术手段处理许多挑战，包括交通拥堵、公共安全、能量消费、环境卫生和公共网络连接。雾计算参考架构能够提高智慧城市运营的效率和经济效益。如图 3.2 所示为雾计算在智慧城市各个方面（但不局限于此）的应用。

- 拥有智能停车、购物、基础设施的智慧城市。
- 智能医院为患者提供更好的护理和医疗服务。
- 智能公路系统基础设施的优化利用。
- 智慧工厂和软件定义工业系统。

1. 连接

现代化城市有一个或多个蜂窝网提供信号覆盖，通信带宽能勉强满足现有用户的需要。

这就使得先进的市政服务几乎没有足够的带宽来提供解决问题的机会。雾计算能够提供本地事务处理和数据存储，优化网络使用，而 5G 的进一步发展也会缓解网络带宽的争用现状。

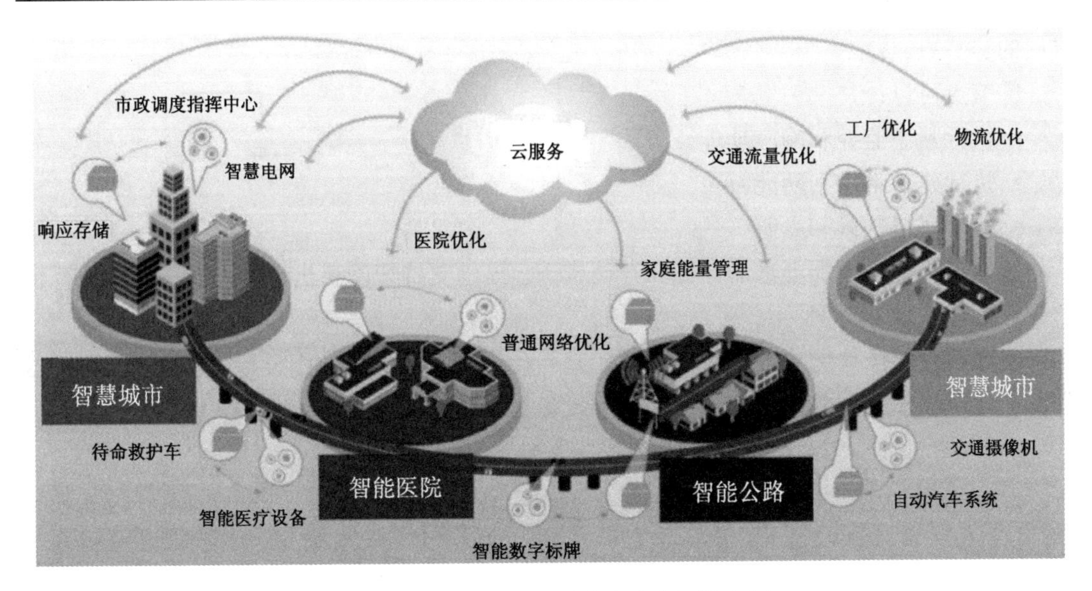

图 3.2　雾计算在智慧城市各个方面的应用

2. 安全和加密

通过提供安全的数据和分布式分析，雾计算在智慧城市的公共安全和保密问题上将起到重要作用。智慧城市规划包括公共安全和数据保密，例如：

- 市政网络携带敏感的交通信息和公民数据。
- 视频保密和安防系统捕捉可疑的和不安全的情况。

3. 智慧交通

智慧交通作为雾计算的一个单独的应用案例被包含在智慧城市中，它是智慧城市的重要任务之一。

4. 智慧建筑

智慧建筑可能含有千万个传感器来测量各种参数，包括温度、湿度、资源占用、门开/关、钥匙卡阅读器、泊车位占用、消防安全、电梯控制和空调运行等。在发送信息到本地存储器的间隙，这些传感器还能捕捉各种遥测信息。一旦这些信息被处理（分析），就能驱动制动器，调节建筑物所需的环境条件。

这些处理和响应是特别时间敏感的，例如，消防灭火系统响应火灾事件或锁定一个区域不允许未经授权的人进入。时间敏感的意思是实时响应需要处理的事务。

雾计算参考架构扩展进建筑物的控制层，在每个建筑物内的连接空间创建一个聪明的控制系统。用雾计算参考架构的层次化设计，使每一层、侧翼，甚至每个房间都可以拥有自己的雾节点。

雾节点可以：

- 执行紧急监控和响应功能。
- 执行建筑物保密功能。
- 控制环境气候和光照。

智慧建筑提供更加丰富的计算和存储资源，提供支持智能手机、笔记本和台式计算机的应用环境。

本地的存储操作历史数据可以汇聚起来并传送到云端做大数据分析。这些分析用机器学习创建最优模式，并下载到本地雾计算设备上去执行。

3.5 雾计算与机场安检

在未来一段时间内，雾计算联盟将为财团与合作伙伴策划更多的应用方案，并继续讨论、发布、测试所有的应用案例。

前面的章节中，介绍了雾计算联盟发布了开发者、设计者、建筑师用雾计算参考架构为垂直市场创立的应用方案。本节将介绍雾计算联盟提供的一个基于机场安检的雾计算平台的点对点的解决方案。

3.5.1 机场视频监控

机场视频监控为雾计算提供了一个优秀的端到端的方案，给出了复杂的、数据密集的实时信息采集、共享、分析和控制行动等一系列系统功能，如图 3.3 所示。

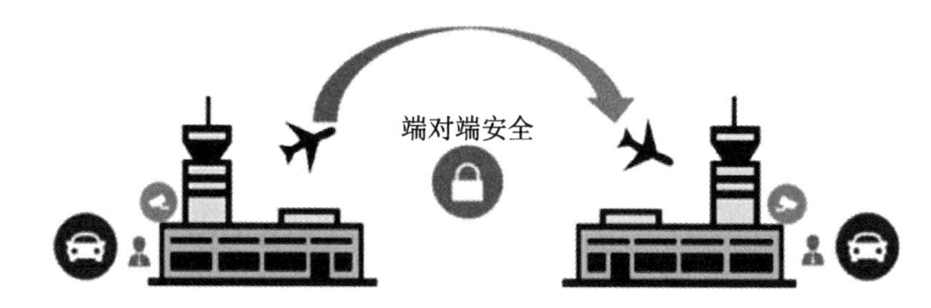

图 3.3　物联网雾计算机场方案

首先，让我们看一下乘客的旅行过程：

（1）驾车离家到机场。

（2）把车停在长期停车场。

（3）携行李到机场进行安检。

（4）扫描行李并登记。

（5）安检通过，前往登机门，登机。

（6）到达目的地，取出行李。

（7）租车，离开机场。

这个旅行案例是没有出现意外状况的。但是当我们在这个场景中引入任何类型或数量的安全威胁时，视频监控要求变得无比复杂。例如，当如下意外发生时：

- 进入机场的车辆被偷了。
- 乘客的名字不在飞行名单上。
- 乘客把行李落（丢失）在机场的某个地方。
- 乘客的行李没有随机到达。
- 行李被扫描并装上飞机，但没有被正确的乘客取走。
- 乘客在到达的终点站误拿了别人的行李。

要想捕捉到这些可能的意外事件，需要在两个机场建立一个庞大的视频监控网络（每个机场都有数千个摄像头）。一个 IP 摄像机在 H.264 或 H.265 制式下每秒 30 帧（30fps）产生 12MB 数据，每个摄像机每天将产生的 1TB 数据传送给安检人员，并将视频流（数据）转发到本地机器上进行扫描和分析。

此外，执法部门还需要乘客从出发到抵达的整个旅程的多个系统的数据，所有这些视频和数据必须与实时威胁评估、管理约束系统集成，展开综合评判和决策。

3.5.2　云雾结合和边缘处理方案比较

从边缘到云的设计中，机场中每一个摄像机的数据都会传输到云端进行处理，而其他相关数据则从乘客旅行记录中采集。云雾结合的方案和仅边缘处理的方案，两者之间的比较如表 3.1 所示。

表 3.1　云雾结合、仅边缘处理技术方案比较

	优　势	劣　势
边缘↔云处理 云雾结合	• 在公共位置存储分享数据 • 历史分析预防威胁计划	• 延时，数据传输成本高 • 始终依赖可用的云
仅边缘处理	• 低成本	• 在机场内跨系统分享受限 • 机场间实时状态数据分享受限

这两种方法各有利弊。在这两种情况下，我们都认为边缘到云和仅边缘的缺点推动了对雾计算的需求。雾计算的强大之处在于，可以在需要解决给定问题的地方插入计算。

3.5.3 机场的视频安全需求分析

既然已经分析了应用于机场的解决方案架构的不同方面，我们将进一步研究需求和假设。

如图 3.4 所示为机场视频监控终端的简单视图，包括入口、停车场、安全站等。当车辆进入机场物业时，我们会参考图库识别车牌，了解车辆的各种用途。

在每个机场部署多个雾节点，这些节点在雾计算网络层次结构中的不同级别上。也可能只有一个雾节点负责整个机场，并确保跨系统的互操作性，以达到视觉安全的要求，这对于机场共享规范化信息也很重要。另外，每一个雾计算节点可能连接到层次架构的其他不同层级中，这些雾节点协同工作以满足机场应用场景的需求。

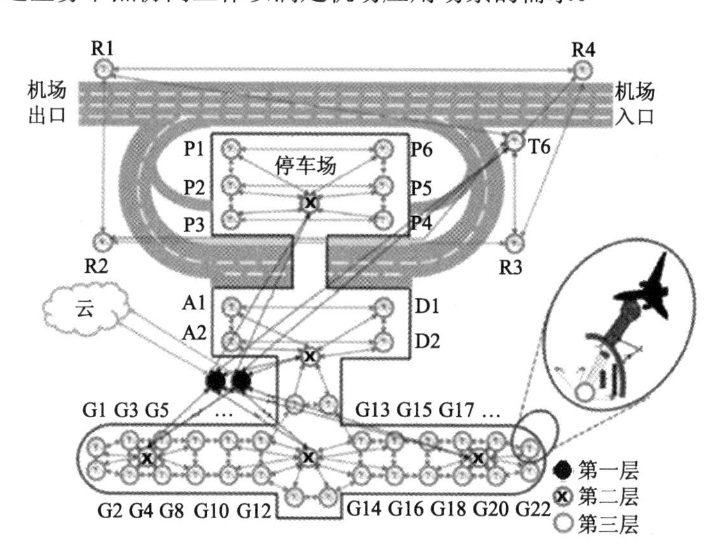

图 3.4 雾计算方法用于机场视频监控的场景

我们有以下问题需要解决，包括但不限于这些问题：

（1）识别进入机场车辆的车牌。

（2）乘客到达/离开。

- 办理泊车业务，乘客可以离开车辆，步行进入机场登记处。
- 到达处也是乘客进入机场登记处的地方。

（3）乘客安全检查，要求乘客出示身份证件和登机牌。

（4）在候机楼，经过安检的乘客可以步行到登机口，购物，最后乘机离开机场。

当乘客离开这个机场，他们的信息应该提供给飞机降落的机场。如图 3.5 所示，该节点位于层次结构的较高层。

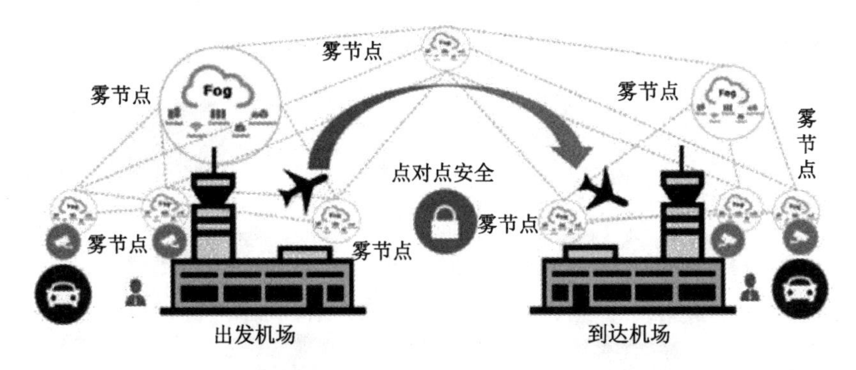

图 3.5　雾计算实现的安防监控

下列表述的各种物理的雾计算节点，将部署在机场应用场景中。

- 用于车牌识别（LPR）的雾计算节点：雾计算节点是机场周边资产。在本例中，雾计算节点是那些摄像机和安全设备。这些节点在本质上是不起眼的，物体、人体靠近它们就会报告。一个单一的雾节点可以服务 4 个视频流。
- 围绕停车场和到达站部署的雾节点：这些节点将由摄像机组成，就像在 LPR 案例中那样，这些摄像机连接到雾节点进行视觉分析。
- 在机场到达和离开区域的雾计算节点：这些节点与停车场的节点作用相同。
- 支持筛选处理的雾节点：雾节点连接到 RFID 读卡器或其他的传感器，摄像机除外。
- 机场客运站的雾节点：这些节点连接摄像机或其他的传感器。
- 观察乘客进出机场的雾节点：这些节点连接摄像机或其他的传感器。
- 上层雾计算节点：支持、监管一组基础的低一层的雾节点，这些雾节点处理数据并执行高级功能，以支持机场的总体安全任务。

完整的雾节点解决方案要求：软件能在所有节点上运行，节点间能互连，系统要安全稳定。

3.5.4　机器视觉用于视频监控

我们要求在雾计算层次结构中的适当级别处理图像，而不是将其发送到云中进行分析。在这个特定场景中，车牌识别（LPR）、乘客跟踪、人员计数等机器视觉需求的良好机制是使用卷积神经网络（CNN）。

当用卷积神经网络处理事务时，通常要讨论训练系统和分类系统，如图 3.6 所示。训练系统用于构建卷积神经网络并计算用于验证图像分类的权值。这种调整权重或微调权重的迭代过程将继续下去，直到达到令人满意的分类精度。一旦获得满意的精度，将拓扑图像和相应的权值都推到目标节点上或分类系统中。AlexNet 是著名的卷积神经网络，使用 120 万个训练图像集建立 1000 个不同的分类用于目标识别。这得出了给定数量的分类所需的图像估计数量，对于训练来说，图像的数量越多越好。

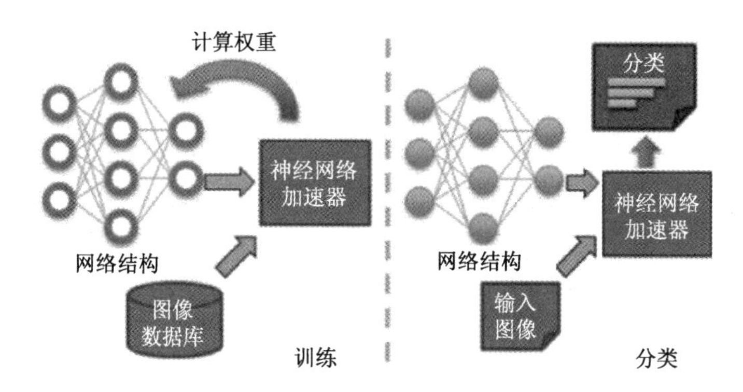

图 3.6　机器视觉的训练和分类系统

在车牌识别（LPR）案例中，当车辆通过不同的车道时，会有一个 LPR 摄像头和照明系统，这样我们就可以捕捉到车牌图像，并将信息发送到雾节点。摄像头只需要捕获并发送在网络边缘（已经处理过）的车辆和车牌的图片，或者将整个视频流压缩后发送到雾节点进行数据分析，如图 3.7 所示。

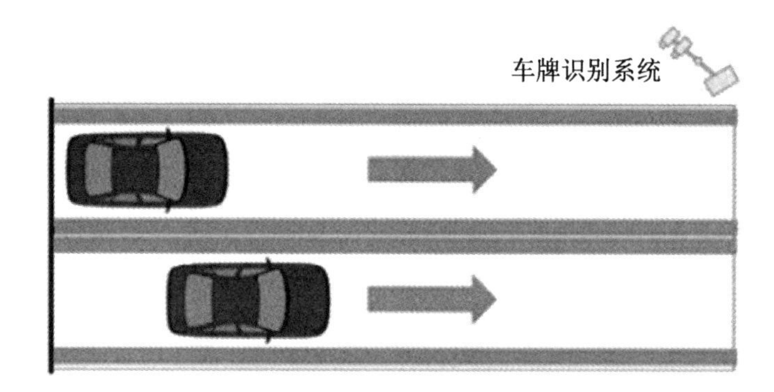

图 3.7　车牌识别系统

LPR 雾节点将在车牌图像上进行训练，一旦车牌被捕获，雾节点将执行：

（1）定位。

（2）字符分割。

（3）光学字符识别（OCR）。

（4）确定车牌状态。

乘客识别遵循类似的流程，使用培训系统培训基于图像数据库的模型。乘客和车辆的模型也应该根据新的非分类图像经常更新，以便系统能够了解车牌信息的更新时间并提高整体精度。

图 3.8 显示了如何在不同的机构和私人实体之间共享信息的几个假设。虽然这是一个

真实场景的简化，但它提供了一个最优系统的基本需求，在这个系统中，我们可以安全地共享信息。

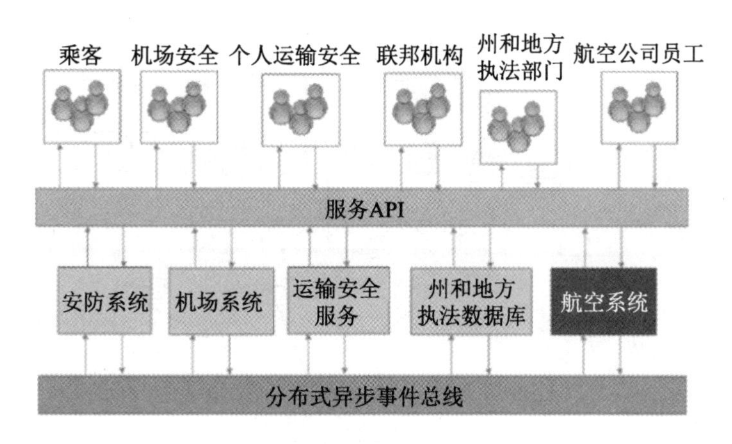

图 3.8　完整的航空旅行信息共享系统

3.5.5　乘客机场登机过程

为了简化流程，我们将从一个乘客利用机场进行运输的标准案例开始讲起。

1．乘客离家并驱车到机场

每组摄像头都有一个雾节点，在车辆进入机场时对其进行监控。这个节点负责捕获车牌图像，执行视频分析，并在司机进入机场时捕获他们的面部图像。雾节点具有直接与 RFID 阅读器及其他数据采集设备和传感器接口连接的能力，以提供车辆中人员和物体的高性能识别。

- 数据安全和隐私问题在整个网络中得到解决。相机固件将受到基于硬件信任根的保护，用于验证和检测选择，这可以确保处理后的图像来自于已知配置的、运行中的硬件，并且没有被篡改。
- 如果在进入机场时发现被盗或可疑的汽车，应通知机场安全管理部门处理。
- 对于存储在相机上的视觉图像的隐私问题，要求所有保存的数据都要受到保护，即使是物理上的保护。这种保护包括对所有保存人的图像数据连接和存储库进行加密。它应该在静止或传输时加密。
- 无法准确检测识别的图像应保存起来，用于再培训，提高识别能力。

2．乘客把车长期停在停车场

在停车库门口，也就是乘客领取停车库车票的地方，摄像机捕捉到端到端的场景中的第一个图像和物品的数据。图 3.9 中展示了这种场景下采集有用信息的软件、应用程序和物联网边缘设备。

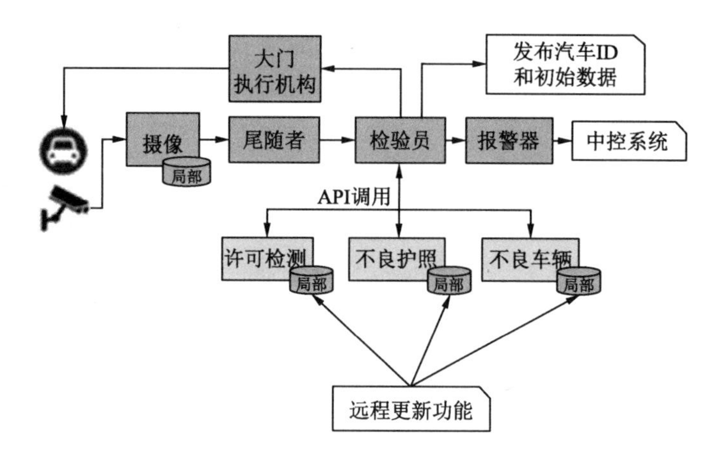

图 3.9　车库门入口检验流程

雾计算节点硬件和软件执行来自摄像机输入的视频分析，这包括跨过雾计算节点的多个层次的图像，轮流处理多个对等节点来平衡任务负载。雾计算网络处理图像，识别特定的人或物体。例如，如果一个车牌被检测到属于“不合格车”名单，系统可以在不到一秒的延时内发现这个问题，并使用这些信息来控制交通闸门。类似地，物联网雾计算可以执行面部识别，并探测禁飞名单上的人。在这种情况下，雾计算节点很有价值，因为它的延时很低，而且在本地处理和存储数据，使得雾计算节点可以更好地保护乘客的隐私。通过雾计算网络，可以快速、安全地对目标进行检测和反应。

图像处理流程是雾计算分析功能的一个例子，它将相机的原始图像分为几个步骤进行处理，如图 3.10 所示。

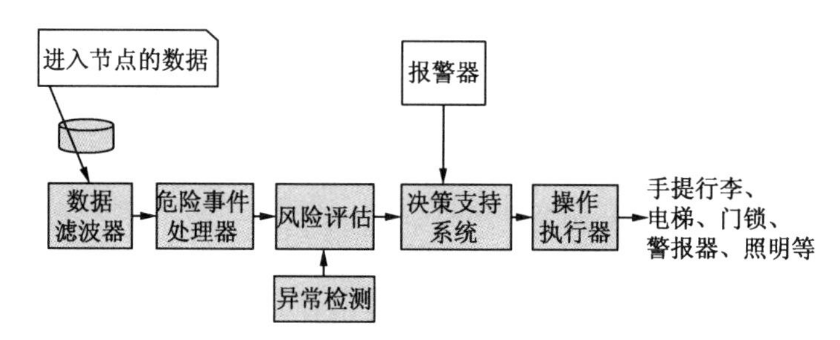

图 3.10　雾计算视频分析流程

该流程的详细描述如下：

- 数据滤波器：清除并过滤来自传感器捕获的原始数据和各种雾节点传入数据。
- 危险事件处理器：规则引擎监视输入数据、标记重要事件，数据通过风险评估系统检测。

- 异常检测（机器学习）：检测不同类型的异常图像，由异步生成模块提供给风险评估系统，例如，检测到一个人在禁飞名单上或无人认领的行李。
- 风险评估：为车辆、乘客、行李、系统感知的实体生成风险评估报告，将高风险目标传递给决策支持系统。
- 决策支持系统：从风险评估系统接收高风险目标；自动采取行动或发出警报。
- 操作执行器：例如，运行中的停车场大门、十字转门和报警器等。

3. 乘客进入检查区

在机场入口处的安全系统将会有多个摄像头来监控所有的车辆，乘客下车拿着包进入机场。这也是在乘客停车（泊车）之后进入检查区。从机场出发区这一阶段的关键属性是乘客的跟踪，以及他从车上带到机场的所有东西，包括行李检查。如图 3.11 所示为乘客入口检查流程，请注意局部雾节点是如何执行传感器融合和数据检查/相关来有效地实现这一步的。

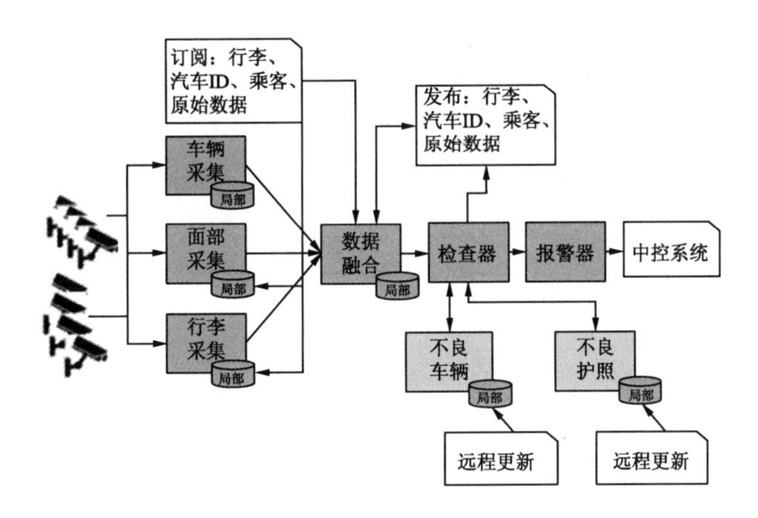

图 3.11　乘客入口检查流程

入口的软件组件与停车场软件有很多重叠。因为有更多的相机，才有更多的采集组件的通道。因此，这里对雾节点处理的要求要高得多。

此外，如果我们看到新的车辆，将重启不合格车辆检车组件系统。当乘客从车库来到入口时，面部采集和行李采集组件将通过软件平台和数据共享软件服务接收信息并进行数据对象的更新、处理。软件平台将支持这些软件组件中的每个组件并发执行（多个乘客信息并行处理）。雾计算系统的灵活性使得检车组件复用/多用途成为可能。

复杂的分析系统处理由雾计算层收集的所有信息，对其进行规范化，并将其发送到雾计算网络的更高层进行进一步处理。这些分析算法可以使用机器学习技术来适应不断变化的条件和攻击威胁模型。每一个层级的摄像机将结合其他传感器的输入，传送到机场雾计算网络的更高层级，获得更全面的“机场—乘客”的综合场景，进一步融合为集中形式的全局动态场景，最终应用机场安全策略进行决策判断，以及开启任何必要的执法行动。这就是处理数据如何变成“智慧”的过程。

在节点上执行可视化分析之后，它可以交叉检查、了解关于驾驶员、汽车状态和飞行状态的信息，并将这些信息打包，以便在下一步进行更详细的处理。从那里，雾计算网络可以确定问题，判断是否需要给安全人员发出警报。

4．乘客带行李过机场安检

在乘客通过机场的整个过程中，应该创建一个数据库，包含所获得的所有信息，包括车牌识别（LPR）信息、车辆及乘客和相关人员的图像。雾计算网络将之前处理过的图像和数据库、附加上入口处的新的行李区域监控图像、面部识别及与该乘客相关的其他数据，如行李扫描、更新的机票信息等。利用这些附加的信息，雾计算网络分析模块可以预测乘客应该去哪里。在乘客被识别出来时也对他的包裹进行扫描，并且将其他风险与他的行为、外貌等联系起来。多幅安防摄像头图像、与其他各种传感器的输出数据，以及乘客信息数据库的这些相关性是雾计算高级传感器融合能力的一个例子，如图 3.12 所示。

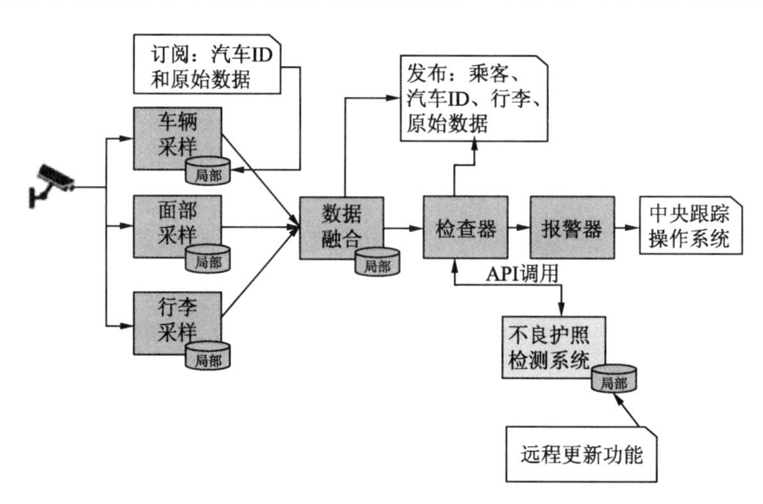

图 3.12　行李检测-数据融合流程

使用与停车过程描述的操作类似的技术，图 3.12 显示了管理行李托运过程的雾计算应用程序的一些软件组件。

- 车辆采样：将摄像机图像转换为许可证信息、制造/车型信息、停车位信息，并将此信息与通过车库大门的车辆唯一标识符配对，为其他系统提供 API 来请求调用基于车辆 ID 的原始图像。

- 面部采样：将摄像机图像转换为唯一的乘客标识符，提供 API 用于系统请求调用基于 ID 的原始图像。
- 行李采样：转化摄像机图像为统一的行李识别码（ID），提供 API 为其他系统调用基于行李 ID 的原始图像。
- 数据融合：将车辆标识符（ID）与停车位关联起来，将人员与车辆识别符（ID）关联，将行李标识符与人员标识符联系起来。
- 检查器：尝试匹配面部采样数据与不良乘客图像。
- 报警器：负责将可能发现的问题发送到集中跟踪系统。
- 不良乘客系统：相关部门监控的人员、禁飞名单、逮捕令登记系统。

系统的数据在本地保存并定期更新。

5. 乘客行李扫描和检录

摄像机将捕捉到乘客的新位置。行李信息将被更新并添加到他的数据库记录条目中。这些数据将被发布到系统其他部分的各个软件组件中进行风险分析。

如图 3.12 所示为行李检查流程。多个本地雾节点支持每个安全检查线，它们的数量可根据计算需求进行伸缩。包括摄像机、毫米波机和炸弹传感器（嗅探器）输出在内的传感器组合，与前一阶段的所有内容相结合，提供了一个非常有效的筛选过程。

下面是这个步骤用到的一些硬件模块和软件组件。

- 炸弹传感器：从炸弹嗅探器收集数据，并将所有事件传递到数据融合系统进行关联，并最终采取行动。
- 面部采样：将摄像机图像转换为唯一的乘客标识符，提供 API 用于系统请求调用基于 ID 的原始图像。
- 毫米波机器：收集数据，扫描图像，发现问题，提醒机场安检进行额外筛选，并将所有事件传递到数据融合系统进行关联，并最终采取行动。
- 行为监视器：使用各种摄像头监控人们排队时的不良行为。所有事件都将被传递到数据融合系统，以便与面部信息和乘客数据进行关联。
- 行李采样：转化摄像机图像为统一的行李识别码（ID），提供 API 为其他系统调用基于行李 ID 的原始图像。
- 数据融合：将乘客与行李、行为、毫米波检测和炸弹嗅探联系起来警报。
- 检查器：面部采样数据与不良乘客图像匹配对比，并由系统转发报警信号。
- 报警器：负责将可能出现问题的信号发送到集中跟踪系统。
- 不良乘客系统：相关机构禁飞名单上的人、逮捕令上的人的登记册等，本系统的数据在当地保存并定期更新。

6. 乘客通过安检办理登机手续，然后登机

在这个阶段数据分析应该有足够的来自不同的雾计算节点的信息，这是照相机和传感器的原始数据被雾计算节点转换为网络信息的步骤。已知乘客的行李由他本人随身携带，由筛选策略分析他本人随身携带行李的安全性。现在，雾计算网络将能够自主判断该乘客是否存在威胁。整个过程将花费几毫秒，最多不超过几秒钟。也就是说，必须通知登机口操作员做出决定，是否允许乘客进入飞机，确保他们的行李一直在其手中，并允许他们登机飞行。

系统需要提醒飞行员，在情况不明的条件下，自动驾驶不能打开，这基于在雾计算节点中执行的整套安全分析。如果判断来自乘客的威胁没有出现，该乘客经过的所有栅栏都将在亚秒的延时时间内打开，就可以立即登机。如果判决乘客构成威胁，那么紧急状态有可能升级好几级。尽管不良乘客有可能会穿过一些栅栏或十字转门，安检系统可以提醒机场，根据雾计算网络检测到的处理水平和机场政策对该不良乘客采取相应的约束手段，许多动作是完全自动或半自动响应的。

如图 3.13 所示为当乘客把炸弹带上飞机时，雾计算网络将采取的一些步骤。

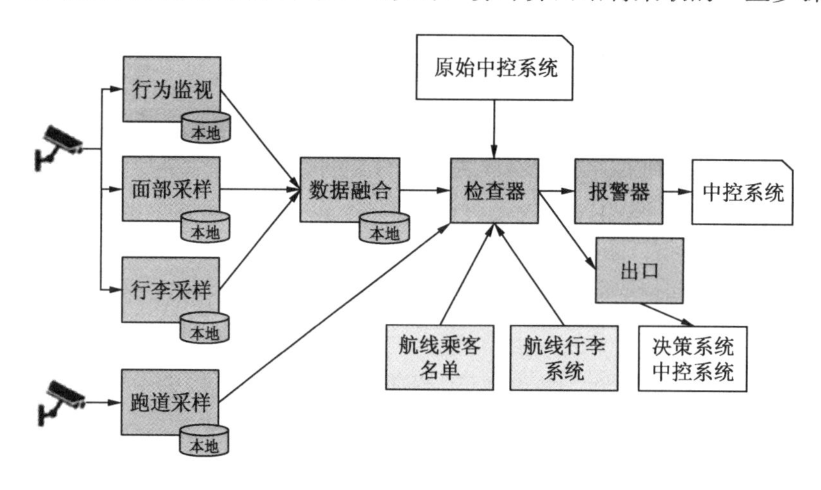

图 3.13　乘客登机炸弹检查系统流程

乘客登机过程所用的系统检测控制部件如下：

- 面部采样部件：将摄像机图像转换为唯一的乘客标识符，提供 API 用于系统请求调用基于 ID 的原始图像。
- 行为监视器：使用各种摄像头来监控不良行为。任何引起信号的动作都会被传递到数据融合中，以便与面部和乘客数据进行关联。
- 行李采样部件：将摄像机图像转换为唯一的行李标识符，为其他系统提供 API 请求，

调用基于行李标识符的行李物品的原始图像。

- 跑道采样部件：使用各种摄像头监控飞机和不寻常的行为、安全漏洞和潜在的飞机损坏。
- 数据融合：在机场门区域关联乘客（面部识别）、行李，与行为监视数据融合。
- 航空旅客名单系统：提供旅客在飞机上接受检查的有关资料。
- 航空旅客行李系统：提供旅客托运行李的数据。
- 检查程序：将所有可用系统数据源的信息最终汇编和关联。检查项目包括：①提供乘客匹配凭证，进入系统以来，面部与摄像机的采样图像匹配一致；②旅客的行李被记录在案，从进入系统以来一直与摄像机所捕获的行李图像相匹配；③飞机没有被破坏；④自该乘客进入机场以来，其他系统没有检测到任何警告或问题。
- 导出：负责将所有相关的乘客数据发送到目的地中央跟踪/操作系统。
- 告警：负责将检测到的可能问题发送到集中跟踪系统。

7. 乘客到达目的地后，取回行李

机场的监控摄像头记录下了乘客的信息。在走出机场出口前，雾计算网络就能确定乘客是否到达并取回了携带的行李，处理流程如图 3.14 所示。

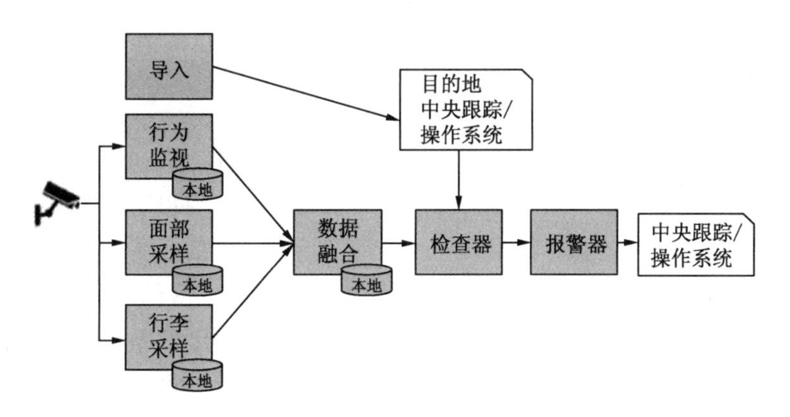

图 3.14　到达目的地机场出口处理流程

当乘客到达目的地时，将执行与到达过程相反的过程，并且许多相同的基于雾计算的检测过程，将确认旅程中的这些乘客确实安全到达。

处理过程如下：

- 面部捕捉：将摄像机图像转换为唯一的人员标识符。API 请求为其他系统提供基于标识符的原始图像。
- 行为监视：使用各种摄像机提供监视异常行为。任何所有事件都将被传递到数据融合系统，以便与面部图像和乘客数据进行关联。

- 行李捕获：将照相机图像转换为唯一的行李标识符。API 请求为其他系统提供基于标识符的原始图像。
- 数据融合：将登机口区域的乘客（通过面部识别）与行李和行为监视、警报系统关联起来。
- 检验员：将来自面部采集和行李采集的最终数据与来自原机场的入境（进口）旅客数据相关联。确保所有原本在飞机上的乘客离开飞机，所有预期的行李也离开飞机。
- 导入：负责将所有相关的乘客数据从起点到目的地导入数据库。
- 告警：负责将检测到的可能问题发送到集中跟踪系统。

请注意，在整个过程中，一个机场内的许多雾节点，以及两个不同机场的雾网络必须保持高性能、高度安全的“雾节点—雾节点”之间的通信。所有节点上都有高度安全的雾计算基础设施，而且所有节点之间的信息交互都应用了加密技术。

8．乘客前往租车公司租车，离开机场

收集的数据需要具备互操作性，这样可获得更高层次的洞察力（决策力）来支持每个雾计算节点的操作。在许多情况下，如果乘客只能在某国停留一定的时间，获得他们的数据可与当地政府（目的地政府）机构共享跟踪。如果乘客是假释人员，假设他们对目的地不会产生威胁，他们就可以租一辆车。汽车租赁公司可以更有信心将车租给他们，乘客说明自己的身份，并提出最小的风险证据，因为这些信息可以有选择地在到达机场的雾计算系统和汽车租赁机构之间共享。

上面关于乘客旅程的场景说明了雾计算的一些关键属性。雾计算的分布式处理能力和层次结构支持复杂的分析和传感器融合算法来分析乘客的外貌和动作。雾计算的低延时特性允许用户对物联网设备的操作做出几乎是瞬间的反应（例如，在毫秒内打开一个栅栏，而基于云的相同复杂程度的处理可能需要几秒钟）。雾计算实现的高度安全性保证了乘客的隐私得到保护。**雾计算的可靠性保证了即使在雾计算节点与节点间链路或与云的连接中断的情况下，系统仍能继续运行**。雾计算的带宽效率保证了高带宽流量，视频传输、连接能力大大提高。

这个应用于机场视频安防场景的详细用例，旨在说明开放的雾计算参考体系架构的主要优点。研究的目的是为探讨雾计算概念和技术在类似场景（或解决方案）上的工程应用，为解决类似的挑战性问题提供参考。

3.6　雾计算的深入研究

雾计算联盟在其学术研究和传统行业成员之间紧密合作，这使得该联盟能够利用学术

界的研究来满足行业的业务需求。雾计算研究的其他领域包括：

- 雾计算和云计算之间的交互，包括动态安全的资源转移和共享。
- 信息安全的持续改进，但不包括现有行业协会的努力。
- 雾计算的深化管理和流程编排需要增强。
- 基于雾计算的学习训练，支持深度学习和机器学习。
- 全面开发雾计算即服务（FaaS）模型。
- 通过性能建模和度量，设计人员和架构师为给定的应用场景提供适当的质量保证。
- 制定严格的技术标准，以促进更高级别的互操作性和部件互换性。
- 雾计算的自治范围硬件包括控制栅栏、报警器等，软件包括禁飞名单、限制出境等（政府和社会影响力）。
- 更优化的计算环境。
- 为工程师和科学家提供教育、研究和开发条件，有助于雾计算参考架构的实施和雾计算软件的开发。

3.7 小　　结

雾计算参考体系架构是开发用于雾计算的、开放的、可互操作的体系结构的基准文档。这是在物联网、5G、人工智能、虚拟现实、复杂数据和网络密集型应用领域实现互操作性的新行业标准。本章给出了雾计算在智慧城市、智慧车辆、视频监控和机场安检的应用案例，证明了云雾结合是物联网工程实施中有用、有效的方法。

3.8 习　　题

1．简述智慧车辆和交通控制案例雾云之间的交互和验证的方法。
2．论证研发一台车载雾计算节点的技术方案、功能需求和市场前景。
3．研发一台含有雾计算节点的智能网络摄像机，云、雾界面如何划分？
4．雾计算节点解决方案的基本要求是什么？
5．机场安检过程中，数据融合的作用是什么？

第4章　边 缘 计 算

边缘计算是网络运营商提出的与云计算对应的一个网络术语。云计算是一种网络服务模式，边缘计算与云计算互补，网络运营商目前还不提供这种服务，边缘计算也不是IEEE标准。

4.1　边缘计算的概念

物联网技术的快速发展和云服务的推动，致使云计算模型已经不能很好地解决现在的问题，于是这里给出一种新型的计算模型——边缘计算（Edge Computing）。边缘计算指的是在网络的边缘来处理数据，这样能够减少请求的响应时间，提升电池的续航能力，减少对网络带宽的依赖，同时能保证数据的安全性和私密性。

2016年11月，华为技术有限公司、中国科学院沈阳自动化研究所、中国信息通信研究院、英特尔、ARM和软通动力信息技术（集团）等在北京成立了边缘计算产业联盟（Edge Computing Consortium，ECC），致力于推动"政产学研用"各方产业资源合作，引领边缘计算产业的健康可持续发展，其成员见表4.1。

表4.1　边缘计算联盟

产业链环节	主要参与单位
核心研究机构	科研机构：北京邮电大学-网宿科技边缘计算与网络系统联合实验室、中国信通院、中科院沈阳自动化所、重庆邮电大学等 企业：微软、西门子、网宿科技
芯片厂商	NVIDIA、Intel、ARM、寒武纪等
电信设备商	华为、中兴、诺基亚、NEC、F5等
电信运营商	中国移动、中国联通、中国电信
软/硬件服务商	工业网关：华为、ARM、IBM 操作系统：Predix、Linux等
	家庭网关：电信、华为、极路由、小米Open 操作系统：OpenWRT、OSGI、Android等
	汽车网关：Tesla、百度、BMW 操作系统：QNX、Autopilot、Android Auto
	云服务商、CDN服务商、电信运营商

（续）

产业链环节	主要参与单位
第三方应用和内容提供商	OTT厂商：爱奇艺、YouTube、Facebook等 内容提供商：HBO、Netflix、CNBC、BBC等

2019 年 4 月 24 至 25 日，开放数据中心标准推进委员会（ODCC）2019 夏季全会在海口举办。作为数据中心领域的权威组织，ODCC 正式成立了边缘计算工作组，旨在推动边缘计算在数据中心领域的技术研发和应用落地。

边缘计算是指在网络边缘执行计算的一种新型计算模型。边缘计算中边缘的下行数据表示云服务，上行数据表示物联网服务，而其边缘是指从数据源到云计算中心路径之间的任意计算资源和网络资源。例如，可穿戴的医疗设备可被视为个人用户与云计算中心之间的边缘；智能家居中的网关可被视为家庭内电子设备和云计算中心之间的边缘；电信基站可被视为移动设备和云计算中心之间的边缘。

边缘计算的基本原理是将计算任务迁移到产生源数据的边缘设备上。边缘计算更多地聚集在边缘设备本身，雾计算则更多地关注基础设施。

边缘计算的优势：边缘计算模型将原有云计算中心的部分计算任务迁移到边缘端数据源的附近执行。根据大数据的 3V 特点，即数据量（Volume）、时效性（Velocity）和多样性（Variety），相比于传统的云计算模型，边缘计算模型更具优势。

如图 4.1 所示为基于双向计算流的边缘计算模型。云计算中心不仅从数据库收集数据，也从传感器和智能手机等边缘终端设备收集数据。这些终端设备既是数据的生产者，也是数据的消费者。因此，终端设备和云计算中心之间的请求是双向的，而不是仅从边缘终端设备到云端。网络边缘设备不仅从云计算中心请求内容及服务，而且还可以执行部分计算任务，包括数据存储、处理、缓存、设备管理和隐私保护等。因此，需要更好地设计边缘设备及基于边缘设备的数据安全关键支撑技术，以满足边缘计算模型的可靠性、安全性及隐私保护服务。

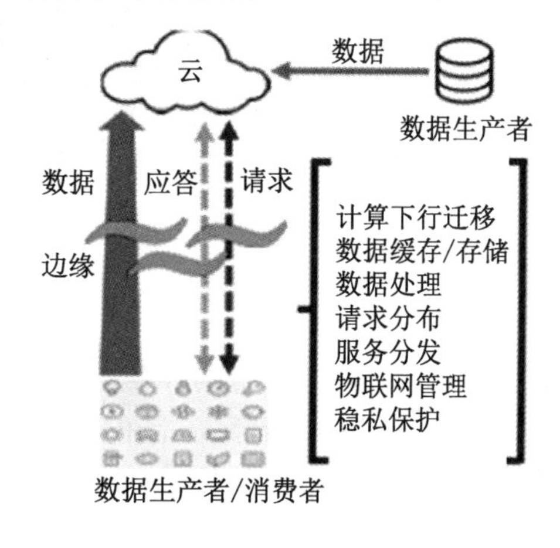

图 4.1　边缘计算模型

“云、网、端”基本功能的最初设想：在云端有一个异常强大的数据中心，负责数据处理，网络负责数据传输，物联网终端负责采集数据，通过网络传输至云端，云端进行数据分析并作出决策，再把结果返还给终端。在这个架构中，云端负责智能计算，网络负责数据传输，终端负责数据采集和决策执行。

“云、网、端”的技术架构设想是不合适的，在实际执行中遇到不少挑战。

第一个问题来源于数据传输的开销。物联网终端通常使用无线网络与云端进行数据传输，如果物联网原始采样数据都传到云端，会导致带宽需求暴增。虽然5G通信技术改善了通信带宽，但只是延长了带宽需求暴增的时间而已。网络基础架构不能支撑如此高的带宽需求。传输开销的另一组成部分是无线传输功耗，如果物联网终端的采样数据全部都传到云端，那么物联网终端的无线传输模块需要很大的发射功耗，与物联网终端的低功耗设想不符。

第二个问题在于网络延时，许多终端在处理任务对延时很敏感，如无人驾驶、增强现实技术（AR）和虚拟现实技术（VR）等。网络传输延时，对实时性要求苛刻的任务不可接受。

针对这些问题，边缘计算技术应运而生。边缘计算的架构示意如图4.2所示。

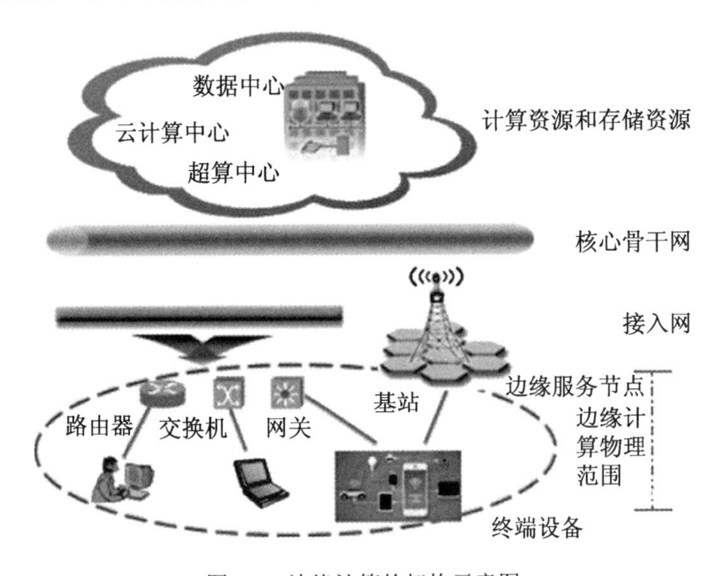

图4.2　边缘计算的架构示意图

边缘计算包含下行的云服务和上行的物联网数据传输服务。中国的边缘计算产业联盟（ECC）定义的边缘计算是指在靠近物或数据源头的网络边缘侧，就近提供边缘智能服务，满足行业数字在敏捷连接、实时业务、数据分析、应用智能、信息安全和隐私保护等方面的要求。

边缘计算的核心概念是计算服务更接近数据源头，更贴近用户。边缘计算、微云计算和雾计算等表达的都是这一相同的理念。

云计算的载体是远程的数据中心，边缘计算的载体是遍布世界的终端设备和通信运营商网关、路由器、交换机、通信基站等网络的边缘设备。

这些概念描述的是同一问题：**克服云计算、云服务的重负载、长延时、安全隐患**等问题，边缘计算与云计算互补。边缘计算和雾计算靠近用户和数据源，并提供智能计算前置，是一种新型计算模型。边缘计算以现代通信网络为数据传输途径，以海量终端为感知前端，通过优化资源配置，使得计算、存储、传输、应用等服务更加智能，具备优势互补、深度协同的资源调度能力。

边缘计算是在靠近物或数据源头的一侧，采用网络、计算、存储及应用的核心能力为一体的开放平台，就近提供最近端服务。其应用程序在边缘侧发起，产生更快的网络服务响应，满足行业在实时业务、应用智能、安全与隐私保护等方面的基本需求。

边缘计算属于一种分布式计算，在网络边缘侧的智能网关上就近处理采集到的数据，而不需要将大量数据传输到远端的云平台。

4.2　边缘计算的方法

随着芯片算力的提高和硬件成本的降低，加上网络提速，数据呈现指数级的增长。也许在 2020—2030 年之间，通过 5G 和 AI 技术，计算机可能会吞噬一切可以数字化的东西，那时候数据的增长不知道会是什么量级。显然，这个时候的数据中心，已然无法承担集中式带来的延时及成本上涨。

几十万用户的网络公司，只需要处理百级 QPS（每秒查询率）的数据流量，只需要 10 台左右的服务器；上百万用户的网络公司，只需要处理千级 QPS 的数据流量，需要有 50 台左右的服务器；上千万用户的网络公司，需要处理万级到十万级 QPS 的数据流量，需要 700 台左右的服务器；上亿用户的网络公司，需要处理百万级 QPS 的数据流量，需要上万台的服务器。以上数据不是完全标准的，但可以确定的是像 BAT（百度、阿里、腾讯）和 TMD（头条、美团、滴滴）这些运营商的服务器都是以万台计算的。

十万用户到上亿用户，用户量多 1000 倍，服务器也需要多 1000 倍。因为，当架构变复杂之后，就要做很多非功能的事情了，如缓存、队列、服务发现、网关、自动化运维和监控等。

如果我们能够把上亿的用户拆成 100 个百万级的用户，那么只需要 5000 多台服务器分担计算，海量数据则能够就近处理，大量的设备也能实现高效协同的工作，诸多问题迎刃而解。因此，边缘计算理论上可满足许多行业在敏捷性、实时性、数据优化、应用智能，以及安全与隐私保护等方面的关键需求。

这里举个简单的应用，假如一个项目有 5 万个设备点，每隔 5 分钟采集一次，那么一年后的测点数据可能就是 100GB 量级。对这些数据的统计就会是一个耗时、耗力的事情。

既然边缘计算是一种必然，那么边缘计算会应用在哪些场景呢？笔者觉得至少以下这些场景会用到。

- 处理一些实时响应的业务。它和用户靠得很近，所以可以实时响应用户的一些本地请求，如某公司的人脸门禁系统、共享单车的开锁等。
- 收集并结构化数据。例如，把视频中的车牌信息抠出来，转成文字，传回数据中心。
- 实时设备监控，主要是线下设备的数据采集和监控，如设备告警、设备联动、设备管理和设备统计等。
- P2P 的一些去中心化应用。例如，边缘节点作为一个服务发现的服务器，可以让本地设备之间进行 P2P 通信。

边缘计算的运用场景十分丰富，还有很多是想象不到的，我们期待神经网络芯片助力 AI 智能，未来的设备其功能必然会更加强大，更加边缘化。API Gateway 相当于门卫的角色，是系统的唯一入口。网关可以是一台服务器，也可以是一个比较强大的设备，如图 4.3 所示。

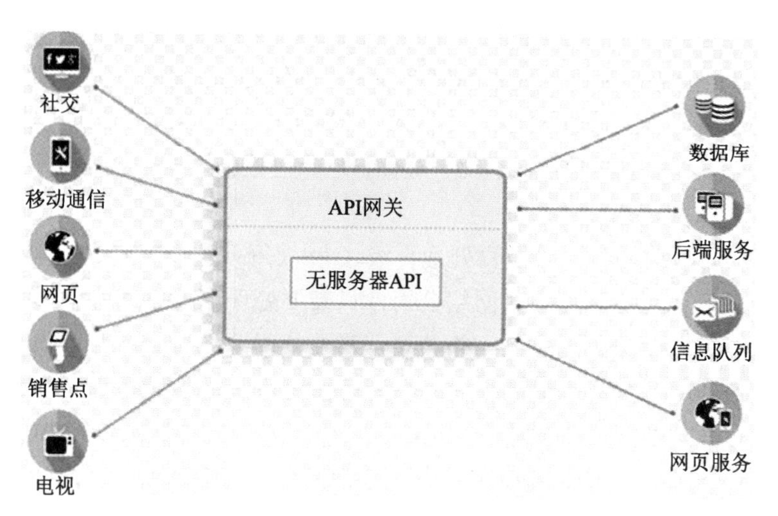

图 4.3　在网关上开展边缘计算服务

网关还可以往下分层级，像众星拱月一样，最后通过一个大的门卫作为唯一的入口。这种星型的网关架构可以控制每个子网关或者叫子边缘计算的粒度。当然这种架构也更加复杂，如图 4.4 所示。

一个网关一般包含服务注册、请求路由、负载均衡、弹力设计和安全管控等模块。此外，设计网关时，对网关的性能、集群部署和高可用性也是需要考虑的要点。

服务函数化（Serverless）：传统的做法，我们需要在服务器上持续运行进程以等待 HTTP 请求或 API 调用，而 Serverless 可以通过某种事件机制触发代码的执行。

如果说微服务是以专注于单一责任与功能的小型功能块为基础，利用模块化的方式组合出复杂的大型应用程序，那么我们可以进一步认为 Serverless 架构可以提供一种更加代码碎片化的软件架构范式，称之为 Function as a Services（FaaS）。所谓的函数（Function）

提供的是相比微服务更加细小的程序单元。

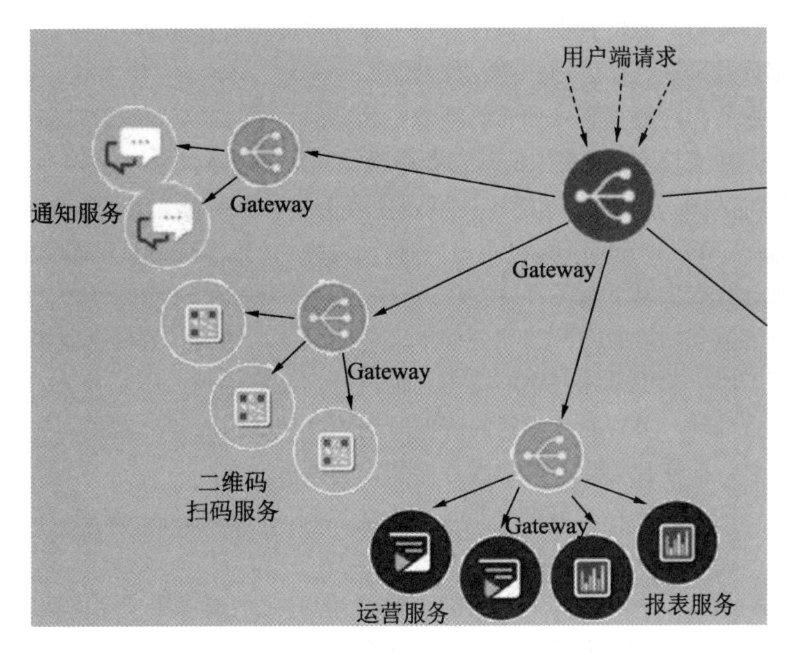

图 4.4　星型的网关架构

不同于微服务的是，函数化更加碎片，而且无须进程等待，这是服务函数化的优势所在。

4.3　边缘计算技术架构

随着万物互联的泛在化发展，近年来，边缘计算的热度持续上升，全球将有超过 500 亿的终端与设备联网，有超过 40%的数据要在网络边缘侧进行分析、处理与存储。

边缘计算的基本思想是把云计算平台迁移到网络边缘，试图将传统的移动通信网、互联网和物联网等业务进行深度融合，减少业务交付中端到端的延时。

边缘计算有 3 种技术架构，分别是 MEC（移动边缘计算）、微云和雾计算。

4.3.1　边缘计算技术架构 1：MEC

MEC（Mobile Edge Computing）是由欧洲电信标准化协会 2014 年提出的，属于电信运营商圈定的利益领地和技术范畴，需要准入批准。ETSI 初创成员包括惠普、沃达丰、华为、诺基亚、Intel 及 Viavi 等。MEC 为移动网络边缘提供 IT 服务环境和云计算能力，通过在移动网络边缘执行数据缓存、数据传输和数据计算来抵消与回程相关的延时，最终可以实现毫秒级应用。移动边缘计算（MEC）的特征如下：

- 在靠近移动用户的位置上提供信息技术服务环境和云计算能力。
- 将内容分发推送到靠近用户侧（如基站）。
- 应用、服务和内容在高度分布的环境中。
- 可以更好地支持5G网络中低时延和高带宽的业务要求。

MEC的基本架构中不同的功能实体可划分为3个层级：网络层（Networks Level）、移动边缘主机层（Mobile Edge Host Level）和移动边缘系统层（Mobile Edge System Level）。

移动边缘计算提供以下服务：

- 与网络连接和网络能力开放相关的本地边缘服务。例如，替代企业WiFi网络的移动虚拟专网、基于无线网络的室内定位。
- 边缘就近处理、节省回传带宽的降低时延的视频边缘服务。例如，与CDN结合的边缘缓存、面向视频监控的边缘存储和识别分析。
- 面向终端的计算迁移，降低终端成本的边缘辅助计算服务。例如，面向AR、VR和游戏等提供边缘云渲染等。

MEC可帮助视频应用减少流量迂回，降低传输时延，提供更安全的数据处理环境。在自动驾驶领域，MEC平台借助5G技术提供给车队高精度地图、位置共享、智能分析及连续切换等功能，辅助自动驾驶，提供更精准、更安全、零中断的驾驶体验。

MEC的应用场景很广泛，除了以上提到的这些，还有更多的物联网垂直应用领域等待MEC研究人员来解锁。

国内三大运营商均开展了MEC试点部署，其业务包括LTE移动虚拟专网、车联网、边缘缓存、室内定位等。根据《中国联通边缘计算技术白皮书》，以及中国联通5G网络MEC部署规划，MEC部署位置与业务场景有密切关系，可以按需将MEC部署分为无线接入云、边缘云和汇聚云3种方式。

总体来说，对于URLLC（如无人驾驶和工业自动化等需要低时延、高可靠连接的业务）低时延场景，MEC需要部署于靠近基站侧的无线接入云；对于eMBB（3D/超高清视频等大流量移动宽带业务）场景的大流量热点地区，MEC可以部署于边缘云；对于mMTC场景（大规模物联网业务），MEC部署于位置较高的汇聚云，能够覆盖更大区域的业务需求。

物联网设备无线接入云端的途径是通过移动边缘计算MEC节点与基站CU单元连接，通过基站再连接到核心网UPF。其中，UPF承担着5G核心网的用户功能，把信息分组路由、转发到数据网络。通过在基站侧部署本地业务，为用户提供更短时延的服务。此方式下，MEC业务覆盖范围较小，适用于移动速度低，甚至不移动但对时延敏感的业务，如赛场、场馆、景区等相关业务。

4.3.2　边缘计算技术架构 2：微云

MEC 强调“边缘”概念，微云更侧重于移动概念。

微云是开放边缘计算（Open Edge Computing，OEC）项目的研究成果，该项目最初由美国卡内基梅隆大学发起，此后受到了华为、英特尔和沃达丰等企业的支持。

微云是将移动计算平台和云计算结合起来的边缘计算体系架构，代表“移动终端↔微云↔云”三层架构的中间层，其处在移动终端和云平台之间，是被部署在网络边缘且具有移动性的小型数据中心。

虽然微云本身位于网络边缘，甚至从直观来讲更靠近用户，但微云主要用于类似于车联网场景下的移动性增强，能为移动设备提供丰富的计算资源，甚至在飞机和车辆上直接运行。**微云旨在将云部署到离用户更近的地方，可以将其理解为一个轻量级的 MEC。**

就微云部署的位置来看，其与终端用户的距离为一跳无线连接，如部署在蜂窝网络基站或者 WiFi 基站上，为终端用户的计算任务提供低时延响应。当多个微云构建成分布式的移动边缘计算环境而拓展用户可用资源时，可通过提供类似于云平台的动态迁移机制实现资源的负载均衡。

微云本质上是云，但微云与传统的云相比两者又有区别，主要表现在几个方面：快速配置（Rapid Provisioning）、不同微云之间的虚拟切换（VM Hand-off）及微云发现（Cloudlet Discovery）。

由于微云主要是针对移动场景而设计的，因此会面临用户终端移动性带来的连接高度动态化问题，因此必须具备灵活的快速配置能力。

4.3.3　边缘计算技术架构 3：雾计算

相比 MEC 和微云来说，**雾计算侧重点在物联网**（IoT）应用方面。

雾计算参考架构是一个通用技术架构，利用开放的标准方法，将云端智能无缝地与物联网终端联合在一起，旨在支持物联网、5G 和人工智能的数据密集型应用。

从传统封闭式系统及依赖云计算来看，雾计算已转变为一种新的计算模型。它基于工作负载和设备能力，使计算更加接近网络边缘。雾计算将计算、通信、控制、存储资源和服务分配给用户或分布在靠近用户的设备与系统上，从而将云计算扩展到网络边缘，可以将它理解为位于网络边缘的小型云。

整个雾计算网络是由多个雾节点组成的整体，单个雾节点其性能相对较弱，但是地理位置分布广泛。

例如，美国陆军研究实验室委托 Technica 公司为战场士兵开发一个雾计算平台 SmartFog。

该平台在联网的情况下训练机器学习算法，在战场上可融合各种来源的数据，并在不连接云的情况下进行离线处理，从而让士兵能够在断网区域应用人工智能。这里的雾计算服务可以视为单兵设备与云之间的中间层，可以使士兵随时获取计算能力和存储空间。

4.3.4　三者对比分析

MEC、微云和雾计算作为边缘计算的 3 种具体模式，其在部署位置和应用场景方面有诸多相似点，也有不同之处，主要表现为以下几个方面：

- 就部署位置来看，MEC 位于终端和数据中心之间，可以和接入点、基站、流量汇聚点、网关等共址；而微云和雾计算的部署位置和以上提到的 MEC 部署位置一致。此外，微云还可以直接运行在车辆、飞机等终端上；雾计算大部分运行在用户终端设备上。
- 就应用场景来看，MEC 主要致力于降低时延，适合物联网、车联网、AR/VR 等多种应用场景；微云适用于移动增强型应用及物联网等诸多场景；雾计算主要针对于需要分布式计算和存储的物联网场景。物联网参考模型如图 4.5 所示。

图 4.5　物联网参考模型

就移动性、部署位置、实时交互和通信能力而言，三者的区分如下：

- MEC：只提供终端从一个边缘节点移动到另一个边缘节点情况下的移动性管理。
- 微云：提供虚拟机镜像从一个边缘节点到另一个边缘节点切换的支持。
- 雾计算：完全支持雾节点分布式应用之间的通信。

不管是 MEC、微云，还是雾计算，这几种边缘计算都有各自的特性和适用的场景。现今全球将有 40%的数据要在网络边缘侧进行处理，边缘计算已成为一种重要的计算方式，而以上3种边缘计算模式是经过长期的发展演化出来的不同类型，所以对于万物互联行业的发展而言同样重要。

边缘计算和云计算的协同也成为关注的焦点，两者可以彼此优化、补充，共同赋能行业数字化转型。如果说**云计算是一个统筹者，它负责长周期的大数据分析，那么边缘计算更注重于实时、短周期数据的分析**。边缘计算更靠近终端设备，因而它为云端数据的采集和大数据分析提供了支持。云计算则是通过大数据分析输出指令下发到网络边缘。边缘计算的优点如下。

（1）实时性更好。边缘计算分布式及靠近设备端的特性注定它具备实时处理的优势，所以能够更好地支撑本地业务的实时处理与执行。

（2）效率高。边缘计算直接对终端设备的数据进行过滤和分析，节能、省时，效率还高。

（3）节省流量、减小带宽。边缘计算减缓了数据爆炸和网络流量的压力，用边缘节点进行数据处理，减少了从设备到云端的数据流量。

（4）更智能、更节能。AI+边缘计算组合的边缘计算不止于计算，智能化特点明显。另外，云计算+边缘计算组合出击，成本只有单独使用云计算的39%。在人脸识别领域，响应时间由900ms减少为169ms。把部分计算任务从云端卸载到边缘之后，整个系统对能源的消耗减少了30%～40%。数据在整合、迁移等方面可以减少80%的时间。

（5）具有私密性。现存的提供服务的方法是手机终端用户的数据上传到云端，然后利用云端强大的处理能力去处理任务。但在数据上传的过程中，数据很容易被别有用心的人收集到。为了保证数据的私密性，可以从以下几个方面入手。

- 在网络的边缘处理用户数据，这样数据就只会在本地被存储、分析和处理。
- 对不同的应用设置权限，对私密数据的访问加以限制。
- 边缘网络是高度动态化的网络，需要有效的工具保护数据在网络中的安全传输。

4.4 边缘计算应用

1. 云卸载

在传统的内容分发网络中，数据都会缓存到边缘节点，随着物联网的发展，数据的生产和消费都是在边缘节点，也就是说边缘节点也需要承担一定的计算任务。**把云中心的计算任务卸载（下放、迁移）到边缘节点的这个过程叫作云卸载**。

移动互联网的发展，我们得以在移动端流畅地购物。购物车的操作（商品的增、删、改、查）都是依靠将数据上传到云中心才能得以实现的。如果将购物车的相关数据和操作都下放到边缘节点进行，那么将会极大地提高响应速度，减少延时，从而提高人与系统的交互质量，改善用户体验。

2. 视频分析

随着移动设备的增加，以及城市中摄像头布控的增加，利用视频来达成某种目的成为一种合适的手段，但是云计算这种模型已经不适合用于这种视频处理，因为大量数据在网络中的传输可能会导致网络拥塞，并且视频数据的私密性难以得到保证。

边缘计算让云中心下放相关数据处理请求，各个边缘节点对数据处理请求结合本地视频数据进行处理，然后只返回相关结果给云中心，这样既降低了网络流量，也在一定程度上保证了用户的隐私。

3. 智能家居

物联网的发展让普通人家里的电子设备连上网络，我们需要更好地利用这些电子设备产生的数据为家庭服务。考虑到网络带宽和数据的私密保护，这些数据仅在本地流通，并直接在本地处理。我们需要网关作为边缘节点，让它自己消费家庭里所产生的数据。同时由于数据的来源很多（计算机、手机、传感器等任何智能设备），需要定制一个特殊的操作系统（OS），使它能把这些抽象的数据揉和在一起并能有机地统一起来。

4. 智慧城市

边缘计算的设计初衷是为了让数据能够更接近数据源，因此边缘计算在智慧城市中有以下几方面的优势。

- 海量数据处理：在一个人口众多的大城市中，时时刻刻都在产生着大量的数据，而这些数据如果都交由云中心处理，那么将会给云中心带来巨大的网络负担，使资源浪费严重。如果这些数据能够就近进行处理，如在数据源所在的局域网内进行处理，那么网络负载就会大幅度降低，数据的处理能力也会进一步地提升。
- 低延时：在大城市中，很多服务是要求具有实时特性的，这就要求响应速度能够尽可能地进一步提升。例如医疗和公共安全方面，通过边缘计算，将减少数据在网络中传输的时间，简化网络结构，对数据的分析、诊断和决策都可以交由边缘节点进行处理，从而提高用户体验。
- 位置感知：对基于位置的一些应用来说，边缘计算的性能要优于云计算。例如，导航、终端设备可以根据自己的实时位置把相关的位置信息和数据交给边缘节点进行处理，边缘节点基于现有的数据进行判断和决策。整个过程中的网络开销都是最小的，用户的请求得到极快的响应。

5．边缘协作与数据融合

由于数据隐私性问题和数据在网络中传输的成本问题，有一些数据是不能让云中心去处理的，但是这些数据有时候又需要多个部门协同合作才能发挥它最大的作用，于是产生了边缘协同合作的概念。即利用多个边缘节点协同合作，创建虚拟的共享数据接口，利用预定义的公共服务接口来将这些数据进行整合。通过数据接口，可以编写应用程序，为用户提供更复杂的服务。

边缘节点协同合作的案例：流感爆发的时候，医院作为一个边缘节点，与药房、医药公司、政府和保险行业等多个节点进行数据共享，把当前流感的受感染人数、流感的症状和治疗流感的成本等数据共享给以上边缘节点。药房通过这些数据有针对性地调整采购计划，平衡仓库的库存；医药公司则通过共享数据得知哪些为有效药品，提升该类药品生产的优先级；政府向相关地区的人们提高流感警戒级别，采取进一步的行动来控制流感爆发的蔓延；保险公司根据这次流感程度的严峻性来调整明年该类保险的售价。总之，边缘节点中的任何一个节点都在这次数据共享中得到了一定的利益。

打一个比方，设想一下，传统的存钱、取钱的方式，大家都要去银行的人工柜台办理，不仅排队的人多，而且路上也可能会碰到交通堵塞，耗费大家的时间和精力。现在家门口就有自助柜员机，再也不用排队等叫号了。

今后会将越来越多的基础任务交给边缘计算来完成，这代表边缘所在的装置设备会越来越灵敏，不能说这些任务和云毫无关系，它们是一种让彼此更完美的存在，如图 4.6 所示。

图 4.6　云计算与边缘计算协作

边缘计算和云计算互相协同，它们是彼此优化补充的存在，共同使能行业数字化转型。

云计算是一个统筹者，它负责长周期的大数据分析，能够在周期性维护、业务决策等领域运行。边缘计算着眼于实时、短周期数据的分析，更好地支撑本地业务及时处理、执行。边缘计算靠近设备端，为云端的数据采集做出了贡献，支撑云端应用的大数据分析；云计算通过大数据分析输出业务规则并将其下发到边缘处，以便执行和优化处理。不管是云计算还是边缘计算，不存在一方完全取代另一方的状况，只是在各自擅长的领域各司其职、物尽其用罢了，在最合适的场景里用最合适的运算，或者双向出击，如图 4.7 所示。

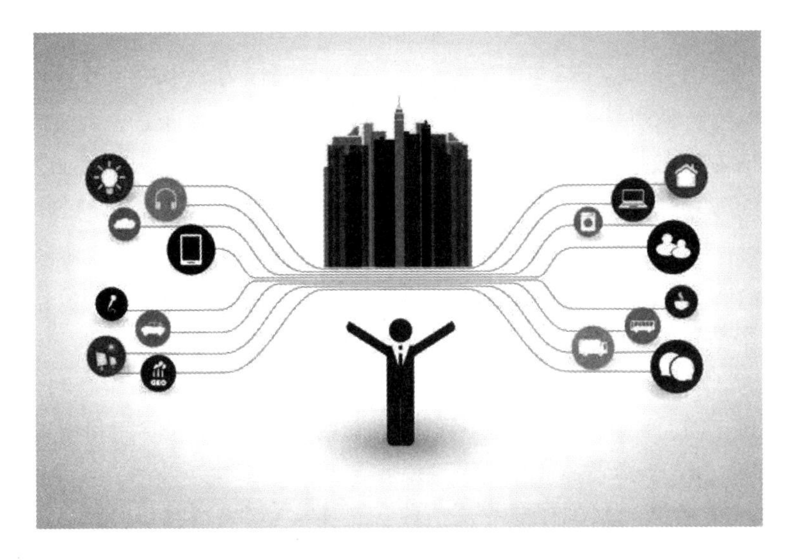

图 4.7　云计算与边缘计算的作用互补

所谓万物互联，以时间为横坐标延伸，最大的网络就是物联网。那么边缘计算就是靠近物联网边缘的计算、处理、控制和存储的服务。随着物联网的发展，边缘计算的应用也十分广泛，从智慧城市、智慧家居、智慧医院、在线直播，到智能泊车、自动驾驶、无人机、智能制造等各行业都有边缘计算的身影。

阿里云边缘计算产品 Link Edge 已经问世。通过这款产品，开发者能够轻松地将阿里云的边缘计算能力部署在各种智能设备和计算节点上，如车载中控、工业流水线控制台、路由器等。基于生物识别技术的智能云锁，利用本地家庭网关的计算能力，可实现无延时体验，即使断网了还能开锁，避免“被关在自己家门外”的尴尬。云计算与边缘计算的协同，还能实现场景化联动，你一推开门，客厅的灯就会自动打开迎接你回家。

在零售领域，英特尔已经开发出了一套早期原型的软件平台，用于无人店管理的环境中；在工业领域，英特尔目前已经预先做了一个更有计算能力的网关平台，将来可以适用于更复杂的工业自动化场景。由此可以看出，英特尔也在努力顺应物联网和边缘计算等新兴技术趋势。

4.5 边缘计算研究进展

边缘计算是一项正在兴起的技术，通过把计算能力、存储资源、网络带宽、应用服务等资源放在网络的边缘侧，来减少传输延时和带宽消耗。同时，应用开发者和内容提供商可以根据实时的网络信息提供可感知的服务。移动终端、物联网等设备为计算敏感型的应用提供了必要的前端处理支撑，如图像识别、网络游戏等应用，以利用边缘计算的处理能力分担云端的工作负荷。

4.5.1 边缘计算要解决的关键问题

在边缘计算技术架构中，终端节点要做一定量的计算和数据处理，把处理过的特征、关键数据上传到云端。这样一来网络延时和带宽问题可以解决，因为计算在本地进行，上传数据量很小。边缘计算量在终端越大，计算功耗就越大。计算功耗、无线发送功耗是物联网终端功耗的主要组成部分。物联网终端数据不全部通过网络上传到云端，对敏感数据而言是一种安全保障。边缘计算需要解决以下几个问题。

1. 边缘计算的体系结构问题

在互联网、物联网等网络通信领域，对云计算、云服务出现的问题，分别提出了各自的解决方案，云服务提供商把数据中心以外的计算、存储、服务，称为边缘计算。物联网领域把物联网终端上除了数据采样、控制功能以外的计算、存储、网络传输功能称为雾计算。网络运营商把寄生在网关、路由器、交换机、通信基站的计算服务、存储数据传输能力称为移动边缘计算、微云。

边缘计算是 IT 资源设施的优化配置解决方案，是算法上的改进、算力上的优化、数据的重新布局。边缘计算直接对应网络边缘侧众多的应用场景，抽象出通用、标准、统一的技术方案、体系结构，来满足复杂的应用场景和应用模式，是一个具有挑战性的任务。相反，边缘计算针对不同的应用场景和应用模式，设计、优化具体的技术方案和体系结构，并以此来规划计算、存储、网络、软件等算力资源的配置，使具体应用的性能、功耗、安全等最优化。

2. 物联网终端处理器计算能力问题

物联网终端的处理器计算能力一般较弱，在低功耗约束条件下，完成数据采样、计算处理、联网通信等功能。这种资源受限的处理器，在完成边缘计算的能力方面是较弱的。

物联网不同的应用场景，对处理器的计算能力有不同的要求。物联网视频应用，要求计算能力强，以减少视频数据传输压力。物联网水表、电表，数据量很小、传输压力小，对处理器的计算能力要求也不高。对资源受限的处理器，它的计算能力是实施边缘计算要考虑的条件之一。不同的应用场景，要配置不同计算能力的处理器。目前，微处理器技术进步很快，有些处理器具备联网通信功能，有些处理器具备较强的计算能力，可以加载嵌入式操作系统。也就是说，处理器的计算、存储、联网能力是物联网处理器的重要技术指标，是实施边缘（雾）计算的基本条件。

3. 边缘计算的算法与内存设计问题

边缘（雾）计算的一个重要应用场景是将云端的智能计算能力延展到物联网终端，即智能计算前置（下移）。目前主流的深度学习和神经网络处理算法程序较复杂，通常在几兆到几百兆之间，物联网终端处理器和内存设计要满足这些资源要求，给微处理器设计带来了较大挑战。边缘计算要进行算法模型的压缩和智能处理算法的硬 IP 化，并配置到物联网终端的微处理器上。不能硬化的算法程序，就要考虑微处理器的内存配置，在功耗允许的条件下，用好微处理器的片内存储器和片外存储器。

4. 边缘计算与云计算能力的资源协调问题

云计算是集中化的计算模式，边缘计算本质是分布式计算模式。云计算和边缘计算不是对立的技术架构，在一些应用场景中，运用边缘计算在网络边缘做数据预处理后再传到云端，在云端进行数据挖掘、知识提取和趋势分析，使得云计算和边缘计算各展所长，相互补充。和云计算相伴相生的边缘计算，其能力的实现必须与云计算进行有效的协同，达到更好的应用效果。在云计算和边缘计算的协同过程中，网络负载如何分配、任务如何调度、资源如何利用等问题目前还没有明确的解决方案。

5. 边缘计算的系统安全问题

由于边缘计算与物联网、互联网进行网络通信和数据传输，因此必然存在系统安全方面的问题。由于物联网终端的微处理器是资源有限、计算能力较弱的计算系统，不能像普通计算系统一样采取多层和多种安全保护措施。有些边缘计算的终端设备直接应用于系统控制，其安全性显得尤其重要，因此物联网终端设备上展开的边缘计算，其安全性尤其重要，避免有人不当操控设备。

4.5.2 边缘计算技术的研究进展

边缘计算在不同领域的应用研究包括：无线移动网的移动边缘云研究；物联网的雾计算研究，通信运营商的微云、海云、小云和边缘云等的研究。

美国韦恩州立大学施巍松教授从边缘计算基础、边缘计算系统平台和典型应用等多个方面进行深入研究，从计算、缓存、通信不同层面研究了边缘计算技术架构。

1. 定义了通用的边缘计算体系结构

雾计算和边缘计算各有侧重，但本质上是同一类计算模型。当前的研究是将通用的边缘计算体系结构从横向与纵向两个维度定义，即纵向是基础设备层、统一接口层、应用服务层；横向包括动态智能、安全保障、运维管控等。

- 基础设备层：涵盖数以亿计的异构智能终端设备层，是计算、存储、带宽、缓存等资源调配的资源池，是为边缘用户提供计算服务的基础设施。
- 统一接口层：众多的智能设备存在异构问题，要高效地利用这些资源，必须进行整合，使这些资源可以有效地统一管理。统一接口层的目标就是消除异构障碍，使基础设备能够按照统一、规范、标准的接口协议实现互联互通，从而可以有效地进行资源协同管理。
- 应用服务层：靠近应用的服务商，是用户服务得以满足的上层应用和系统程序。其作用为协同各方资源进行按需调配，把负载、应用、服务等任务下发、上传、协同给其他资源提供方，以满足用户实际需求。
- 动态智能层：涵盖以上 3 个层次，该层次的目标是能够高效、智能、自动化地对其设备、接口、应用进行管理和控制，脱离人工的烦琐配置和监管，达到计算的智能化。

2. 移动边缘计算成为研究重点，提出了统一的边缘计算参考框架

MEC 已经发展演进为将来移动宽带网络的关键组成部分。同软件定义网络/网络功能虚拟化（SDN/NFV）一起，MEC 成为下一代移动通信网络的关键技术之一。业界部分人士对 MEC 技术达成的共识：MEC 是物联网（IoT）及低延时、高可靠等垂直行业通信的关键赋能者，在多个行业有着众多应用场景。MEC 还被业界部分人士视为 5G 的关键架构概念与技术之一。目前欧洲电信标准协会（ETSI）定义的 MEC 的计算框架如图 4.8 所示，该组织正在加紧推动 MEC 平台和接口的标准化工作。MEC 平台定义了移动边缘主机、移动边缘平台管理、移动边缘编排、虚拟基础设施管理等功能模块。

（1）通过移动边缘主机模块，实现了移动边缘平台能力开放、虚拟基础设施的数据面转发能力开放和移动边缘应用的部署。

（2）通过移动边缘平台管理模块，实现了移动边缘平台网元管理、移动边缘应用生命周期管理、移动边缘应用规则和需求管理。

（3）通过移动边缘编排模块，实现了 MEC 在全局范围内的部署和实例化、标准化。

（4）通过虚拟基础设施管理模块，实现了基础设施的虚拟资源统一分配、管理、配置及虚拟资源性能和故障收集与上报。

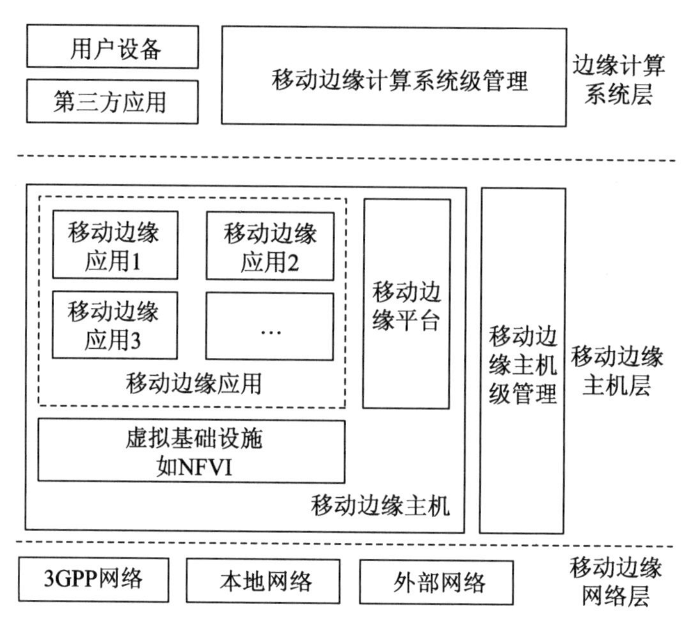

图 4.8 欧洲电信标准协会（ETSI）定义的 MEC 的计算框架

3. 针对边缘计算的使能技术提出了多种解决方案

针对移动边缘计算使能技术，中国联合通信有限公司（中国联通）提出了具体的解决方案。边缘计算使能技术的 3 个方面分别是云与虚拟化、大容量服务器、启动应用程序和服务生态系统。云与虚拟化技术及大容量服务器都是对边缘计算硬件的能力要求，应用程序和服务生态系统是将软件和应用程序供应商引入边缘计算市场，提供丰富的应用，进而产生一个生态系统，提供丰富的边缘计算 App 和基于开放标准的各类应用程序接口（API）的编程模型和相关的工具链、软件开发包等。

针对边缘计算的物联网终端的计算能力，根据不同的应用场景，进行不同的资源配置。以控制为目的的边缘计算，物联网终端节点配置计算能力较弱的微控制单元（MCU）。若对物联网终端计算能力需求较大的一类应用，一种方案是使用新的指令集增加对矢量计算的支持，或使用多核做类似单指令多数据流（SIMD）的架构把（MCU）算力做强。另一种方案是异构计算，MCU 还是保持简单的控制目的，计算部分则交给专门的加速器 IP 来完成。目前的人工智能（AI）芯片其实大部分做的就是这样一个专用人工智能算法加速器 IP。中国科学院计算技术研究所的寒武纪 IP 内嵌在华为手机上即是一个实例。针对物联网终端计算的内存配置方案也很重要，由于边缘计算的物联网终端基于成本、体积和能耗的考虑，不能加动态随机存取存储器（DRAM），一般用闪存 Flash 作为系统存储器（同时用于存储操作系统）。由于缓存必须在处理器芯片上完成，并且缓存一般较小，因此算法模型必须小巧，即所谓的“模型压缩”技术。正在研究的存算一体和使用新型存储器如非易失性的磁性随机存储器（MRAM）、可变电阻式随机存取存储器（ReRAM）等实现高密度片上内存是解决问题的方向之一。

4.5.3　边缘计算技术发展带来的影响

1．边缘计算使云计算中心建设从集中到分散并功能解耦

边缘计算是通信运营商提出的技术名词，是在云架构技术体系中的表现形式。云计算中心不必把过多的设备统一、集中放到一个区域，而是采用星型结构、多地多中心和分布式架构，把多个边缘计算服务通过数据中心连接起来。分布在其他地区的边缘云可以就近为当地用户提供服务，避免过多的数据传输、带宽损耗、过量的访问压力等问题。这一模式可以均衡负载、缓解资源消耗过高等问题，有效地提高运行效率。边缘计算使得云计算中心功能解耦，即边缘计算把基础设施的功能进行有效划分，每个区域的资源可以承担模块化、定制化、单一化的处理任务，降低了云计算应用、数据、服务的耦合度。

2．边缘计算使计算能力从集中到分散

边缘计算本身是化解云计算压力过大、资源利用不高、可靠性不高、可用性差、带宽资源不足等问题的技术手段，是把原本集中式的优势在物联网兴起的新形势下转变为分布式的一种有效途径。云计算不能包罗所有的海量智能终端，而且随着边缘设备计算、存储等能力的增强，原本需要在云端解决的计算任务，现在在终端就可以方便地就地解决，这样整体来看计算模型就发生了重大变化，从原来的集中式计算变成了分布式计算。这一趋势将影响信息化建设的若干问题，如云端的设备投资规模将大大降低，带宽需求降低、存储压力减少等。

3．边缘计算将使IT资源从隔离到协同

传统的云计算中心、大数据中心、超算中心等建设规模过于庞大，而且与客户相互隔离，很难就近使用，这在很大程度上浪费了基础设施投资，资源没有得到充分的利用，浪费了过多的资源。为此，边缘计算可以打破各自为政的信息化建设模式，使得原本隔离的资源可以优势互补、协同计算。

4．边缘计算将使信息系统的安全从集中负担到分摊负担

边缘计算建设模式将打破大而全的信息化建设模式，从而很多风险、隐患可以分摊到其他部分，如信息安全。在传统的集中式建设模式下，往往需要安全等级指标，一旦出现问题，整体云计算中心、数据中心将受到影响。边缘计算建设模式可以分摊

这些风险，而且很多数据无须在远端保存，而是用户自己保存数据，信息通过网络泄露的风险大大降低。

4.5.4 边缘计算发展的机遇与对策

美国计算机社区联盟（CCC）发布的《边缘计算重大挑战研讨报告》中，阐述了边缘计算在应用、架构、能力与服务方面的主要挑战，概括起来主要表现在边缘设备的多源、异构、异地管理，边缘计算的信息服务质量（QoS）保障，边缘计算的数据隐私和信息安全保障，云计算与边缘计算的协同，智能化情景感知能力和统一开放平台等方面。从未来发展趋势看，互联网、移动互联网、工业互联网、物联网的发展将使边缘计算模型逐步打破单一以互联网数据中心（IDC）为核心的云计算模型，最终形成互补的局面。“云、网、端”基础设施随着海量智能设备在存储、计算、安全、传输等方面能力的提升，资源配置趋于下沉，与“端”距离更近。边缘计算引起了计算模型“去中心化”的趋势。协同计算将是未来技术发展的方向。海量终端将对人工智能、机器学习等技术产生影响，将促进微内核技术的发展，方便（易于）把算法、模型等嵌入海量设备的固件当中，使物联网终端（网络边缘端、前端）的智能更具发展前景。边缘计算平台的开放性、通用性、兼容性、交互性、安全性等将是未来需要解决的问题和技术发展趋势。如果这些问题得到解决，将会推动物联网产业发展，一改目前这种徘徊不前的局面。边缘计算改变了移动网络的经济形态，对应新的发展机遇，边缘计算发展建议采用以下对策。

1．加强边缘计算的技术标准和规范建设

边缘计算涉及海量的终端设备、边缘节点，是数据采集、数据汇聚、数据集成和数据处理的前端，这些设备往往存在异构性，来自不同的生产厂商、不同的数据接口、不同的数据结构、不同的传输协议和不同的底层平台，造成它们互不兼容。为此，统一的技术规范和标准亟待达成一致。这些标准和规范的指定将大大节约边缘计算节点的建设成本。

2．边缘计算技术的研发和应用与新一代通信技术研发计划协同

边缘计算是与云计算相生相伴的一种计算技术，并且与大数据、5G 通信和智能信息处理技术高度耦合。在制定 5G 发展规划时，应将边缘计算研发纳入进去，加快相关核心技术的研发，加快和提升边缘计算技术的成熟度。

3．加强边缘计算的开源生态建设

边缘计算本身由海量的终端设备构成，而众多的智能终端可采用统一的开源操作系统，以便形成开源的生态环境。这一趋势将会给各厂商提供均等的发展机会，利用开源生

态来维持核心代码，以便形成业界认可的技术接口、关键功能和发展路径。关于智能终端开源操作系统的相关知识，感兴趣的读者可以参考机械工业出版社出版的《物联网之魂》一书。

4.5.5　企业对边缘计算的导向作用

世界著名网络技术、信息服务公司的行为，引导技术发展走向，影响技术发展路径。

1．亚马逊AWS

亚马逊在 2016 年 Invent 开发者大会上推出了 AWS Greengrass，如图 4.9 所示，以公司现有的物联网和 Lambda（无服务器计算）产品为基础，将 AWS 扩展到间接连接的边缘设备。

借助 AWS Greengrass，开发人员可以直接从 AWS 管理控制台将 AWS Lambda 函数添加到已连接的设备，并且设备可以在本地执行代码，以便设备可以响应事件并近乎实时地执行操作。AWS Greengrass 还包括 AWS 物联网消息传递和同步功能，使设备可以在不连接到云的情况下向其他设备发送消息。亚马逊还表示，AWS Greengrass 允许客户灵活地让设备有时候依赖云，有时候自己执行任务，有时候相互交谈，所有这些都在一个无缝的环境中完成。

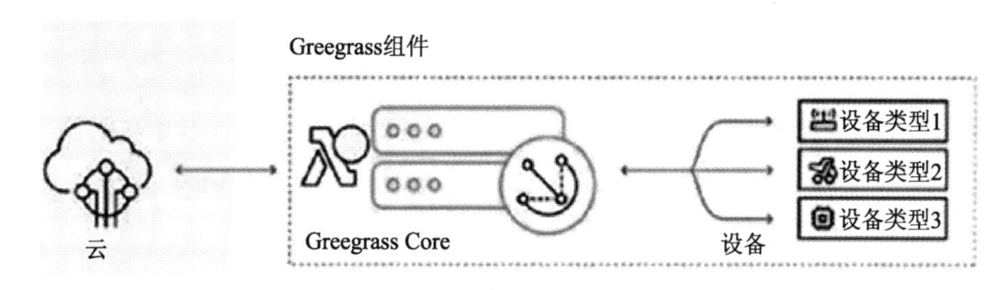

图 4.9　亚马逊边缘计算系统 Greengrass

智能边缘设备 Greengrass 需要至少 1GHz 的主频（Arm 或 x86）、128MB 的 RAM，以及用于操作系统、消息传输和 AWS Lambda 执行命令的额外资源。亚马逊的说法是，“Greengrass Core 可以运行在从 Raspberry Pi 到服务器级设备的各种设备上”。

2．微软

微软公司在 BUILD 2017 开发者大会上推出 Azure IoT Edge，如图 4.10 所示，它允许云工作负载下移，并在从 Raspberry Pi 到工业网关的智能设备上本地运行。

Azure IoT Edge 包含 3 个组件：IoT Edge 模块、IoT Edge 运行环境和物联网中心

IoT Hub。IoT Edge 模块是运行 Azure 服务、第三方服务或自定义代码的容器，它们被部署到 IoT Edge 设备上并在本地执行。IoT Edge 运行环境可以在每个 IoT Edge 设备上运行，管理已部署的模块。而 IoT Hub 是基于云的界面，用于远程监控和管理 IoT Edge 设备。

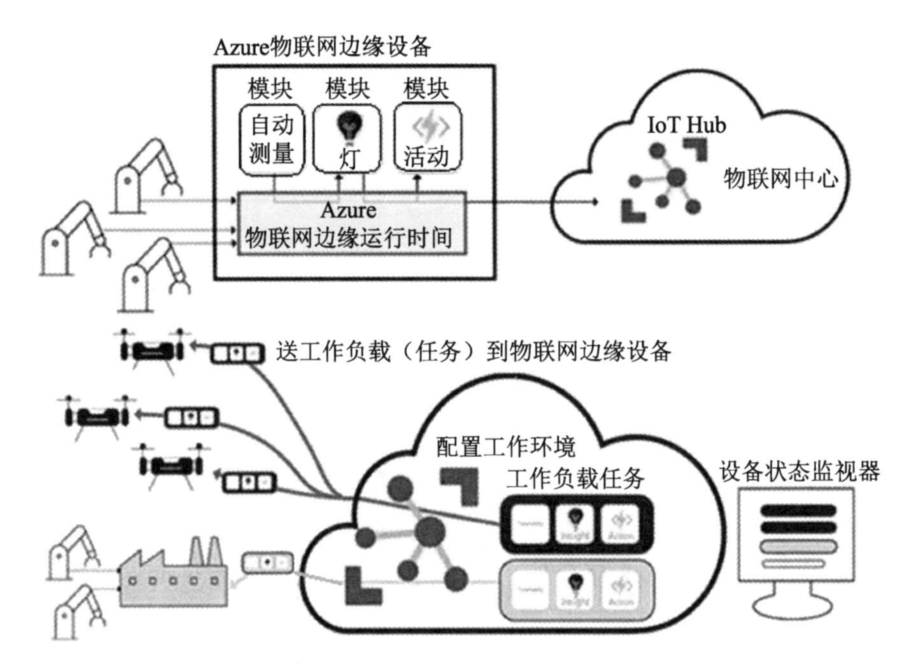

图 4.10　微软公司边缘计算系统 Azure IoT Edge

随着产品上市，微软增加了新的功能，以 Azure IoT Edge 为例，其中包括开源支持、设备配置、安全认证、管理服务和简化的开发人员体验。

3. 谷歌

2018 年 7 月，谷歌公司宣布推出两款大规模部署智能连接设备：Edge TPU 和 Cloud IoT Edge。Edge TPU 是一种专用的小型 ASIC 芯片，用于在边缘设备上运行 TensorFlow Lite 机器学习模型。Cloud IoT Edge 是将 Google 的云服务扩展到物联网网关和边缘设备的软件堆栈。

Cloud IoT Edge 有 3 个主要组件，如图 4.11 所示。至少有一个 CPU 用于网关级设备的运行，用于存储、转换、处理和从边缘数据中提取智能，同时与 Google 的其他云 IoT 平台进行互操作；Edge IoT Core 运行时，可将边缘设备安全地连接到云端；Edge ML 运行时基于 TensorFlow Lite，使用预先训练的模型执行机器学习推理。

Edge TPU 和 Cloud IoT Edge 都处于 alpha 测试阶段。

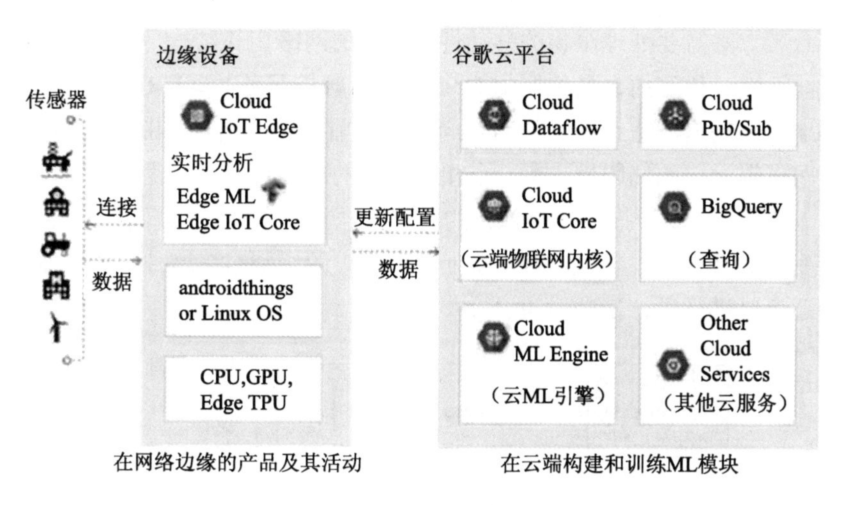

图 4.11　谷歌的云计算-物联网-边缘计算架构（Cloud-IoT-Edge）

4.6　边缘计算的发展与挑战

本节分析在实现边缘计算的过程中将要面临的机遇和挑战。

4.6.1　编程可行性

在云计算平台编程是非常便捷的，因为云有特定的编译平台，大部分程序都可以在云上运行。但是边缘计算环境下的编程就会面临一个问题，即平台异构问题，每一个网络的边缘都是不一样的，有可能是 iOS 系统，也有可能是安卓或者 Linux 等，不同平台下的编程又是不同的。因此我们提出了计算流的概念。计算流是数据传播路径上的函数序列/计算序列，可以通过应用程序指定计算发生在数据传播路径中的哪个节点。计算流可以帮助用户确定应该完成哪些功能/计算，以及计算发生在边缘之后如何传播数据。通过部署计算流，可以让计算尽可能地接近数据源。

4.6.2　设备命名

命名方案对于编程、寻址、事物识别和数据通信非常重要，但是在边缘计算中还没有行之有效的数据处理方式。边缘计算中实物的通信是多样的，可以依靠 WiFi、蓝牙、4G/5G 等通信技术，因此，仅仅依靠 TCP/IP 协议栈并不能满足这些异构的事物之间进行通信。

边缘计算的命名方案需要处理事物的移动性，动态的网络拓扑结构，隐私和安全保护，以及事物的可伸缩性。传统的命名机制如 DNS（域名解析服务）、URI（统一资源标识符）都不能很好地解决动态的边缘网络的命名问题。目前正在提出的 NDN（命名分发网络）解决此类问题也有一定的局限性。在一个相对较小的网络环境中，我们提出了一种解决方案，如图 4.12 所示，我们描述一个事物的时间、地点及正在做的事情，这种统一的命名机制使管理变得非常容易。当然，当环境上升到城市的级别时，这种命名机制可能就不是很合适了，还可以进行进一步的讨论。

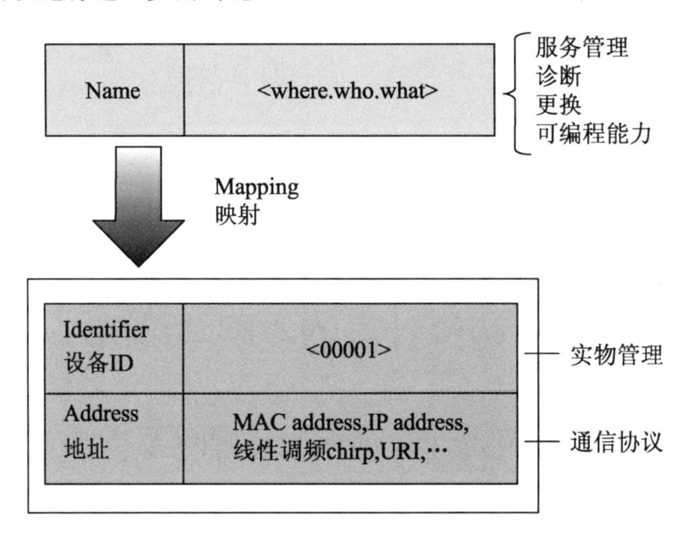

图 4.12 物联网设备命名机制

4.6.3 数据抽象

在物联网环境中会有大量的数据生成，并且由于物联网网络的异构环境，生成的数据是各种格式的，把各种各样的数据格式化对边缘计算来说是一个挑战。同时，网络边缘的大部分事物只是周期性地收集数据，然后定期把收集到的数据发送给网关，而网关中的存储是有限的，只能存储最新的数据，因此边缘节点的数据会被经常刷新。利用集成的数据表来存储感兴趣的数据，表内部的结构可以如图 4.13 所示，用 ID、Name、Time 和 Data 等来表示数据。

如果筛选掉过多的原始数据，将导致边缘节点数据报告的不可靠。如果保留大量的原始数据，那么边缘节点的存储容量又将是新的问题。同时，这些数据应该是可以被引用程序读写和操作的，由于物联网中事物的异构性，导致数据库的读写操作会存在一定的问题。

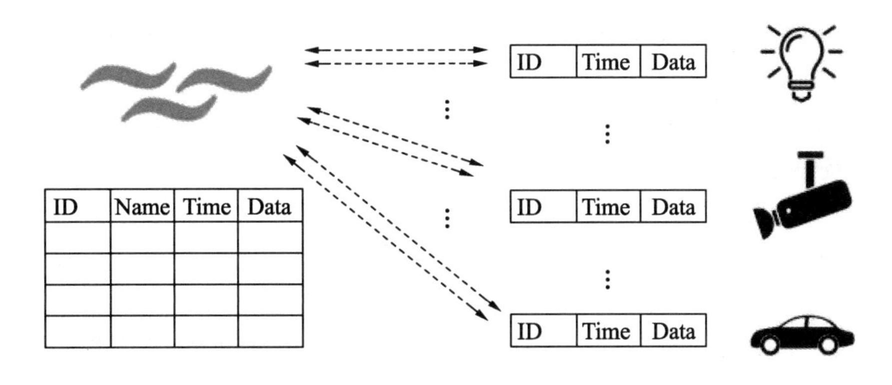

图 4.13　物联网数据结构

4.6.4　服务管理

边缘节点的服务管理应该具有 4 个特征，即差异化、可扩展性、隔离性和可靠性，进而保证一个高效可靠的系统。

- 差异化：随着物联网的发展，会有各种各样的服务，不同的服务应该有差异化的优先级。例如，有关事物判断和故障警报这样的关键服务就应该高于其他一般服务，有关人类身体健康如心跳检测相关的服务就要比娱乐相关服务的优先级要高一些。
- 可扩展性：物联网中的物品都是动态的，向物联网中添加或删除一件物品都不是那么容易的，服务缺少或者增加一个新的节点能否适应都是待解决的问题。这些问题可以通过对边缘设备的操作系统（OS）的可扩展和灵活的设计来解决。
- 隔离性：即不同的操作之间互不干扰。举例而言，有多个应用程序可以控制家里的灯光，有关控制灯光的数据是共享的，当有某个应用程序不能响应时，使用其他的应用程序依然能够控制灯光。也就是说，这些应用程序之间是相互独立的，互相并没有影响。隔离性还要求用户数据和第三方应用是隔离的。
- 可靠性：可靠性可以从服务、系统和数据三方面来论证。
    - ➢ 从服务方面来说，网络拓扑中任意节点的丢失都有可能导致服务的不可用，如果边缘系统能够提前检测到具有高风险的节点，那么就可以避免这种风险。较好的一种实现方式是使用无线传感器网络来实时监测服务器集群。
    - ➢ 从系统角度来看，边缘操作系统是维护整个网络拓扑的重要一部分内容。节点之间能够互通状态和诊断信息。这种特征使得在系统层面部署故障检测、节点替换、数据检测等十分方便。

➢ 从数据角度来看，可靠性指的是数据在传感和通信方面是可靠的。边缘网络中的节点有可能会在不可靠的时候报告信息，例如，当传感器处于电量不足的时候就极有可能导致传输的数据不可靠。为解决此类问题，可能要提出新的协议来保证物联网在传输数据时的可靠性。

4.6.5 指标最优化

在边缘计算当中，由于节点众多并且不同节点的处理能力是不同的，因此，在不同的节点当中选择合适的调度策略是非常重要的。下面从延时、带宽、能耗和成本这 4 个方面来讨论最优化的指标。

- 延时：云中心具有强大的处理能力，但是网络延时并不单单是处理能力决定的，也包括数据在网络中传输的时间。以智慧城市为例，如果要发寻人信息，在本地的手机上处理，然后把处理结果返回给云平台，明显能加快响应速度。
- 带宽：高带宽传输数据意味着低延时，但是高带宽也意味着大量的资源浪费。数据在边缘处理有两种可能，一种是数据在边缘完全处理结束，然后边缘节点上传处理结果到云端；另外一种结果是数据处理了一部分，然后剩下的一部分内容将会交给云来处理。以上两种方式的任意一种，都能极大地改善网络带宽的现状，减少数据在网络中的传输，进而增强用户体验。
- 能耗：对于给定的任务，需要判定放在本地运算节省资源还是传输给其他节点计算节省资源。如果本地空闲，那么当然在本地计算是最省资源的。
- 成本：目前在边缘计算上的成本包括但不限于边缘节点的构建和维护、新型模型的开发等。利用边缘计算的模型，大型的服务提供商在处理相同工作的情况下能够获取到更大的利润。

4.7 小　　结

边缘计算是欧洲电信提出的概念，是属于电信运营商的利益领地和技术范畴，入门需要许可批准，有行业壁垒。边缘计算节点建设以通信设备为主，把计算、存储、网络、服务等资源部署在路由器、交换机、网关、通信基站上，并命名为移动边缘计算 MEC、微云。电信运营商把雾计算列在边缘计算三种技术架构之下，是隶属关系，是否合适，有待商榷。

4.8 习　　题

1．简述边缘计算的定义。
2．移动边缘计算可以提供哪些服务？
3．在单兵数字装备中，雾计算节点有哪些作用？
4．云计算和边缘计算协同各自的侧重点有什么不同？
5．实时雾计算，微处理器需要哪些基本能力？
6．AI 芯片通行的做法是什么？
7．边缘计算对云计算有哪些影响？

第 5 章　物联网与边缘计算

网络的边缘在哪里？一般认为在云计算数据中心和网络终端设备之间，靠近终端设备的一侧。具体物化为，在有线网络领域，边缘设备应该是路由器、网关和交换机。在移动互联网领域，边缘设备是靠近移动终端的设备、通信基站或无线路由器（AP）。

路由器的功能是网络 IP 路由，实现信息传递功能；网关是网络协议转换，实现网际连接。通信基站和无线路由器都是信号收发装置，实现无线移动网络通信。

物联网技术推动了边缘计算技术的出现，这些网络边缘设备在完成自身功能的前提下，又承担了数据分析、数据存储、控制决策等部分云计算的功能。因此，所谓的物联网网关、边缘路由器、智能路由器、边缘服务器等新型设备应运而生。本章将分析几种边缘设备，不含任何商业暗示，纯属技术研究。

5.1　边缘计算网关

边缘计算网关拥有强大的边缘计算能力，分担部署在云端的计算资源，在物联网边缘节点提供数据优化、实时响应、敏捷连接和模型分析等服务，推动 AI 时代下的数字化物联网更进一步发展。

5.1.1　边缘计算网关的概念

物联网网关具有较强的边缘计算能力，在工业应用现场端和平台服务器端作为通信枢纽，实现工业现场的数据采集、通信协议转换和数据传输，为工业领域设备的信息化和工业大数据应用提供高效、可靠的数据通道。

工厂里的每一台设备都在产生数据。从设备数据的角度来看，可以从庞大的数据背后挖掘、分析设备意外停机的形成原因，以及良品率提高的方式等，还能找出更好的设备维护方式，从而提高工厂的整体生产效率，这是工业领域大数据的价值。那么设备数据的采集、传输、监测就成为其中的关键步骤，在市场需求不断更新及技术提升中，边缘计算网关就此出现。要更好地了解它的价值和出现的契机，要从设备机器的数据采集、传输和监测过程的发展历程说起。

1．初期的本地监测是数据采集的首次尝试

在工业发展的早期，数据采集的意识才刚刚出现，由于传感器的匮乏加上传输技术的落后，大多都是依靠人工进行数据计量。人工计量的弊端不言而喻，耗时、耗力并且能够检测的范围是非常有限的，所以很快就被工厂生产的需求给淘汰。

真正意义上的数据监测应该从本地监测开始。通过有线网络将设备总控和 PLC 或 HMI 连接起来，进行本地的人机交互和信息交换，设备上的数据，如设备轴承的温度和转速等数据直接显示在 PC 或者 HMI 上。

显示器需要近距离地安装在设备旁边，同时需要人员一天 24 小时地监控以及反馈。此时，人工的力量还是占了主导地位，如果依靠人眼监测终端显示的数据并且要做出比较及时的反馈，工人需要轮班不说，数据的反馈其实还是非常滞后和不精准的。作为管理人员也无法及时了解工厂的数据，给出相应的判断和决策。

由此可以看出，本地监测的实际意义不大，只是停留在简单的数据统计工作上。

2．以太网的出现，延伸了物理传输的距离

由于本地监测的局限性太大，人们开始把以太网等有线宽带技术运用在数据采集、传输上，数据的传输在范围上有了一定的延伸。当工业设备节点接入传感器后，通过一定的转换到达以太网，再到达终端并显示。就传输范围而言，在原有范围基础上有了一定的拓展。

网际之间存在的协议标准差异，导致通信并不能畅通无阻，且有线网络的固有限制就是无法远程监测的，这又一次给工业数据市场提出了一个巨大的挑战。如何扩大传输范围？如何支持更多的协议，满足不同的工业生产场景？以太网的数据传输显然不能满足真实生产环境中对数据远程监测的需求。

3．网关的出现，适配了更多的协议标准

真实的生产环境本身就很复杂，加上实际距离的限制，远程的数据传输成了工业数据方面亟待解决的痛点。如何让数据能够低成本且高效地传输到云或者远程终端，成为行业的重点研究对象。

伴随着 4G/5G 网络、WiFi、蓝牙等无线网络传输技术的出现，数据的远程传输问题出现转机，但通信协议的多重标准也阻碍了设备与设备之间的“对话”。此时，为了能够适配更多的协议标准，网关的出现非常及时。在通信协议和数据之间，网关是一个翻译器，与网桥只是简单地传达信息不同，网关对收到的信息要重新打包，以适应系统的需求。

网关的协议转换能力结合无线通信协议技术，大大提高了物联网延伸的距离。物联网技术也面临一些独特的挑战。其中一个挑战是，受限于系统内存、数据存储容量和计算能

力，很多物联网节点无法直接连接基于 IP 的网络，这样就难以做到万物互联。物联网网关可以填补这块空白，在基于 IP 的公共网络与本地物联网之间架起一座网络桥梁，可以让物联网网关用于不同的通信协议、数据格式和程序语言中，甚至可以用于体系结构不同的两种系统之间。

工厂有了工业网关，所谓的 M2M 不再是狭义的上机器与机器的对话，而是设备、系统和人之间没有障碍的沟通。

沟通没有障碍，那么沟通的效率如何？有效信息有多少？除了数据采集、传输外，能否承担更多的功能？由于数据通过网关转换，再上传至云端计算分析，中间的时差导致无法及时地反馈实时数据。这些都是传统网关做得不够好的地方，理所当然也成为工业网关设计的一个重点突破口。

4. 物联网智能网关，推动了设备的预测性运维

物联网智能网关，在物联网时代扮演着非常重要的角色，它是连接感知网络与通信网络的纽带。作为网关设备，物联网智能网关可以实现感知网络与通信网络之间的协议转换，既可以实现广域互联，也可以实现局域互联。此外，物联网智能网关还需要具备设备管理功能，运营商通过物联网智能网关可以管理底层的各感知节点，了解各节点的相关信息，并实现远程控制。特有的物联网边缘计算能力，让传统的工厂在数字化转型的过程中实现了更为快速、精准的数据采集及传输。

物联网智能网关的边缘计算能力，给工厂设备带来以下两大好处：

首先，网关自身的数据分析计算能力实现了数据到达网关这一层就能完成聚合、优化、筛选，通过将采集的数据进行本地预分析，从而让设备做出直接反应，同时将结果和高价值的数据再上传至云端，这样管理者几乎可以零时差收到反馈。

其次，在网关这一层就将设备的大量状态数据过滤、优化掉，减少海量数据上传的网络压力。这样工业网关就不再是狭义的网络协议转换器，同时也承担了数据过滤的作用。

结合数据的采集、高效传输及快速分析能力，真正地做到设备的实时状态监控，以及使用大数据分析来检测设备隐患，从而预先判定设备发展趋势和可能的故障模式，提前制定预测性维护计划。

5.1.2 智能网关的特征

首先，智能网关支持远程更新维护，这一功能的实现基于软件开发的工业网关。物联网智能网关可随时根据软件的升级添加支持协议，对外提供基于 JS 语言的开发接口，只需下载相应的配置应用即完成对硬件产品功能的修改。在网关使用过程中出现了问题，也无须去现场进行维修，只需利用远程管理工具（OTA or Online Updata）在软件层面进行

修改即可，从远端提前发现和解决隐患，使维护更智能，设备运行更稳定可靠。

其次，在兼容性方面，物联网智能网关也具有超强的兼容性，采用即插即用的设计理念，兼容主流厂商的设备和协议，提供协议的下载和二次开发接口，使得兼容变得更加容易。由于是在软件层面控制硬件网关，这样工厂在转型过程中不需要花费大成本替换适配网关的设备，而只用简单修改软件层面的逻辑即可。

目前国内一些公司，如华为、Ruff（南潮）生产的边缘计算网关和物联网智能网关已经在真实的生产环境中有了多次成功部署的实践，在人造板行业、汽车制造业、木材加工行业帮助客户快速、高效地接入设备，采集传输数据，并且通过其本身的边缘计算能力可以就近提供边缘计算服务，满足自动化行业在敏捷连接、实时业务、数据优化、应用智能、安全与隐私保护等方面的关键需求。对于人力成本、设备维修成本、时间成本的降低是非常有价值的，这也将是很多中小型工厂在工业 4.0 转型之战中的核心竞争力之一。

当然，网关的技术能力及工业需求目前还没有到达终点，随着市场的需求越来越高及物联网技术的不断提升，相信功能更加全面的工业网关会不断更新出现，为物联网未来的发展提供更好的服务。

智能处理网关具备如下特征。

1. 具备超强的边缘计算能力

如何让数据能够低成本且高效地传输到云端或者远程终端，意义重大。具备了超强边缘计算能力的聚合网关，通过数据处理权限的下放，就近处理，不需要担心远程通信传输不畅通的问题，与普通物联网网关相比有着巨大的功能优势。

2. 丰富的接口，并增强了适应性

接口可选 4 路 WAN 口、RS232 串口、RS485 串口、USB、AD/IO 接口。通常在机房、配电房等场景下，由于设备较多，线的种类及接口的样式比较多，普通物联网关接口较为单一。

5.1.3　多网融合的网关的设计

网关的基本功能就是协议转换和网际连接。多网融合的提法是不合适的，只是协议转换的类型更广，适应的网络种类更多一些，仅此而已。

在物联网中，网关位于应用服务器和底层传感网络之间，用于汇聚数据和分发数据。由于物联网中的数据量很大，而且并不是每个应用都会关心所有的数据，所以每个应用需要在网关中定义一些规则进行数据过滤，只有那些符合协议规则的物联网数据才会被网关转发至应用层的设备中。另外，每一条数据都要进行规则集合的匹配，这对网关中的数据

过滤引擎提出了很高的要求。

现有技术中，一个物联网平台的传感器个数可能达到上千个。将若干传感器采集到的数据传输到物联网平台的过程中，由于数据传输量很大，数据过滤差，容易造成网络传输的堵塞，影响传输效率；同时，敏感数据的安全程度较低。云端服务器的数据分析软件需要不断升级，运行负荷大，过程繁杂。

有线网络、无线网络的多网融合网关的原理结构示意如图 5.1 所示。

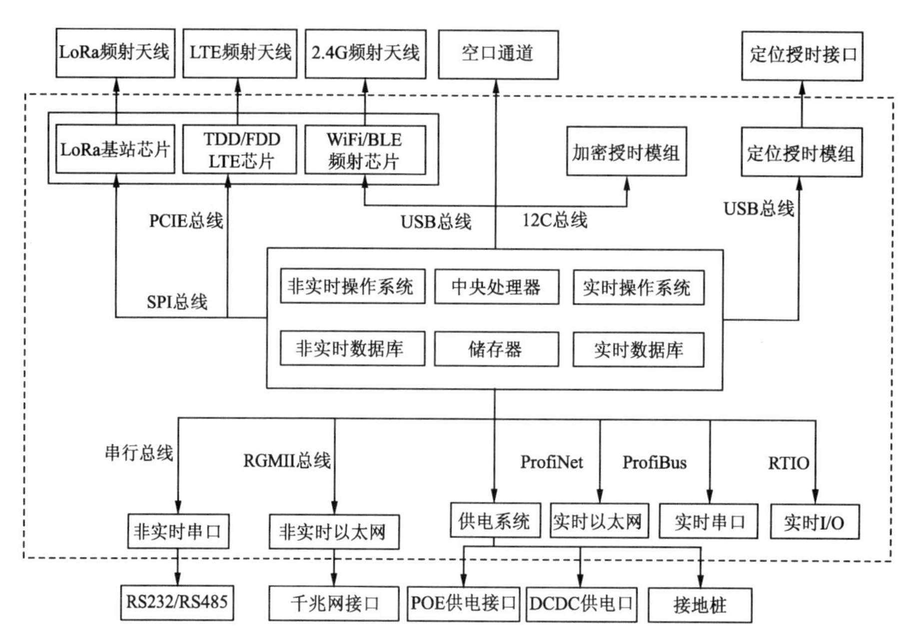

图 5.1　有线网络、无线网络的多网融合网关的原理结构示意图

从图 5.1 可以看出，多网融合的边缘计算网关包括中央处理器、实时操作系统、非实时操作系统、实时数据库、非实时数据库和储存器。其中，实时操作系统、非实时操作系统、实时数据库、非实时数据库设置于储存器内部，并且中央处理器可直接访问储存器。

边缘计算操作系统 NECOS 属于实时操作系统，实现了对所有硬件设备的 ns 级时间同步机制。非实时操作系统是基于嵌入式非实时操作系统深度定制的，是 NECOS 的一种辅助组件，用于对非实时系统任务和通信任务进行管理，也对非实时数据和文件进行管理。

实时数据库 TSDB 对所有的实时数据进行即时存储，带有时间戳特征，确保所有数据的产生时间都是严格意义上的以统一时间轴为基础发生的，数据不可篡改，不可复制，仅能进行读取后的数据回放。非实时数据库用于对非实时数据进行存储、读取、计算和加密，若没有特定的访问权限，无法访问其中的数据。

通信芯片模块、供电系统、加密模组、定位模组、授时系统，均安装于系统主板上。

通信芯片包括 LoRa 基站芯片、TDD/FDD LTE 芯片和 WiFi/BLE 射频芯片。

授时模组与实时操作系统之间连接，实现随时校准时间基准，以静态内存分配对实时性要求超高的硬件访问存储空间，以子程序形式控制非实时中断请求，并建立 RTFIFO 模式，进行实时域或非实时域的数据共享。

多网融合网关有两个通信网口、电源接口和若干天线接口。天线接口包括 LoRa 频射天线、LTE 频射天线和 2.4G 频射天线。通信网口包括非实时串口、非实时以太网口、实时以太网口、实时串口和实时 I/O 接口。电源接口包括 POE 供电接口、DCDC 供电接口和接地端子。

加密授权模组采用 CC EAL+等级加密授权模组，具备对称非对称（AEC/ECC）三阶加密算法，支持多层加密和证书验证机制。所有有线、无线设备和端口接入，均需进行认证、授权和密钥检验，以确保所有数据链路的数据安全性，同时可以对边缘计算操作系统内的核心业务算法进行加密。

网关内运行边缘计算操作系统 NECOS，实现数据实时采集、实时控制、数据凭证化处理和压缩优化。网关内部为一套非实时操作系统和一套实时操作系统共存的使用环境，可根据实际业务需要配置实时和非实时任务。根据网关的资源使用情况，可以动态调整任务负荷，并在两个环境之间建立专用数据通道，实现数据共享和交换的目的。另外，网关以多网融合的方式采集物联网传感器参数和控制各类物联网设备，以强大的边缘计算能力实现快速响应、数据优化过滤、敏感数据安全加密，为云端减负，为物联网智能升级。

5.1.4　工业物联网智能网智能网关

物联网边缘计算网关就是在终端设备附近靠近数据源的一侧进行的本地计算分析。从本质上来说，边缘计算和云计算都是为了处理数据的计算问题而诞生的，只是两者实现的方式不同。云计算是把数据集中到一起做计算，边缘计算则是在终端进行计算。

聚合网关是指只需一台机器即可实现与多种设备间的连接的网关，它在使用更加便利的同时，也大大降低了应用的成本。聚合网关的特征是突出多设备互联，但没有强调多网络互联，因为这是网关的基础工作。

工业智能网关的特征在于能在工业环境中应用，因为工业环境条件苛刻，温度、湿度、粉尘、电磁干扰较复杂，在工业应用现场端和平台服务器端作为通信枢纽，实现工业现场的数据采集、通信协议转换和数据传输，为工业设备的信息化和工业大数据应用提供支撑。

工业物联网智能网关具备以下能力。

1．协议转换能力

协议转换是网关的本职工作，工业现场的设备种类繁多，协议复杂。协议转换能力即从不同的感知网络接入数据，将下层标准格式的数据统一封装，以保证不同感知网络的协议能够变成统一的数据和信令；将上层下发的数据包解析成感知层协议可以识别的信令和控制指令。

2．可管理能力

首先要对网关进行管理，如注册管理、权限管理和状态监管等。网关实现子网内节点的管理，如获取节点的标识、状态、属性和能量等，以及远程实现唤醒、控制、诊断、升级和维护等。由于子网的技术标准不同及协议的复杂性不同，所以网关具有的管理能力也不同。

3．广泛的接入能力

目前用于近程通信的技术标准很多，国内外相关技术组织已经在开展针对物联网网关的标准化工作，如3GPP、传感器工作组，目的是实现各种通信技术标准的互联互通。

边缘网关提供多样的网络接入，包括快速以太网、ADSL、WiFi、全球覆盖的3G/LTE CAT4/LTE CAT1网络。边缘计算网关支持双SIM卡、链路备份、VRRP热备份功能，实现多种不同链路之间的无缝切换。内置多级链路检测与恢复机制，保障远端设备处于高可靠、不间断的网络连接中。

工业智能网关具备丰富的工业协议转换接入能力。为了广泛地适用于物联网行业，边缘计算网关兼容多种主流工业实时以太网协议和工业总线协议。

4．支持边缘计算、远程管理和客户二次开发

工业物联网智能网关实现终端数据处理优化，为数据安全提供条件，能有效地减轻云平台服务端压力；设备远程监测、配置升级操作，实现对现场设备的编程、诊断、调试，能提高远程服务的响应速度；故障告警功能可提升偏远地区设备的在线率。智能网关与云端管理系统配合使用，极大地提升了管理效率。

边缘网关具备二次开发平台，用户可根据自身业务需求定制App应用。同时，为了便于用户二次开发，通过提供集成编程开发环境（SDK）及App，轻松调用系统的各种接口及资源，体现客户解决方案的核心价值。

边缘计算网关的产品实例如图5.2所示。

BMG800系列边缘计算网关产品，采用高性能工业级高端处理器，配备丰富的数据采集、控制与传输接口，集成2G/3G/4G/NB-IoT/GPS/WiFi等多种通信方式，集成强大的本地存储和外扩存储功能，为客户提供数据采集、边缘计算、本地存储、多种协议转换、智能处理、数据安全、全网通/4G无线通信、数据处理转发、VPN虚拟专网、WiFi覆盖、本地与远程控制等功能。

产品采用Linux 操作系统，集成Python开发环境和C语言开发环境，支持MQTT协议，设计完全满足工业行业需求，广泛应用于工业4.0、工业远程监测、远程控制、远程

维护和安全管理等领域。

图 5.2　边缘计算网关产品实例

工业环境边缘计算网关产品的特点如下：

（1）ARM 架构处理器，具有强大的边缘计算能力。

ARM 高端 CPU 具有强大的边缘计算能力，能有效分担云端压力；采用 Linux 系统，集成 Python 开发环境和 C 语言开发环境，提供标准 API 接口，可方便项目的二次开发应用。

（2）丰富的接口，可方便现场设备的广泛接入。

配备丰富的行业应用接口，包括 1 路 LAN 口、1 路 WAN 口、3 路 RS232（可扩展到 4 路）、3 路 RS485（可扩展到 4 路）、1 路 SHT、1 路 TTL 电平串口、4 路开关量输入、8 路模拟量输入、4 路继电器输出、5 路电源输出、1 路 USB 等丰富的采集控制端口，项目实施更灵活。

（3）支持 MQTT 协议，兼容协议广、开放包容，平滑接入各种云平台。

- 与阿里云、百度云、华为云和亚马逊云等第三方云平台平滑对接。
- 支持国内主流组态软件：组态王、三维力控和易控等。
- 可与企业研发建设的私有云平台匹配对接。
- 支持主流的工业通信协议，支持定制私有通信协议。
- 内置国内外主流厂商的通信协议，方便用户快速调试与使用。

（4）大容量本地存储，数据可保存 10 年。

有强大的本地存储和外扩存储功能，配备 USB、TF 卡接口，可保存 10 年以上的采集数据、设定参数及历史数据等，即使掉电，数据也不会丢失。

（5）兼容多种通信方式，保障无线通信“永久在线”。

- 集成 4G/NB-IoT/有线等多种通信方式，支持有线和无线互为备份；可选配 GPS 定位；可选配 4G 转 WiFi，快速构建工业级 WiFi 网络，以方便设备 WiFi 接入与本地配置。
- 具有软件看门狗与硬件看门狗技术，设备自动监测工作状态，当网关设备偶发异常时，智能地进行软件唤醒或硬件断电重启，将网关复位，确保网关实时正常运行。
- 支持 PPP 层心跳、ICMP 探测、TCP Keepalive 及应用层心跳等多级链路检测机制，故障自恢复，掉线重连，维持无线连接“永久在线”。

（6）多中心同步数据传输，管理协同更高效。

多中心无线传输，内嵌标准 TCP/IP 协议栈，项目数据可实现 5 个中心同步无线传输，监测数据可同时上报省、市、县级等各级管理平台，方便本地管理部门、远程各级管理部门和外部合作单位同步获取数据，实现高效管理。

（7）支持数据补传。

网关设备断线重连、断电重启时，采集的数据不会丢失，网关会将之前采集到且未发送成功的数据在网络空闲的时候进行再次发送。

（8）支持本地或远程配置升级，网关管理简便。

提供功能强大的中心管理软件，对大量分布在各地的安全网关进行集中监测、配置、升级和诊断等。中心管理软件管理的网关数量没有上限，极大地提升了项目业主、集成商、运营方和设备提供商等各方的管理效率。

（9）专为无人值守环境设计，适用恶劣工况环境。

工业级通信模块搭载高速处理器，EMC 电磁兼容，耐高低温（-35～75℃），宽电压（5V～35V），具有超强的防潮、防雷、防电磁干扰能力，能适应各种恶劣的工况环境。

（10）有 7 英寸的高清触摸屏（选配）。

有些工业物联网智能网关还具备以下功能：

- 边缘计算网关获取温/湿度；
- 边缘计算网关获取大气压值；
- 边缘计算网关读取 ADC 值；
- 状态灯控制；
- GPIO 控制。

工业物联网网关应用范畴如下：

- 电力行业：电压电流数据实时监控报警，以及城市电网和路灯控制。
- 安防行业：远程门禁系统监控及防盗装置报警。

- 能源行业：煤矿、石油、天然气、油田数据采集，以及供暖系统监控。
- 交通行业：机动车辆车牌抓拍监控、车辆违章监控、交通灯控制。
- 环保行业：实时数据采集，自来水管道、污水管道、泵站与水厂实时监控与维护。

工业级边缘计算网关可帮助用户快速接入高速互联网，实现安全可靠的数据传输；采用 ARM 架构高端处理器；标准的 Linux 操作系统，支持用户二次开发；软件采用多级检测，硬件具有多重保护机制，提高了设备的稳定性。

5.2　边缘计算服务器

边缘计算平台是由边缘计算服务器组成的计算平台，从而使数据分析获得更多优质的网络流量和实时分析效果，降低系统运行的成本。边缘计算平台由边缘计算服务器和边缘连接管理器两大部分组成。其中，边缘计算服务器部署在边缘侧，对边缘网格侧的设备进行处理分析。边缘连接管理器运行在云平台，通过边缘连接协议获取多维数据源的实时数据，并作为已训练的模型算法的输入，将云端训练好的模型算法分发到边缘计算服务器上，提供对边缘服务器的管控。

“云边融合”采用分布式运算架构，通过对云端和边缘资源的统一配置、管理和调度，融合了边缘计算敏捷性和云端大数据计算全局性的优势。这是云计算服务提供商为改善云计算的缺陷提供的网络系统修订和补充方案。

5.2.1　边缘计算服务器的优势

边缘计算服务器具备如下优势：

- 提供基于工业互联网操作系统的物联网网关、组态、可视化和互操作功能。
- 设备一体化和标准化。
- 全分布式部署，提高可靠性。
- 室外部署，对环境无特殊要求，节约机房空间。
- 就近实时控制，满足车联网等高实时精度诉求。
- 全部方案自主可控，含设备、操作系统和应用软件。

边缘计算服务器产品的特点如下：

- 模组化设计，根据现场业务需求选配业务模块。
- 自主边缘计算操作系统。
- 室外环境适应性（工作温度-40～70℃，无风扇散热设计，工业级 EMC 防护）。

5.2.2 边缘计算服务器的特点

软件定义是信息革命的新标志和新特征，中国企业正面临发展新一代自主可控的工业核心技术体系的历史机遇。软件定义工业控制是利用数字虚拟化、边缘计算等技术定义符合企业需求的工业流程，包括业务信息流程、生产制造流程和控制流程，推动涉及生产全要素、全流程、全产业链、产品全生命周期管理的各类资源优化配置和全面互联，将工业流程快速而低成本地进行部署，帮助工业客户制定数字化、网络化和智能化的智能制造解决方案。

软件定义边缘计算服务器充分展现了边缘计算应用的探索与思考。众所周知，物联网边缘计算技术可以满足较高的安全性要求，具有响应高实时性、部署高弹性的特点，能够减少网络带宽成本，拥有很高的自治能力。

基于边缘计算技术和软件定义工业控制技术的边缘计算服务器能够满足自我学习、趋势预测和优化控制等需求。服务器内核采用自主可控的实时操作系统。边缘计算服务器有以下几点独到之处。

- 内置实时操作系统：通过时钟触发和事件触发机制、可信安全计算、内置工业模型等技术，重点解决实时控制和可信计算方面的要求。
- 时间敏感网络（TSN）：通过 TSN 以太网数据传输的时间敏感机制，为以太网增加了确定性和可靠性，为关键数据的传输提供稳定一致的服务。
- 双绞线以太网技术：以低成本提供高速率传输，将以太网连接扩展到海量现场设备（工业设备连接能力）。
- 丰富的工业协议与接口：支持 Profinet 和 EtherNET 等 6 种工业以太网总线，支持工业以太网协议、普通以太网协议转换、交叉映射模型，实现传感网络、控制网络和互联网相互转换（具备网关功能和网络协议转换能力）。

5.2.3 边缘服务器产品实例

（1）东土科技边缘计算服务器已经在智能交通行业部署应用，提升了整个交通效率和出行舒适度，减少了环境污染，助力智能交通 2.0 时代的开启。

HOURSIS 智能交通服务器融合了边缘计算、区块链交通调度自适应算法、图像识别、数据共享、支持 IPv6 的两线制宽带总线等技术，通过对信息的收集、处理、发布、交换、分析和利用，实现交通信息服务、信号控制、态势监控、稽查布控和辅助决策等多样化的服务，能做到交通状态自动感知、控制方案自动生成。

传统交通路口控制采用中央计算、统一管理的线性计算模型，交通控制时钟同步精度只能达到秒级，并且严重依赖控制中心，协同力差。HOURSIS 采用边缘计算与去中心化技术，可实现精度为微秒级的全网时钟同步。每个路口的决策都与周边路口信息相关联，取代了传统的中央计算与控制模型，相关结果第一时间在本地自动完成，充分体现了以交通拥堵点为中心的自适应控制。上千个路口联网协同，对管理效率、交通管控、违章告警等有提升作用。

边缘计算是连接物理和数字世界的桥梁，是行业数字化转型不可或缺的关键要素。工业互联网产业发展和应用，以数字化为基础、网络化为支撑、智能化为目标，努力满足工业数字化在敏捷联接、实时业务、数据优化、应用智能、安全与隐私保护等方面的需求。

（2）浪潮边缘计算 AI 服务器 NE5250M5：该产品既适合于图像视频等边缘 AI 应用场景，也可以承担物联网等 5G 边缘应用场景，并针对边缘侧机房部署环境进行了大量的优化设计。NE5250M5 是浪潮专为边缘计算 AI 场景所打造，实现了良好的可扩展性，可以满足各类边缘侧 AI 应用的需求。

（3）中兴边缘计算服务器：ES600S MEC 服务器搭载英特尔至强处理器，配合 AI 加速卡，使其在边缘侧具备很强的神经网络推理能力。

（4）杰和轻量边缘计算服务器：EN4B 是一款 1U 可上架的轻量计算型边缘服务器，采用英特尔 C612 服务器专用芯片组，支持英特尔 Broadwell-DE 架构 Xeon-D 系列高性能处理器（可配 16 核 CPU），整机具有很强的数据处理和运算能力。标配有 2 个 SFP+万兆网络光纤接口、2 个千兆以太网口、1 个独立千兆 IPMI 2.0 网络管理口，网络性能强劲，专为多网应用方案而设计。该服务器可搭载用于人工智能的计算卡 NVIDIA Tesla P4，可对 35 路高清视频流进行实时转码和推理，胜任轻量计算的业务应用。EN4B 采用工控机的高可靠性设计理念，抗震性强，轻小、便携，适应苛刻的工作环境，可广泛应用在无人零售、智能工业、智能农业、智能物流、智慧交通、远程医疗等轻量计算行业，也可用于智能家居、可穿戴设备等消费级物联网应用环境中。

5.3　边缘设备的部署

边缘计算是指在靠近物体或数据生成的位置处理数据的方法，采用网络、计算、存储、应用核心能力为一体的开放平台，强调就近处理数据，从而减少系统反应时间，提高快速反应机制，保护数据隐私及安全，延长电池使用寿命，节省网络带宽等，以满足在实时业务、应用智能、安全与隐私保护等方面的物联网部署的基本需求。

5.3.1　边缘计算结构

随着物联网的发展，将会有超过 500 亿的传感器与终端联网，其中超过半数的终端和物联网络将面临网络带宽限制，40%的数据需要在网络边缘进行运算、分析、处理和储存。未来，预计边缘计算市场规模将超过万亿，将成为与云计算平分秋色的新兴市场。边缘计算逐渐受到重视的原因是，首先，物联网时代传感器数量激增，随之产生了多种维度、多种格式的数据，网络带宽与计算吞吐量成了云端计算的性能瓶颈；其次，传感器无处不在，实时或不定时地采集用户的生理体征数据、应用数据等各类隐私数据，对信息安全提出了更高的要求；再次，在特定应用场景的物联网络中的设备产生的小数据，有在本地实时处理的需求，并不需要传到云端，因此边缘计算逐渐成为部署的重点。

如图 5.3 所示是传统的云计算结构，由数据生产者采集（或生成）原始数据并传输到云计算中心，数据消费者向云中心发送请求，身份验证后使用数据，获取付费的计算服务。这种结构在 PC 互联网、移动互联网时代还可以满足业务需求，但是到了物联网时代，就无法满足需求了。

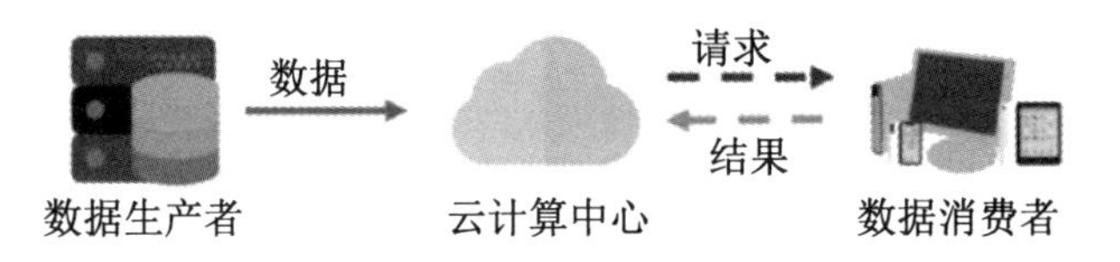

图 5.3　传统的云计算结构

当然，将计算任务放到云端运算和执行是一种有效的方式，因为云计算能力通常要比边缘设备的计算能力快得多，但是因为带宽很有限，随着接入网络的传感器和终端越来越多，在一些应用领域，云计算服务于物联网的效果并不理想。

在智能家居中，除了智能家电外，各类传感器、智能家具都集成了芯片，具备了通信和计算能力，随着数据不断增多，数据传输速度成为提升云端计算能力的瓶颈。例如，一辆具备自动驾驶能力的半挂车每秒产生 1GB 以上的数据，需要对数据进行实时处理，以对牵引车、半挂车的运行状态做出正确的判断。如果将数据全部传输到云端处理，响应时间将变得非常长，而且如果在某区域内的车辆过多，同时进行运算，会对网络带宽和可靠性造成巨大的挑战。所以，在边缘设备上直接对业务、对数据进行分析处理就变得十分重要。

如图 5.4 所示是边缘计算的结构，展示了其中的双向计算流。在边缘计算中，终端或传感器不单是数据生产者，也是数据的消费者。终端和传感器不仅可以向云计算中心请求内容和服务，还可以独立进行计算。传感器和终端具备一定的存储能力，可以对“小数据”进行缓存和处理，在与网络连接时，可以将请求云服务发送给用户。边缘计算的设计要基于应用场景的用户需求进行合理规划设计，既要满足业务需求，又要保证可靠性、安全性及隐私数据的保护等。

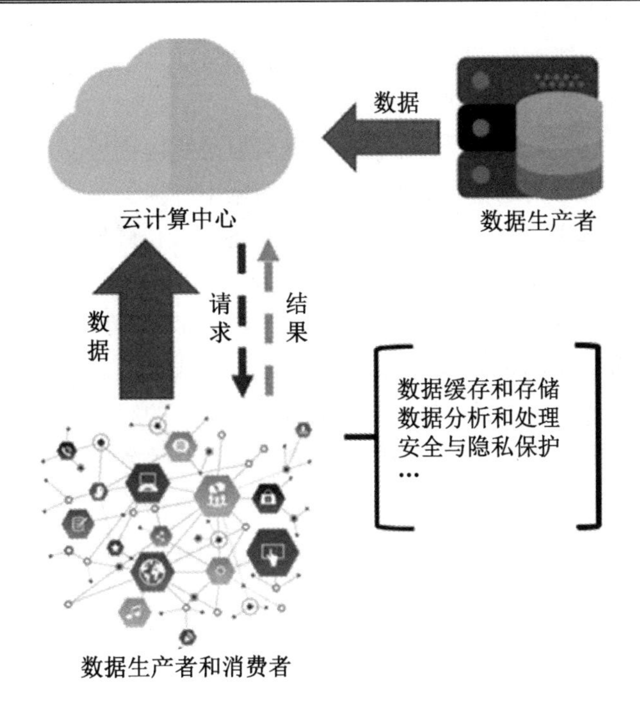

图 5.4　边缘计算结构

5.3.2　边缘计算类型

在实际应用中，边缘计算还涉及 3 种应用类型，如图 5.5 所示。

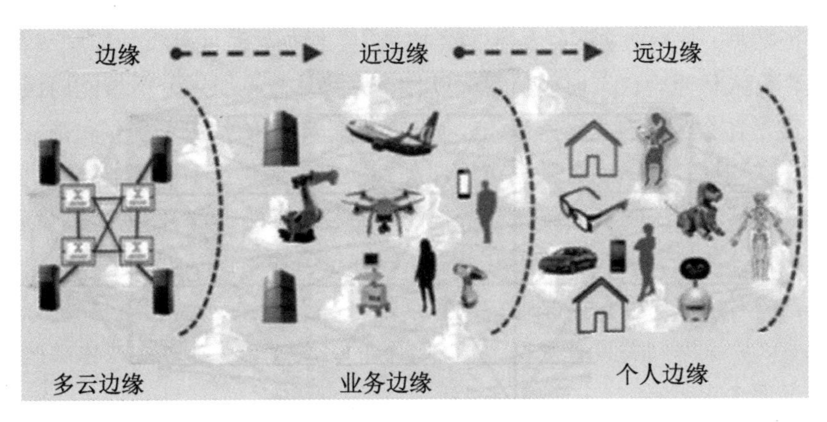

图 5.5　3 种类型的边缘计算

（1）个人边缘：以个人为核心，计算将围绕着个人展开，涉及和个人相关联的周边环境，如智能家居、小型办公室等诸多场景。个人边缘涉及多种与个人相关的传感器、终端设备，如智能手机、智能手环、智能眼镜和智能音箱等。当个人从家中向其他场景，如公司移动时，个人边缘计算设备将进入业务边缘。

（2）业务边缘：泛指工作场景。工作场景既可以是室内也可以是室外，如工厂、大型办公环境等。这些场景通常配备了数据中心，由数据中心提供一定的处理和存储能力，并且能在现有环境快速部署。业务边缘领域涉及的设备包括传感器、机器手臂、车辆和无人机等，制造业和工程项目等是业务边缘计算快速发展的两大领域。

（3）多云边缘：服务提供商或企业网络边缘拓扑的术语，其中业务首先从调制解调器进入家庭或者远程分支机构中。

个人边缘、业务边缘和多云边缘，作为边缘计算主要的应用类型，具备广泛的应用前景。在边缘计算中，由于边缘具备一定的计算资源，可以承载一部分的计算任务，能够分担云端计算的压力，减少因为网络带宽上传数据、下载数据的延时，以及因为云端计算时间过长导致的系统延时。在智能家居或智慧社区场景中，大量的传感器和终端通过 WiFi、蓝牙、ZigBee、蜂窝网络等将数据传输到云端，但考虑到这些数据的体量过大，而且很多数据需要在本地使用，使得云计算不适用于智慧社区和智能家居的计算模式。

通过在智能网关上运行物联网边缘操作系统，各类电子设备均可以通过局域网连接到网关，部署相关服务，进行运算和统一管控。伴随 5G 技术的快速发展，其广覆盖、低时延、大连接、高可靠的特性，使得边缘计算有着更加广阔的应用场景。5G 将加速物联网技术向更多垂直行业渗透，未来生活、工作中的各种场景中的传感器、终端设备都有可能融入物联网中，它们将成为数据的生产者和数据的消费者。

在边缘计算中，有一些潜在问题需要解决，如可靠性问题、隐私和安全问题、如何对网络和带宽进行优化等。以隐私保护和数据安全举例，如果边缘计算设备在家庭中部署，大量用户特征数据、使用数据、隐私数据会被采集。例如，通过分析智能床垫和智能枕头，可以判断是否有人休息，什么时间休息，以什么姿势休息；通过分析智能门锁和猫眼的数据可以知道家里什么时候有人。所以，如何在不侵犯隐私的情况下提供优质服务，也是一个要特别考虑的问题，某些隐私数据可以在处理前进行脱敏并只保存在本地（网关）设备上，不上传到云端。数据隐私问题就是数据的所有权问题，边缘计算在家居场景中产生的数据属于数据的产生者，即业主，让用户隐私数据保留在生产数据的地方将会更好地保护用户的隐私。随着用户对数据隐私保护的意识增强，建设方或运营方对如何保护用户的隐私也重视起来，为家庭网关设置数据上传和下行的开关功能，让业主决定哪些数据在什么时间上传给云服务提供者。

由于物联网传感器的快速普及和对各个行业垂直应用场景的渗透，为了保障数据实时运行，业务可靠，数据安全，未来越来越多的云计算服务会从云端向网络边缘迁移。物联网传感器、各式各样的终端设备的角色也在发生变化，由数据的消费者向数据的生产者和消费者转化，推动芯片、模组、通信技术、网络、系统平台等整个边缘计算生态链的快速演进。

由物联网（IoT）数据的采集提供动力，由大量可以应用到边缘计算的业务案例驱动，边缘计算可应用到几乎每个行业。

5.3.3　边缘计算部署施工

边缘计算部署大致分为 3 种，第 1 种是在远程办公室部署边缘计算，比如部署在沃尔玛（Walmart）或星巴克（Starbucks）门店的分销中；第 2 种是电信公司为移动计算部署具有多层基础设施的无线网络；第 3 种是在企业边缘使用物联网和其他设备，如在配备传感器的工厂。

无论采用哪种部署方式，由于将更多的计算放在了边缘位置，所有企业都面临着挑战。首当其冲的挑战是部署规模。

当有数百或数千个边缘计算节点部署时，管理所有这些节点是一个挑战，因为需要继续在边缘扩展部署规模。对物联网的企业来说，有些情况下，需要管理数百万个不同的节点。这就需要尽可能多的自动化操作，因为这样就不需要大量人力来管理日常活动。

在数据中心时代，这些基础设施管理任务往往会落到系统程序员身上。现在，鉴于需要扩展网络以控制企业在边缘部署的所有节点，对相关人员的网络技能有新的需求。

网络技能在边缘计算中很重要，需要能够做出决策的高素质人才。这些网络架构师需要使他们管理的不同网络相互联合，以进行信息交换；同时也希望保持网间独立，在多数情况下，信息安全要求这样做。

基于以上情况，企业在边缘部署计算时需要采取有针对性的方法。

没有适合所有公司的边缘计算部署方案，但可以确定的一点是，把计算集中到可能集中的地方，分散到必须分散的地方，才是合适的方案。部署边缘计算时，应减少数据的风险和延时，使数据更加集中。因此需要评估使用情况、应用案例及其优点，以寻求、确认边缘计算部署最好的方案。换句话说，如果要部署边缘计算，只考虑边缘计算是不够的。

快速部署边缘计算，进行远程管理及高效维护的最佳实践已经出现。在部署或更新边缘站点时应考虑以下问题。

1. 集成基础设施

如果需要快速部署多个边缘站点或升级边缘计算软件以支持新的应用，那么集成基础设施应当是首选。目前，集成解决方案范围从完整的预制模块化数据中心到全封闭的机架，可以自行定制，满足各种需求。这些系统都可以根据站点的需求进行定制，包括 IT 设备运行所需的全部基础设施（电力、空调系统、安全等），并且允许现场集成、快速部署。

事实上，只有最大的企业组织需要在边缘上有一个完整的数据中心，所以大多数应用工程都是由一列机架或单个机架系统来提供服务的。一列机柜，最多可以支持多达 14 个机架，不仅包括集成电源保护和监控功能，而且还有专用的散热装置。封闭机柜可以轻松地部署在现有房间、仓库或工业生产车间中，而且只需对环境做极少的修改，可以缩短施工周期，降低环境的建设成本。

较小的边缘站点可以利用闲置的单台机架。这些系统包括专用的散热设备，但如果只有少量的 IT 设备，就无须专用的散热设备了。在这种情况下，远程监控技术可在出厂前完成安装，机架到达现场， IT 设备已准备就绪。

工厂集成的成列机架和单台机架的好处是，它们能够提供物理方面的安全性，所有设备都包含在一个可锁定的机柜或机箱中。

2. 加强电源保护

与数据中心一样，边缘位置的可靠性取决于该地区的电力基础设施。在较小的边缘位置对机架要有完善的电力保护措施。

随着边缘数据中心容量、计算能力和重要性的升级，即使小型边缘数据中心电力结构也部署紧凑型双 UPS 系统转换。该系统能够滤除功率扰动，例如由电梯电机或电力风暴造成的功率扰动，而不会耗尽电池。这些系统通常能提供更高的可靠性，而且电池的更换频率低，完全可以替代在线式 UPS。

3. 远程监控

不管是使用集成系统还是离散组件，对边缘站点的远程可见性都是监控性能和管理服务的关键。UPS 中的内置通信卡可以收集操作数据、环境数据，然后送达中央基础设施监控系统、基础设施管理系统或建筑管理系统。

4. 零排放冷却

由于新设备功能越来越多，其功率密度越来越高，曾经依赖建筑空调来维持环境温度条件已不能满足，需要专门的散热管理，在未来可能要将专门的冷却系统部署到网络中心和服务器机房。

5. 技术支持

对大多数 IT 部门来说，能够为数据中心提供实时技术支持都充满挑战，更不要说对那些边缘站点提供技术支持。许多企业组织都是将技术支持外包，如从计划安装及调试、远程监控和数据分析、预防性维护和更换电池，到应急响应，都实行外包而不是雇佣更多的人员。

实践表明，边缘计算可以最小的成本获得对网络边缘部署的控制，从而满足分布式边缘计算站点的容量、部署速度、可靠性要求，同时保持节点与数据中心网络通信的运行可靠而且高效。基础设施要正确配置电源和散热，远程监控和生命周期支持可以帮助运维人员远程管理这些设备。

5.4　小　结

网关的基本功能是网络协议转换，实现网际连接。边缘计算服务需求的出现，使网关担负了边缘计算，数据本地处理、分析、存储，本地传感网络连接，物联网设备控制的功能，由此衍生了物联网网关、智能网关、多网融合网关和边缘计算网关等产品。电信运营商和云计算服务商推出的各种边缘计算服务器，作用效果也是类似的。本章最后还介绍了边缘计算设备部署的一般方法。

5.5　习　题

1. 网络的边缘在哪里？
2. 路由器的功能是什么？网关的功能是什么？
3. 物联网网关和普通网关相比较，增添了哪些功能？
4. 边缘服务器与普通服务器相比较，增添了哪些功能？
5. 物联网网关和边缘服务器相比较，有哪些异同？

第 6 章　物联网与区块链

物联网与区块链（Blockchain）在某些技术特征上有相似、类同之处。把区块链技术用于物联网的身份验证、可信计算和可信控制，是物联网工程研发人员的梦想。虽然物联网与区块链融合有蹭热度、削足适履之嫌，但是，梦想还是要有的，万一实现了呢？

区块链技术被认为是继蒸汽机、电力、互联网之后，下一代颠覆性的核心技术。 如果说蒸汽机释放了人们的生产力，电力解决了人们的基本生活需求，互联网彻底改变了信息传递的方式，那么区块链作为构造信任的机器，将彻底改变整个人类社会价值传递的方式。

以前，人与人之间的交往靠信任，企业与企业之间的贸易靠信誉，社会管理靠权威机构等。而区块链利用技术建立了新的信任方式，交易是可以被量化的，信任是用技术实现的，资质是通过网络传输的，所以区块链成为信任的基石。

6.1　区块链的概念

1．区块链的本质

区块链是一种特殊的分布式数据库。

首先，区块链的主要作用是储存信息。任何需要保存的信息，都可以写入区块链，也可以从区块链中读取，所以它是数据库。

其次，任何人都可以架设服务器，加入区块链网络，成为一个节点。每个节点都是平等的，都保存着整个数据库。可以向任何一个节点写入/读取数据，所有节点最后都会同步，保证区块链一致。

区块链的本质是一个分布式的公共账本，任何人都可对这个账本进行核查，不存在单一的用户可以控制它。在区块链系统中的参与者共同维持账本的更新，它只能按照严格的规则和共识进行修改。

2．区块链的特点

区块链没有管理员，是彻底无中心的。其他的数据库都有管理员，但是区块链没有。如果有人想对区块链添加审核，也实现不了，因为它的设计目标就是防止出现居于中心地位的管理者。

区块链的特点是可信的分布式数据库，具有分布式、不可篡改的性质，它基于密码学原理、数据存储结构、共识机制 3 个关键技术而实现。“分布式”与“不可篡改”的性质保证了区块链的“诚实”与“透明”，这是区块链能够创造信任的基础。

区块链技术应用已延伸到了数字金融、物联网、智能制造、供应链管理和数字资产交易等多个领域。那么区块链如何为实体经济和金融系统“赋能”呢？

区块链技术能够广泛服务于金融和实体经济领域。几乎所有行业都涉及交易，都需要诚信可靠的交易环境作为行业健康发展的前提。区块链通过数学原理而非第三方中介来创造信任，可以降低系统的维护成本。

与流行的观点认为区块链将冲击现有的商业逻辑和环境不同，区块链技术目前更适合落地于价值链长、沟通环节复杂、节点间存在博弈行为的场景，是对传统信息技术的升级及对现有商业环境的优化。传统信息技术（如 OA、ERP）提升了企业内部的协作效率，区块链技术则将协作范围进一步扩大到跨主体，通过保持各主体间账本的安全、透明与一致，从而切实降低各参与方的信息不对称。

以 4 个具有代表性的应用场景为例进行分析（跨境支付、全球贸易物流、供应链金融和征信），发现区块链能够融合实物流、数据流、信息流、资金流，简化验证、对账、审批和清算等交易流程，从而提升效率，降低成本。在部分场景中，区块链也能帮助客户实现数据确权，促进信息共享。

行业方面，区块链将以金融行业为主逐渐向其他实体行业辐射，更切合实际的场景加速落地，行业从“1 到 N”发展到包括娱乐、商品溯源、征信等。

智能合约是区块链技术最具革命性的应用之一。如果智能合约在区块链上实现了广泛应用，经济分工将在互联网时代进一步细化，全球范围内的各网络节点将直接对接需求和生产，更广泛的社会协同将得以实现。

6.2　区块链的基本结构

本节阐述区块链的基本结构、关键机制与核心性质。

6.2.1　分布式数据库

狭义来说，区块链是一种将数据区块以时间顺序相连的方式组合成的，并以密码学方式保证不可篡改和不可伪造的分布式数据库，或者叫分布式账本技术（Distributed Ledger Technology，DLT）。

分布式包含两层意思：一是数据由系统的所有节点共同记录，所有节点既不需要属于同一组织，也不需要彼此相互信任；二是数据由所有节点共同存储，每个参与的节点均可复制获得一份完整记录的拷贝。

区块链可以视作一个账本，每个区块可以视作一页账，其通过记录时间的先后顺序连接起来就形成了“账本”。一般来说，系统会设定每隔一个时间间隔就进行一次交易记录的更新和广播，这段时间内系统全部的数据信息、交易记录被放在一个新产生的区块中。如果所有收到广播的节点都认可了这个区块的合法性，这个区块将以链状的形式被各节点加到自己原先的链中，就像给旧账本里添加新一页。

区块可以大体分为块头（Header）和块身（Body）两部分。

块头一般包括前一个区块的哈希值（父哈希）、时间戳及其他信息。哈希是一类密码算法，任意一段信息都可以通过某种加密算法表现为一串“乱码”，也就是哈希值。父哈希指向上一个区块的地址（头哈希），如此递推可以一直回溯到区块链的第一个头部区块，也就是创世区块（Genesis Block）。

每个特定区块的块头都具有唯一的识别符，即头哈希值。任何节点都可以简单地对区块头进行哈希计算，独立地获取该区块的哈希值。区块高度是区块的另一个标识符，其作用与区块头哈希类似。创世区块高度为 0，然后以此类推。

块身包含经过验证的、在创建块过程中发生的所有价值交换的数据记录，通过一种特殊的数据结构存储起来，通常组织为树形式，如默克尔树（Merkle Tree）。所有数据记录在这棵树的“叶子”节点里一级一级地往上追溯，最后归结到一个树根，反之通过树根就追溯到每一笔交易详情。

6.2.2 区块链机制

区块链机制基于密码学原理、数据存储结构和共识机制。

1. 密码学原理之一：哈希算法

哈希算法是一类加密算法的统称，是信息领域中非常基础也非常重要的技术。输入任意长度的字符串，哈希算法可以产生固定大小的输出。通俗地说，将哈希算法的输出（也就是哈希值）理解为区块链世界中的“家庭地址”。就像物理世界中总可以用一个特定且唯一的地址来标识家庭地址一样，也可以用哈希值特定且唯一地标识一个区块（如果不同区块的哈希值总是不同的，那么我们称这类哈希函数具有“碰撞阻力”，这是对哈希函数的基本要求），而且就像我们无法从“家庭地址”倒推出房屋结构、家庭成员等内部信息一样，我们也无法从哈希值反推出区块的具体内容（哈希函数的隐秘性）。

2. 密码学原理之二：非对称加密

非对称加密是指加密和解密使用不同密钥的加密算法，也称为公私钥加密。区块链网络中，每个节点都拥有唯一的一对私钥和公钥。公钥是密钥对中公开的部分，就像银行的账户可以被公开，私钥是非公开的部分，就像账户密码。使用密钥对时，如果用其中的一个密钥加密一段数据，则必须用另一个密钥解密。

在比特币区块链中，私钥代表了对比特币的控制权。交易发起方用私钥对交易（包括转账金额和转账地址）签名并将签名后的交易和公钥广播，各节点接收到交易后可以用公钥验证交易是否合法。在这个过程中交易发起方无须暴露自己的私钥，从而实现保密的目的。

3. 数据存储结构：默克尔树

默克尔树实际上是一种数据结构。这种树状数据结构在快速归纳和检验大规模数据完整性方面效率很高。在比特币网络中，默克尔树被用来归纳一个区块中的所有交易，其树根就是整个交易集合的哈希值，最底层的叶子节点是数据块的哈希值，非叶节点是其对应子节点串联字符串的哈希值。我们只需要记住根节点哈希，只要树中的任何一个节点被篡改，根节点哈希就不会匹配，从而达到校验目的。

4. 共识机制

共识机制是区块链网络最核心的秘密。简单来说，共识机制是区块链节点就区块信息达成全网一致共识的机制，可以保证最新区块被准确添加至区块链。节点存储的区块链信息一致不分叉甚至可以抵御恶意攻击。实践中要达到这样的效果需要满足两方面条件：一是选择一个独特的节点来产生一个区块，二是使分布式数据记录不可逆。

当前主流的共识机制包括工作量证明（Proof of Work，PoW）、权益证明（Proof of Stake，PoS）、工作量证明与权益证明混合（PoW+PoS）、股份授权证明（Delegated Proof of Stake，DPoS）、实用拜占庭容错（PBFT）和瑞波共识协议等。其中，比特币使用工作量证明机制。

（1）工作量证明

工作量证明机制的基本步骤如下：

1）节点监听全网数据记录，将通过基本合法性验证的数据记录进行暂存。

2）节点消耗自身算力尝试不同的随机数（Nonce），进行指定的哈希计算，并不断重复该过程直到找到合理的随机数，这一过程也被称为“挖矿”。

3）找到合理的随机数后生成区块信息（块头+块身）。

4）节点对外部广播出新产生的区块，其他节点验证通过后，连接至区块链中，主链高度加一，然后所有节点切换至新区块后继续进行下一轮“挖矿”。

虽然工作量证明机制解决了记账权的归属问题，但是获得记账权的“矿工”有没有可能“作弊”，在构造的新区块中添加一些并不存在的交易呢？实际上，比特币区块链共识机制的重要环节是网络中的每个节点都会独立校验新区块，其中最重要的就是校验新区块中的每一笔交易是否合法。如果没有通过验证，那么这个新区块将被拒绝，该“矿工”也就白白浪费了所有的电力和努力。

（2）权益证明

权益证明机制在 2013 年被提出并最早在 Peercoin 系统中被实现。权益证明类似于现实生活中的股东机制，其出发点是：如果共识机制主要是用来证明谁在“挖矿”这件事情上投入最多，为何不简单地把“挖矿”算力按比例分配给当前所有的持币者？在工作量证明中，有更多算力的“矿工”会得到更多的投票权；在权益证明中，持有更多币（以及相应的时间）的“矿工”将获得更多的投票权。

（3）股份授权证明

在股份授权证明这种系统中，每个币就等于一张选票，持有币的人可以根据自己持有币的数量来投出自己信任的受托人，而受托人不一定需要拥有最多的系统资源。股份授权证明机制模仿了公司的董事会制度，能够让数字货币持有者将维护系统记账和安全的工作交给有能力、有时间的人来专职从事该项工作。受托人也可以通过记账来获得新币的奖励。相对于权益证明机制，股份授权证明的优势在于记账人数量大大缩小并且轮流记账，可以提高系统的整体效率。理想环境下，DPoS 能够实现每秒数十万笔的交易数量。

共识机制的选择对区块链的性能（资源占用、处理速度等）有着较大的影响，同时也会决定区块链“去中心化”的程度。一般来说，区块链去中心化程度越高，其性能越弱。

6.2.3 区块链的性质

1. 分布式记账与存储

在记账方面，区块链不需要依赖一个中心机构来负责记账，节点之间通过算力或者权益公平地争夺记账权，这种竞争机制实际上是区块链与传统数据库的主要区别之一。通过“全网见证”，所有交易信息会被“如实地记录”，而且这个账本将是唯一的。在传统复式记账中，每个机构仅保存与自己相关的账目，但往往花费大量的时间成本进行对账与清算，这种低效的方式将被区块链彻底改变。

在存储方面，由于网络中的每一个节点都有一份区块链的完整副本，即使部分节点被攻击或者出错，也不会影响整个网络的正常运转。这使得区块链相比传统数据库具有更高的容错性和更低的服务器崩溃风险，同时由于每个节点都有一份副本，也意味着所有的账目和信息都是公开透明、可以追溯的。所有参与者都可以查看历史账本、追溯每一笔交易，也有权公平竞争下一个区块的记账权，这是传统数据库无法做到的。

2．不可篡改

在区块链中伪造、篡改账目基本是不可能的。不可篡改也意味着数据的高度一致性和安全性，这是区块链与传统数据库的另一个主要区别。

为什么区块链中的交易无法被伪造？首先，合法的交易需要私钥签名，否则无法被其他节点验证；其次，每一笔交易都是可回溯的，也就杜绝了无中生有的可能。

为什么区块链是不可篡改的？假如我们要篡改区块链中第 k 个区块的数据，那么当前区块的头哈希就会发生改变。由于哈希函数具有碰撞阻力，改变后的头哈希将无法与 k+1 区块的父哈希相匹配，篡改者需要继续修改 k+1 区块的父哈希，并一直修改之后的每个区块。这要求篡改者在同一时间同时入侵全球所有参与记录的节点并篡改数据，只有重新计算被更改区块后续的所有区块，并且追上网络中合法区块链的进度后，把这个长的区块链分叉提交给网络中的其他节点，才有可能被认可。在很多情况下，产生一个新区块的难度不小，要连续产生多个区块组成新分叉的计算难度更是惊人。在全网巨大算力的背景下，一个恶意节点要做到这点需要拥有至少全网 51%的算力基础。由于区块链是一个分布式系统，大部分节点都是相互独立的，“51%攻击”在现实中很难发生。

分布式与不可篡改正是区块链被称为“信任机器”的原因。不可篡改意味着区块链总是“诚实”的，分布式意味着区块链总是“透明”的。不论人与人之间的交往，抑或商业机构之间的交易，诚实和透明都是双方或多方互信的基石。区块链的“诚实”与“透明”，被人们寄予厚望成为互联网的“信任机器”。

3．区块结构

区块链由一个个相连的区块（Block）组成。区块很像数据库的记录，每次写入数据，就是创建一个区块。每个区块包含两个部分，如图 6.1 所示。

- 区块头（Head），记录当前区块的元信息；
- 区块体（Body），实际数据。

区块头包含了当前区块的多项元信息：

- 生成时间；
- 实际数据（即区块体）的 Hash；
- 上一个区块的 Hash。

Hash 就是计算机可以对任意内容，计算出一个长度相同的特征值。区块链的 Hash 长度是 256 位，不管原始内容是什么，最后都会计算出一个 256 位的二进制数字。而且可以保证，只要原始内容不同，对应的 Hash 一定是不同的。

区块与 Hash 是一一对应的，每个区块的 Hash 都是针对“区块头”计算的。

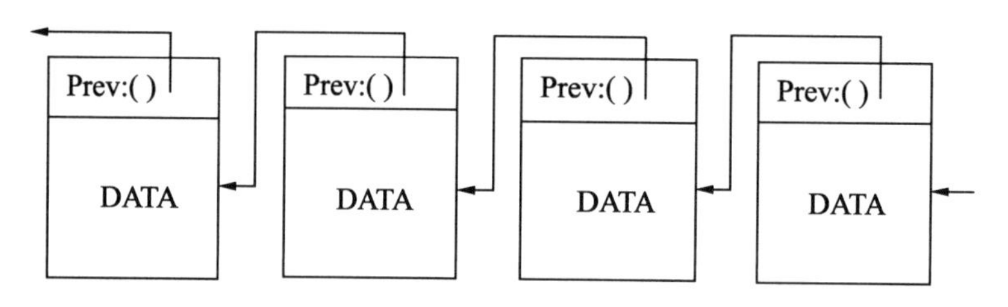

图 6.1　区块链结构示意

Hash=SHA256（区块头），区块头包含很多内容（包括上一个区块的 Hash、当前区块体的 Hash 等，如图 6.2 所示）。这意味着，如果当前区块的内容变了，或者上一个区块的 Hash 变了，一定会引起当前区块的 Hash 改变。

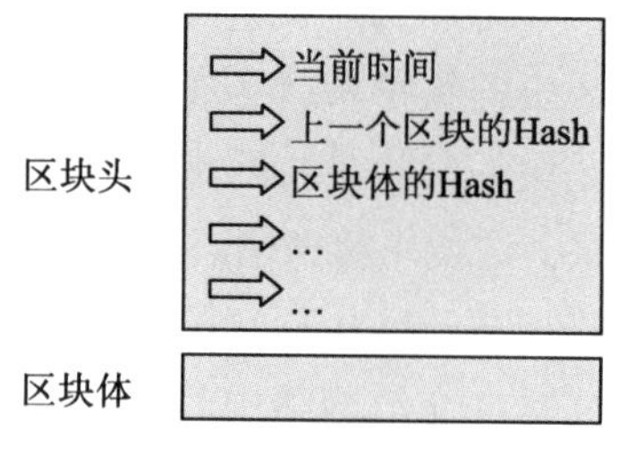

图 6.2　区块头

如果有人修改了一个区块，该区块的 Hash 就变了。为了让后面的区块还能连到它，必须同时修改后面所有的区块，否则被改掉的区块就脱离区块链了。Hash 的计算很耗时，同时修改多个区块几乎不可能发生，除非有人掌握了全网 51%以上的计算能力。

正是通过这种联动机制，区块链保证了自身的可靠性，数据一旦写入，就无法被篡改。这就像历史一样，发生了就是发生了，从此再无法改变，如图 6.3 所示。

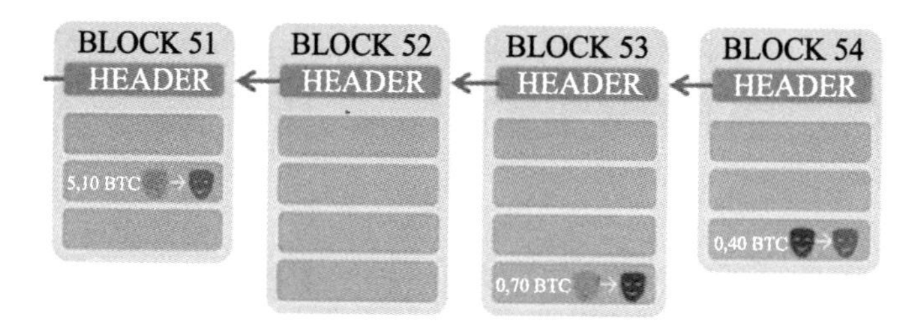

图 6.3　区块链不可修改原理

区块链思维是以去中心化为特点，它强调的是个体的存在。一个独立的个体通过社区竞争和团队协作，以通证的方式将用户及服务者结合在一起，使得提供服务的机构组织和其用户们并不对立，而是相互激励、互惠互利。

当前的互联网是脆弱、明文、没有隐私的互联网。区块链解决了价值传递的问题，更为重要的是，区块链遵从的是共识，而非权威。

6.3　区块链的商用价值

前已述及，区块链是一种分布式记账技术，具有四大特点。

一是去中心化。区块链采取分布式计算和存储，不依赖第三方管理机构，不存在中心化管制，任何参与者都是一个节点，每个节点权限对等。

二是开放性。区块链技术基础是开源的，除各交易方私有信息被加密，区块链的数据对所有人均公开，整个系统高度透明。

三是自动化。基于协商一致的规范和协议，自动安全地验证和交换数据。

四是匿名性。能够在“去信任”环境下运行，各区块节点身份信息无须公开或验证，信息可以匿名传递。

区块链技术提供了提高生产效率、确保透明性、减少时间耗费的能力。来自麦肯锡的研究分析了区块链在不同行业超过 90 个应用案例中体现的商业价值，并用有限、低、中、高对关键指标进行了评价。总体而言，区块链的价值体现在以下方面。

- 收入创造：区块链为新的商业模型铺平了道路，并采用新方式来创造收入。区块链技术有助于构建更可信任的数据生态系统，降低交易欺诈风险，从而为公司带来更可预测和更容易创造新价值的商业循环。
- 成本降低：区块链能够简化供应链，消除降低效率和侵蚀利润的流程。例如，利用区块链所带来的智能合约，资产可以直接从一个所有者转移到另一个所有者，消除了中间人及其带来的交易成本。
- 消费影响：新的商业模型提供了满足以往被忽视的消费需求的机会。例如，区块链钱包可以为消费者提供集中管理其消费积分的方法，并提供在不同零售商间进行积分转换的流动性机会。区块链对不同行业的影响如表 6.1 所示。

表 6.1　区块链行业影响评估

行　业	收　入	成　本	消 费 者
制造	—	低	—
技术、媒体和电信	高	低	低
汽车	高	低	低
金融服务	中	高	低
保险	低	高	中
艺术与娱乐	中	有限	中
零售	低	低	高
健康	高	中	高
公共部门	高	高	中
公用事业	中	高	中
不动产	高	高	低
农业	中	高	高
运输和物流	有限	中	低
采矿	—	低	有限

区块链将改变商业游戏规则。为了衡量区块链的商业价值，麦肯锡分析了超过 90 个不同案例中的关键指标，得出区块链的商业价值，如图 6.4 所示。图 6.4 中，A 代表创造收益，B 代表降低成本，C 代表客户影响。价值的多少用方块数表示，最大的是 4 个方块，表明商业价值大。

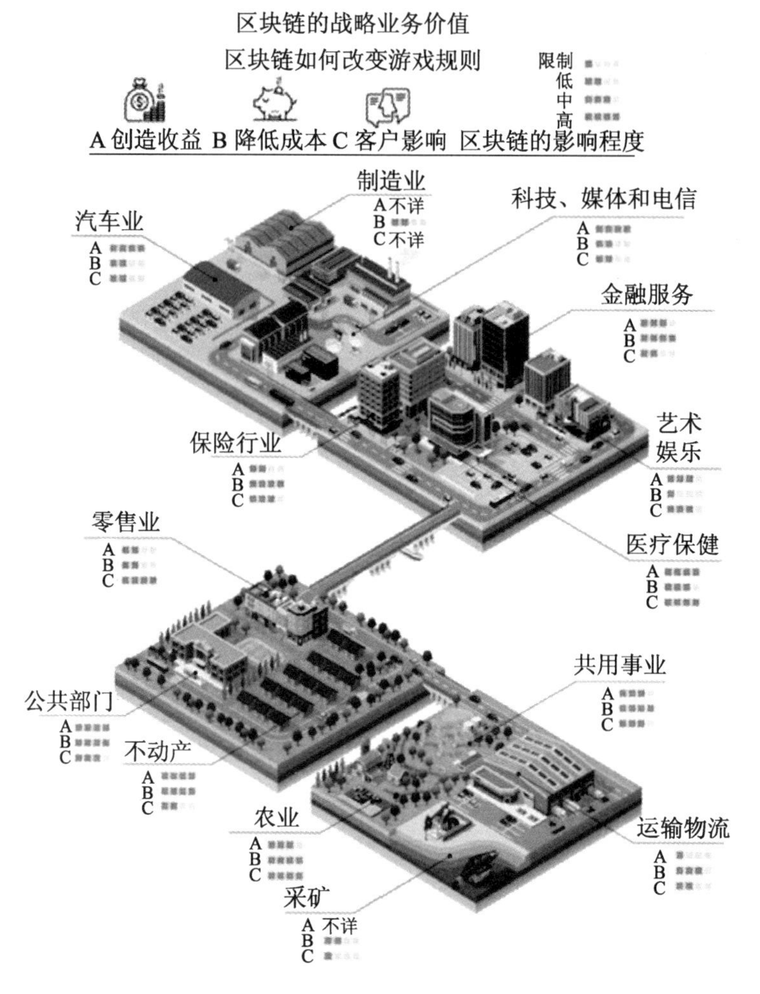

图 6.4 区块链的战略性商业价值（图片来源：麦肯锡）

区块链技术能够广泛服务于支付清算、票据、保险等金融领域，以及供应链管理、工业互联网、产品溯源、能源、版权等实体经济领域。几乎所有行业都涉及交易，都需要诚信可靠的交易环境作为行业健康发展的前提支撑。区块链通过数学原理而非第三方中介来创造信任，可以降低系统的维护成本。对传统金融机构而言，对账、清算、审计等线上环节的运营与人力成本将得以降低。对于非金融行业而言，区块链能够减少价值链各环节的信息不对称，从而提升协作效率，降低整体交易成本。对个体而言，陌生双方或多方能够跨越物理距离的限制，在网络上安全地传递价值，从而创造更多的供给与需求。

区块链电子发票除了给消费者带来便利外，对企业和商家来说意义重大。区块链电子发票实现了无须提前申领即可线上直接开具的功能，企业开票、用票更加便捷，并且区块链电子发票平台具备即时统计和分析的功能，让发票管理更加简便、规范。

区块链技术目前更适合落地于价值链长、沟通环节复杂、节点间存在博弈行为的场景，将提升跨主体协作的效率，降低相应成本，是对传统信息技术的升级，也是对现有商业环境的优化。传统信息技术（如 OA、ERP 系统）在目前企业内部的沟通协作中已经显示出了足够便利与高效。区块链在这些已经建立或者可以通过线下建立信任的场景中并没有太大的应用必要，但是在跨企业、跨主体的场景中，由于互信机制的缺失，目前仍然大量依赖人力、物力进行沟通协作。例如，当前不同机构间进行对账，往往需要从各自的信息系统中导出数据后电邮发送甚至打印后盖章邮寄，对方收到邮件或信件后再进行比对验证。在这种跨主体协作的场景下，区块链技术能够通过保持各主体间账本的安全、透明与一致，切实降低各参与方的信息不对称。

下面以跨境支付、国际航运物流等四个区块链实际应用场景为例，讨论区块链在实体经济与金融市场中的应用。

6.3.1　区块链之跨境支付

1．SWIFT国际跨行支付

SWIFT 主要为金融机构的结算提供金融交易的电文交换业务，提供规则统一的金融行业安全报文服务和接口服务。由于跨境金融机构间系统不相通，直接结算成本高昂，同时业务占比低及对方存在不确定性，很难构建直接的合作关系。代理行的存在、协议的沟通及交易信息的反复确认使得结算周期平均需要 3～5 天，其中通过 SWIFT 进行交易确认往往需要 1～2 天。

通过 SWIFT 支付成本高昂。支付成本包含银行手续费、SWIFT 通道费、交易延时损失和准备金等。由于流程涉及众多，中间参与方的手续费等居高不下，从收款方到付款方的单次交易需要 25～35 美元的交易费用，其中因交易时间过长造成的流动性损失占比达 34%，资金运作成本占比达 24%。

区块链+跨境支付：加速交易，降低成本。

区块链的分布式架构和信任机制可以简化金融机构电汇的流程，缩短 3～5 天的结算周期，同时降低 SWIFT 协议的高昂手续费。应用区块链技术于跨境支付领域，相当于创建了一个跨国金融机构间的点对点网络，汇出行和汇入行的交易需求可以直接得到匹配，大大降低了 SWIFT 体系中的流动性损失、资金运作和换汇成本。

2. Ripple国际跨行支付

Ripple 是区块链技术应用于跨境支付领域的新势力。Ripple 成立于 2012 年，采用联合共识机制并由金融机构扮演做市商，从而提供去中心化的跨境外汇转账。银行间的交易支付信息上传到节点服务器后经过投票确认即可完成交易，从而节约了银行通过 SWIFT 进行的对账和交易信息确认的时间，将原本 1～3 天左右的交易确认时间缩短到几秒钟，整体的跨境电汇时间缩短到 1～2 天。Ripple 目前已经有 90 家金融机构成员，包括加拿大皇家银行、渣打银行、西太平洋银行等，还有 75 家在协商中。

流程的简化大幅降低了跨境支付的成本。目前 Ripple 体系可以降低涉及代理行和 SWIFT 所产生的流动性损失、支付费用、换汇费用及资金运作费用。根据 Ripple 的估算，银行间每笔交易的成本将从 5.56 美元下降到 2.21 美元，降低 60%，以 2016 年通过 SWIFT 完成的 30 多亿次支付类报文数量计算，2016 年节约了大约 100 亿美元的费用。

6.3.2 区块链之贸易物流

全球贸易由包括出口商、进口商、受货商、承揽商、运输商、监管机关等多主体构成。其中，全球贸易的 90%经过海域运输，应用消费品的 80%通过海域运输。

以马士基一项运输案例为例，2014 年，马士基从非洲肯亚运输牛油果和玫瑰至欧洲荷兰，耗时 1 个月的跨国运输涉及超过 30 个主体的 200 多次沟通交互。每个主体每次交互都有各自的文件流程，整体流程结束后签署的文件厚度高达 25 厘米。

主体之间信息离散程度高，并且各自存在自有环节，大量的纸质作业使供应链缺乏透明度，协同效率低下。交易环节中大量协作与低透明度，造成各主体难以及时了解货物运输的实时状态，容易出现资源利用率降低、运输时间延长、货物潜在损坏度提高、成本提高的风险。

区块链使贸易更简单、快捷、透明、安全。区块链的去中心化、可追溯、信息对称、安全可视等特点，天然地适用于全球贸易的物流环节。下面以 IBM 区块链开放物流平台为例进行介绍。

在信息流通透明方面，IBM 平台对各个参与主体开放，与物流相关的任何详细信息，通过双方及多方数字签名和凭证（Token）进行全网验证。五大管理系统包括物流、港口、海关、供应链、运输交通同时协作管理，保证所有信息电子化实时共享。信息实时共享保证物流全流程每个环节的效率和效益，有效降低了人力和物力支出。

对进口商、出口商和制造商来说，端到端的信息透明可以实时监管物流全流程，增加各个环节的沟通效率。对港口和集装箱集中管理来说，提高了空箱利用率和资源错配率。对海关等检查机关来说，信息正确，提高了审批效率。对运输管理商来说，优化了货物运输路线和日程安排。

IBM 与马士基合作从鹿特丹港到新泽西纽瓦克港的运输，期间也经过美国海关和其他机构的检查和许可，任务总共耗时两个星期。事实上，航运公司在港口靠泊的时间节省一个小时，便可节省约 8 万美元的成本。此次合作，马士基时间上节省了 40%以上，成本降低了 20%以上。IBM 区块链技术提高了各个环节的数字化管理效率，大幅度减少了纸质文件、集装箱错配和空置，以及中间环节欺诈等问题，提高资源利用率的同时优化了管理结构。

6.3.3　区块链之供应链金融

供应链金融一般是指利用供应链上核心企业的信用支持，为上下游中小企业提供相关的金融信贷服务。与传统对公信贷侧重于大中型企业不同，供应链金融能够在掌握整条供应链上的商流、信息流、物流和资金流的全局图景后，为中小企业提供更快捷、方便的资金融通支持。

1．传统供应链金融：中小企业融资难、成本高

传统供应链金融模式下，信息不够透明导致中小企业融资难、成本高。

首先，当前模式下，银行主要依赖于供应链核心企业的控货和销售能力，由于其他环节的信息不够透明，银行出于风控考虑往往仅愿意对上游供应商（一级供应商）提供应收账款保理业务，或对其下游经销商（一级经销商）提供预付款或存货融资。这导致了二三级等供应商和经销商的巨大融资需求无法得到满足，不仅使得供应链金融的整体市场受限，而且可能使得供应链上的中小企业因为融资受限而影响生产进度和产品质量，从而损害整个供应链的发展。

根据制造业巨头富士康的测算，其一级供应商的融资成本可能是 5%，二级供应商的融资成本为 10%，三级供应商的成本则达 25%甚至更高，而且链条越往两端，融资金额也会越小。

其次，现阶段商业汇票、银行汇票作为供应链金融的主要融资工具，使用场景受限且转让难度较大。在实际操作中，银行对于签署类似于应收账款债权“转让通知”的法律效应往往非常谨慎，甚至要求核心企业的法人代表去银行当面签署，使得操作难度极大。

2．区块链+供应链金融：更加高效、更低成本

首先将核心企业的应付账款转化为区块链上的线上资产 eAP，eAP 可以在各级供应商之间流通（用于支付或融资取现）。当核心企业与一级供应商 L1 形成应付账款并写入区块链后，L1 可以任意分拆 eAP 并用于支付自己的供应商 L2，以此类推至 L3、L4 等，最终 eAP 成为区块链平台上的“商票银票”。而线上资产 eAP 通过密码学加密具有不可篡

改、不可被重复支付的特性，这将有助于增进供应链上下游之间的互信；区块链的可追溯性也保证了所有交易和流通过程的透明可见。

案例：Chained Finance 为私有链模式，为富士康的核心企业提供相关融资服务，已经覆盖供应商 150 家，金额已达 5 亿人民币，并且最深层服务至第五级供应商，未来还会进一步拓展到汽车业和服装业。对供应链上的中小企业而言，传统模式下融资成本高达 25%以上，而在 Chained Finance 平台上可以以核心企业资信的应收账款进行融资，融资成本降低至 10%以下。

6.3.4 区块链之征信

征信是依法收集、加工自然人及其他组织的信用信息，并对外提供信用报告、信用评估、信用信息咨询等服务。征信系统的建设对信用风险的防范和信用交易的扩大有着重要作用，从而提高整个经济的运行效率。

1. 当前征信体系的“信息孤岛”问题严重，信息归属错位

个人和企业的征信市场主要由政府背景的信用信息服务机构和社会征信机构主导，截至 2017 年 5 月，我国征信市场有 138 家企业征信机构，9 家个人征信机构，其中由其余 8 家持股的“百行征信”已获得经营牌照。

随着数据量和征信维度的增加，各个征信机构只能在某一方面做到专业，例如芝麻信用有着较多的支付数据，但缺乏腾讯征信的社交数据，在公共部门的数据也略显不足。这导致同一个客户可能在多个征信机构有着不同的征信数据，存在着严重的“信息孤岛”问题，单靠某一个征信机构的数据无法将某一个客户的征信数据完全展现出来，导致片面的决策及由此产生的风险。

当前征信体系的数据归属错位。个人和企业的信用信息应归个人和企业所有，现行的征信体系，相关信息都在征信机构手中，由此带来数据安全和隐私等问题。

2. 区块链+征信：促进共享，数据确权

通过系统各节点的信息共享，区块链可以构建一个完整的“信用分评价体系”，根据个人行为对信用的影响程度高低（如信贷数据影响较高、非信贷数据影响较低）来评估个人的整体信用水平，并根据联盟机构对信用评价的贡献，分配信用使用方查询数据产生的收益，解决“信息孤岛”问题。

LinkEye 是一套基于区块链技术的征信共享联盟链解决方案，通过区块链技术和信贷经济模型的整合，来构建联盟成员（金融公司）之间的征信数据共享和服务平台。联盟成员在借贷行为发生前与借款人达成协议，发生失信行为将在平台公示。区块链的签名机制

保证了数据的不可篡改，从而完成失信人名单共享，同时开放对外查询接口，向社会共享数据。

区块链技术的应用有助于进一步厘清征信数据的归属问题。当前的征信体系下，信用数据全部掌握在机构手中。区块链模式下，个人所产生的信用行为记录由机构向区块链进行反馈，并在个人的“账簿”上进行记录，再向全网广播，然后通过共识机制进行确认，信用查询时，则需要经用户许可才能查询个人信息。

6.4　区块链的军事应用

区块链技术是在一个由相互缺乏信任的节点组成的网络环境中，通过“竞争→验证→同步→竞争”的动态循环，解决各节点如何达成可信共识的问题，最终成为允许个体不经过第三方认证而开展有效可信合作的新型技术平台。区块链是一个“分布式账本”，每个节点都可以显示总账、维护总账，而且不能篡改账本。

6.4.1　区块链技术特性契合军事需求

区块链所体现的技术特性，可以满足军事领域的一些特定需求。

- 区块链去中心化的特性契合抗毁生存的军事需求。区块链采取分布式核算和存储，不依赖第三方管理机构，每一节点都存储着完整的数据备份，一个节点出现问题，其他节点会继续数据的更新和存储，从理论上讲只要有一个节点存在，就能保证全部信息不会丢失。现代战争对抗愈加激烈，指挥机构、通信枢纽及其存储的关键信息，亟需采取类似区块链这种可靠的去中心化技术分散部署，以避免在敌人精确打击下被“一锅端”。
- 区块链可追溯、不可篡改的特性契合作战指挥强信任需求。区块链在构建时就假定网络中的各节点不是完全可信的，从底层上被设计用于在竞争性、不可靠的网络环境中运行维护数据。它运用独特的共识机制，依靠非对称加密算法完成信用担保，数据改写过程全程可追溯，恶意攻击者除非同时修改超过 51%的节点，才可能篡改破坏信息，而这在实际中很难做到。军队指挥员的命令具有很强的权威性，采取类似区块链共识机制，既可以完整记录各级指挥员下达的命令，便于出现指挥失误时追究指挥责任，同时也可避免敌人采取各种信息插入手段发布假命令，扰乱指挥体系。
- 区块链透明、开放、集体参与的特性契合信息安全共享的军事需求。区块链的任何参与者都是一个权限平等的节点，除各参与者私有信息加密外，数据对所有人透明公开，并基于协商一致的规范和协议，自动安全地验证和交换数据。第二代区块链技术还引入了人工智能判决方式，对网络节点行为进行分析，智能识别网络中潜在的窃密者和攻击者。基于上述特点，区块链应用到军事领域，每一个作战单元或平台在可能遭受敌人软硬复合攻击时，无须依赖第三方认证，也能根据权限随时安全地获取和发布信息，从而从机制上强制打破各军兵种各部门之间的信息壁垒。

6.4.2 区块链应用于武器装备寿命跟踪

区块链被认为是第四次工业革命的关键技术之一，具有透明、防篡改、去中心化等特点，在社会生活方面应用广泛。与之相对应，区块链在武器装备全寿命跟踪、军事人力资源管理、军用物资采购和军用物流等领域同样具有广阔的应用前景。

以武器装备全寿命跟踪为例。武器装备从立项论证、研制生产、交付服役到退役报废，需要对全寿命周期内的设计方案、试验结果、战技状态等大量数据资料进行记录备案。当前，通常采用纸质或电子媒介作为存储介质。这种传统方式，首先是没有容灾备份机制，一旦出现不可预见的重大灾难，数据极易永久丢失。其次是转移交接困难，装备转移隶属时，需要将大量的档案材料一并交接，容易损毁或遗失。最后是缺乏有效监管，除装备使用方的相关人员以外，其他人无法对档案封存状况进行监督，难以避免篡改和删除等非法操作。

如果引入区块链技术，让上级主管部门、装备管理部门和装备使用方，甚至装备生产厂家都参与到武器装备的更新与维护环节中，形成一个均衡分布、受监督的档案登记网络，各方均保存一个完整的档案副本，就可以有效地解决上述问题，提高档案的安全性、便利性和可信度。

6.4.3 区块链用于军用物流

在军用物流方面，区块链技术同样有很大应用空间。现代化的军用物流正向智能时代迈进，包括智能仓储、智能包装、智能运输和智能配送等环节。要真正实现智能化，离不开后勤部门、仓库、物资、工具和物资需求方等参与者的智能化。一个由人和物连接的网络事实上构成了小型的物联网，可以利用管理策略实现系统运转。

区块链技术可以有效地解决智能化军用物流面临的组网通信、数据保存和系统维护等难题。系统中的人和物动态、自主组网，构成一个去中心化的对等网络，无须中心服务器，分布式的结构提高了系统的生存能力。接入网络的节点之间可以直接或以中继方式进行通信，实现信息自由交互。物流链条中的重要数据信息，如用户需求、仓储货品、装载运输、配送中转等，统一保存在各区块中。区块链的维护须接受全网节点监督，个别节点的非法操作会遭到大多数节点的拒绝和抵制，从而保证系统有序、高效地运转。

6.4.4　区块链技术对于国家安全和经济的影响

区块链的技术创新，带来信息从自由传输到自由公证的质变，极有可能成为未来网络基础协议和信用范式的颠覆性技术，在信息时代创造新的应用价值。

在关注区块链技术及其应用时，我们也应充分评估该技术被不法分子或组织恶意利用，可能对国家安全产生的威胁和影响。例如，滥发数字货币扰乱金融秩序，违法犯罪行为追踪难度加大，意识形态渗透难以防控等问题。我们应关注区块链技术的军事应用前景，关注该技术可能给国家安全带来的负面影响，加强风险防范意识。

6.5　区块链的物联网应用

随着 5G 和万物互联的到来，会带来数据量的倍增。在这个时代，数据是无可辩驳的核心，区块链可以助力数据进入可信时代。区块链的核心作用在于数据的安全与可信。

6.5.1　区块链是物联网关键性配套技术

在信息学中，网格是一种用于集成或共享地理上分布的各种资源（包括计算机系统、存储系统、通信系统、文件、数据库、程序等），使之成为有机的整体，共同完成各种所需任务的机制。

万物互联时代构建的是智能数字网格，核心是 3 个关键词：数字、智能、网格。

数字指的是科技让物理世界和数字世界的边界越来越模糊，通过虚拟现实、数字孪生和边缘计算等技术，打造一个物理和数字混合的数字世界。

智能指的是各种设备都具有计算和决策能力，包括人工智能和大数据的结合，自动驾驶汽车、无人机等。

网格是指人、组织、设备和数据等要素之间的网络连接。

这些要素之间的关系，是指将高速互联网、高性能计算机、大型数据库、传感器和远程设备等融为一体的分布式集成系统。

物联网、智能时代逐步到来，区块链是实现万物互联的关键性配套技术。区块链是要素之间实现价值传递的关键技术，成为万物互联时代的重要技术补充，在技术跨代发展中起到不可替代的承上启下的作用。

6.5.2 物联网发展的约束条件

物联网逐步扩展到生活的各个方面并导致互联互通规模的急剧增加。但是，用于网络设备之间数据传输的服务器在可靠性方面可能成为薄弱环节。物联网发展的约束表现在以下几方面。

- 硬件方面：由于物联网应用场景的不同，传感器的种类众多，作用各不相同，在很多细分场景存在着成本与规模的问题；传感器本身需要一些半导体材料、生物技术、芯片技术和封装工艺等的支撑，其技术更新换代会受到限制。
- 标准兼容方面：物联网终端设备的千差万别，通信协议的差异，不同的应用场景需求，导致物联网领域的各类标准不一致。硬件协议、数据模型标准、网络协议、传感器标准、设备连接标准、平台兼容性、第三方应用接口、服务接口等各类标准不一致会导致资源浪费、设备互通调用上存在不兼容、协议转换复杂等问题。

物联网面临的最紧迫的挑战是安全性（确保数据的隐私性、数据存储的安全性）及完整性（数据连续性和各种数据交互的兼容性）的问题。

- 数据分析问题：目前对采集后的物联网设备数据的处理，只是简单的设备联网管理、运行状态监视等方面的数据处理和服务，缺乏对数据的深度挖掘和价值运用。在企业提升效率和生成收益等方面，也会受制于人工智能和大数据技术的发展。
- 行业应用场景问题：目前基于物联网的行业应用场景尚处于初期，智能设备联网后并未通过智能化改善人们的生活，消费者意愿不强烈，缺乏成熟的商业模式。
- 安全问题：物联网领域在智慧城市、交通、能源、金融、家居和医疗等方面都有具体的应用场景，在这些场景中，各种不同类型的设备连接数量和数据传输量，都会达到前所未有的高度，其执行环境又各不相同，传统的网络安全防御面临着巨大挑战。安全问题表现在两个方面，一方面是机器被攻击或篡改后对系统安全、个人生命安全的影响，另一方面是数据泄露问题。物联网领域一旦产生安全问题，危害将极大。

6.5.3 物联网和区块链的共同点

如果不谈成本只谈技术的话，让所有的东西都具有网络接入和通信能力，不是一件困难的事情。难点在于如何让如此海量的节点高效地进行通信，以及如何对这些节点进行控制。

物联网和区块链的天然结合点在哪里呢？

其实，区块链和物联网是非常契合的，物联网有广阔的应用场景，天然地使物联网的分布比较分散，有许多物联网设备的使用场景通常非常远离中心化的网络，处于网络的边缘地带。

物联网的深度应用，受到中心化模式的困扰，中心式的信息交换和控制，成了物联网真正发挥效用的瓶颈。区块链正是推动去中心化的有效工具，只有去中心化，让海量分布式的节点更灵活地交换信息，才能够大大降低综合管控成本。

通过整合区块链技术，物联网设备的用户真正拥有了自己的数据，也拥有了自己设备带来的价值，这是跟传统物联网完全不同的生态体系。

去中心化是区块链和物联网的共同点。

6.5.4　物联网和区块链的结合点

区块链和物联网（IoT）结合起来，将为互联网 3.0 时代创造新的活力。

1．大数据管理

当网络中存在多个不同的设备并且每个设备不断地收集数据时，数据量是巨大的。除此之外，物联网系统由中央服务器管理，该服务器负责数千甚至数百万个设备。这使得云计算数据中心配置三件事情非常重要 ：足以存储所有数据的存储系统，能够分析数据的处理系统，高效的访问和应答系统。世界各国前几年迅速展开的数据中心建设，就是解决这些计算资源问题。

区块链解决了这个问题。在区块链网络中，没有管理数据的中央服务器，相反，每个节点都有一个数据副本，可以独立处理它们。

一旦传递参数，网络就会尝试从系统中的所有其他节点获得一致。一旦达成共识，就能够处理交易。在物联网中可以使用相同的方法来消除中央服务器带来的诸多问题。

2．不间断运行

中心化系统的最大缺点之一是收集和处理的所有数据都存储在中央服务器中。如果中央服务器发生故障，所有设备都将停止响应。此外，如果服务器被黑客入侵，那么所有存在的数据都将受到损害。这可能会导致非常严重的后果。

区块链网络几乎不可能被破解。存储在网络中的所有数据都是加密的，只有参与这个网络的人或者节点才能访问。最重要的是，由于一致性算法，这些数据不能被篡改。

此外，数据不是以集中方式储存的，由于服务器滞后等原因，不会存在停机或无响应设备的问题。在没有区块链之前，这一切几乎都不可能实现。正是因为区块链，物联网设备不需要通过第三方连接，它们可以生成点对点连接以建立信任。

3．成本更低，系统更稳定

物联网基础设施中使用的服务器是专用的。而且，从逻辑上讲，在专业化方面，大多数产品都非常昂贵。使用分布式账本系统去除了中央服务器的使用，这反过来将降低系统的总体成本。物联网系统不依赖中央云服务器，用边缘计算服务代替云服务，运行是低功耗、绿色环保的。

6.5.5 物联网与区块链的融合

区块链如何逐一解决当前物联网存在的问题？以下是区块链和物联网共同改变现代技术运作的几种方式。

- 区块链非常安全，可用于追溯数据来源，还可以防止与他人重复数据、篡改数据。
- 物联网设备的部署通常很复杂。分布式账本系统可以轻松地提供物联网设备识别、身份验证和无缝衔接，使数据安全地传输。这使物联网部署更加简单、安全。
- 无须第三方，物联网传感器可直接与目标交换数据，全网公证，这可以保护 IoT 设备的数据不被篡改。
- 区块链支持各个设备的匿名和社区自治，保证了数据的完整性和独立性，数据之间可以平等交换。
- 由于不需要中介，因此使用区块链可以减少物联网设备的部署、运营和维护成本。

区块链与物联网的结合无疑是这个时代最好的组合之一，相信这两项技术在未来对人类乃至整个社会所做出的贡献将是无止境、难以估计的。

6.5.6 物联网与区块链应用案例

许多国际知名公司如 IBM 已经在物联网领域投入了海量资源，区块链技术被用来解决其中一些核心问题。传统的云计算中心化机制对于百亿级的物联网设备而言是低效甚至不可用的。在解决节点间信任问题方面，中心化的解决方案并不现实。区块链技术提供了一种无须依赖某个单个节点的情况下创建共识网络的解决方案。基于区块链的物联网应用，每个物联网设备都能够自我管理，无须人工维护。只要物联网设备还存在，整个网络的生命周期就可以很长，并且运行开销可以明显降低。例如，所有智能家居的联网设备都能够自动地和其他设备或外界进行活动，智能电表能够通过调节用电量和使用频率来控制电费等。

国内众多企业开展了物联网和区块链融合的行业应用，如在渔业、食品溯源和能源等领域，表明区块链作为物联网应用的基础技术已经广受认可。在渔业领域，采用物联网和区块链技术帮助农民进行水质监控，降低种养过程中的风险，提高生产效率，实现农业科技授信贷款、农业科技保险、供应链溯源、农产品溯源及品牌营销等。在食品安全溯源领域，致力于打造基于物联网和区块链技术的食品防伪溯源生态，通过打通物联网智能终端的信息采集与区块链的数据链路，保障食品可溯源和信息真实可信。

腾讯已经在物联网领域率先提出多个应用案例，如智能制造、智能电网等方面。针对智能制造行业的痛点问题，区块链与物联网结合，使得智能设备以更加安全可靠的形式进行管理，并实现物联网的高级目标，即支付与费用的结算，形成价值流通的网络。

供应链行业会涉及很多实体，如资金、物流和信息等。区块链的去中心化等核心特征可以对物品、物流进行实时追溯，利用智能合约加强信任。区块链的开放透明性，使得所有人都可以实时查询，由此也减少了时间和金钱成本，提高了合作效率。私钥、公钥的匿名性也能够保护消费者隐私，同时区块链的不可篡改对商品销售和售后服务进行保障。同理，区块链也可以运用到版权、医疗和游戏等领域。

区块链+物联网技术组合，在智慧家庭、智慧医疗和食品溯源三个领域的应用案例，能使我们更直观地感受到，区块链究竟如何补足了物联网技术发展的“短板”，而物联网又如何贡献了区块链技术落地的“温床”，二者结合，改写未来。

区块链技术与其他技术的融合应用似乎是其落地的必经之路。其中，区块链与物联网又被业界视作能互补长短的完美组合，国内外主流互联网公司和通信运营商纷纷投身于区块链+物联网的融合研究和应用部署中。

一方面，区块链技术能支持物联网海量设备扩展，保证所有权、交易等记录的可信、可靠和透明，有效解决当下物联网发展过程中遭遇的设备安全、隐私泄露、效率低和信任成本高等痛点。

另一方面，区块链从技术理念到落地迫切需要落地场景，而物联网终端设备的分散化为区块链的去中心化提供了最好的施展场所，物联网采用的点对点网络（P2P）等分布式互联网技术也与区块链底层架构天然亲和。

6.6　算法式信任与智能合约

信任的原理是点与点的连接是分布式的，没有中心化的存在。信任关系通过算法转化为代码，代码形成程序，程序驱动着连接，信任的连接是在一个系统里，经过注册、登记、交易，一切都在程序里进行。这是一个纯天然的社区，一个去中心化的社区，是协作式的，基础架构就是区块链技术，这就是算法式信任的原理。

区块链系统是一个 Trustless 的系统。这里的 Trustless 说的就是区块链系统实现了算法式信任。不需要信任任何人或者机构，一切都由程序来完成。

算法式信任是机构式信任天然的敌人。智能合约就是一种协议，这个协议连接的主体不再是人与物，而是物与物。

智能合约和传统的执行方式是不同的。智能合约简化了整体的流程，通过程序语言来强制执行，正是因为智能合约是基于区块链的系统，合约执行的结果还会得到系统的验证。

智能合约采用的是编程语言而不是法律条文，因为智能合约是运行在区块链系统之上的。用一句话来说，智能合约就是“Code Is Law”（代码即法案）。当我们约定了一个智能合约之后，即使是系统的运营方也是无法轻易改动它的。

智能合约的特点是制定合约、执行合约、验证合约的成本相对比较低，可以在多个记录上同时执行。在区块链中，智能合约的实现是可以落实到底层数据记录层面的。

下面以 Call Option（看涨期权）为例来介绍智能合约是如何实施的（买家 Bob / 卖家 Alice）。

看涨期权是指在协议规定的有效期内，协议持有人按规定的价格和数量购进股票的权利。期权购买者购进这种买进期权，是因为他对股票价格看涨，认为将来可获利。在期权到期的时候，如果股票市价高于协议规定的价格，则期权购买者可按协议规定的价格和数量购买股票。

期权价格（Premium）是用户需要支付的价格，在支付了这个价格之后，买家和卖家就等于签订了一个合约。在合约到期的时候，买家可以选择是否执行期权，而卖家则没有选择，必须以规定的价格把股票卖给买家。

例如，看涨期权买家 Bob 和卖家 Alice 针对一个股票 ABC 的智能合约是这样定义的：

合约中包含 100 股 ABC 股票对应的看涨期权。

合约对应的行权价（Strike Price）是每股 45 美元。

在期权到期（Expire）的时候，如果 ABC 的价格在每股 45 美元以下（含 45 美元），那么期权自动作废。

在期权到期（Expire）的时候，如果 ABC 的价格在每股 45 美元以上，那么 Bob 以每股 45 美元的价格从 Alice 这里购买 100 股 ABC 股票。这里有两种情况：

如果 Alice 账号里有 100 股 ABC 股票，那么从 Bob 的账号里转 4500 美元到 Alice 的账号里，从 Alice 的账号里转 100 股 ABC 股票到 Bob 的账号里。

如果 Alice 账号里没有 ABC 股票，或者不够 100 股，那么系统首先用 Alice 账号里的钱按照市场价购买 100 股 ABC 股票，然后从 Bob 的账号里转 4500 美元到 Alice 的账号里，从 Alice 的账号里转 100 股 ABC 股票到 Bob 的账号里。

在金融市场上各种金融产品的衍生品种中，看涨期权的交易是最简单的，这些衍生产品的交割本来是非常复杂的，如果我们能够以智能合约的方式把交易的方式描述清楚，区块链系统就可以自动把合约完成，而不会存在系统性的问题。

6.7　区块链面临的挑战

区块链技术发展初期，存在许多不确定因素，在虚拟货币领域已经声名狼藉，那些梦想脱离监管、图谋不轨的人，利用了区块链的某些技术特征，致使这一技术蒙羞。区块链发展的道路注定坎坷，存在的问题也必须正视。

6.7.1　区块链面临的商业挑战

尽管区块链技术能够广泛应用于多样化的场景，然而目前对于大型公链来说，由于技术性能、安全性隐患、政策监管等问题仍然无法大范围落地。这些局限在不同区块链技术体系中也或多或少存在，只是程度差别。

- 交易性能偏低、资源消耗过大。像比特币之类基于工作量证明机制的区块链技术目前平均每 10 分钟才能有一个新区块，1 个小时后才能确认交易，很难满足高频小额金融交易每秒万笔以上的交易要求。以工作量证明机制为代表的共识机制需要消耗大量的算力来产生新区块。英国电力资费对比公司 PowerCompare 的研究表明，比特币“挖矿”年平均耗电量已经超过 159 个国家的年均用电量。
- 安全性隐患。业内已经发生若干起黑客攻击事故，给用户造成了很大损失。例如，2016 年 6 月，基于以太坊建立的、创造了众筹世界记录的区块链项目 The DAO（注）遭遇了黑客攻击，黑客利用其上智能合约的一个漏洞偷走了 360 万以太币（当时市值约 5 亿人民币），造成市场大面积被抛压，引发整个区块链产业的最大危机。
- 合适的应用场景仍有限。与传统商业基础设施相比，区块链技术的优点在于凭借去中心化获得的高效稳健、数据记录的高度可靠、引入智能合约后的灵活和自动化。国家级别的支付和清算系统、证券交易所、商业银行等关键金融基础设施的运转稳定、良好安全，也具有异地灾备方案来保障系统的稳健性，具备升级区块链的条件。但是，许多传统商业基础设施在效率、稳定性、可靠性、自动化等方面目前显示出难以克服的缺陷与故障。那么相比于国家的支付和清算系统，这些传统商业升级区

注：DAO 有时候也称为分布式自治公司（Decentralized Autonomous Corporation，DAC），它是一种由编码为计算机程序的规则所表示的组织，该程序是透明的，由股东或代币持有人控制且不受中心机构影响。DAO 利用区块链来验证交易。

DAO 中的每个人都可以发布提议并进行投票来做决策。加密货币用来代表关键价值，在指定时期结束时具有最高数额的投票者获胜。这跟其他形式的投票形成直接对比，这些投票通常每人的比重相同。通常，提案为“是或否”的问题，即公司 A 是否应该开发产品 x？

块链要付出的改造成本，进化为区块链技术系统所能提升的效益究竟有多大，即“成本-效益”分析是区块链在场景落地时必须要考虑的重要因素。**区块链必须要找到真正具有显著成本收益的场景**。

6.7.2 区块链面临的监管挑战

区块链标准尚未统一，监管政策不够完备。目前，国内外在区块链领域还没有通用、统一的标准，将产生后续的各种应用兼容性和互联互通问题，不利于整体效益的提高。我国工信部制定了国家区块链技术标准路线图，国际标准化组织也正在努力协调制定有关标准。这项工作的推进还有待时日。

区块链技术对现有法律法规和监管框架带来了挑战。形形色色的数字货币创造了一个触角遍及全球各个角落的、史无前例的人造市场，遭遇了广泛质疑。数字货币体系中服务提供商和用户均为匿名，使得不法分子易于掩盖其资金来源和投向，这为洗钱、恐怖融资及逃避制裁等不法行为提供了便利。因此，需加强国际监管协调，形成一致的监管政策。区块链应用到其他商业场景上也有一系列法律和监管问题，例如如何界定智能合约的法律主体性质，如何解决金融交易的最终确认时间点（Finality）等。

6.7.3 区块链面临的技术挑战

分权和自动化有一个弊端：遇到问题时该向谁求助？如果丢失了加密货币钱包的私钥，或者与交易对手发生纠纷，谁可以提供帮助？人们从公司的服务中发现价值，而不仅仅是他们的产品。此外，当智能合约或分布式自治组织产生意外或不受欢迎的结果时，由于无法想象某个特定方案或某个人已经利用了缺陷，结果应该被追溯吗？各方正在为上述挑战提供解决方案，例如区块链密钥的托管服务，但是许多人重新引入了受信任的权威中心，因此存在风险。

经过十年的发展，区块链已经取得了长足的发展，表现为结合数字货币的公链、以产业和业务结合的联盟链、企业内部使用的私链等三种主要形式。很多人说，区块链领域的实际算力与理想需求不匹配，导致区块链技术大规模进入生活场景还有很大距离。所以，当前区块链技术在蓬勃发展的同时，也面临着一系列挑战。

1. “挖矿”能耗

比特币和以太坊及其他多个主流公链均使用工作量证明作为共识算法，同时对取得记账权的节点进行奖励。

如果把全部“挖矿”的计算能力折算为浮点运算，粗略估算的总体计算能力达到

1023FLOPS（FLoating point Operations Per Second），已经达到谷歌计算能力的 100 万倍，或者全球 500 强超级计算机总体计算能力的 10 万倍。如此庞大的计算能力当然以电力作为基础，其总用电量已经超过世界上 160 多个国家。

事实上，2018 年 *Nature Energy* 的一篇文章中也指出比特币“挖矿”的能源损耗超过了黄金、铂金等贵金属，1 美元比特币消耗的电能实际上能够开采 3.4 美元的黄金。然而，“挖矿”使用的电能对虚拟货币之外的世界全无意义，在全球可持续发展的大背景下尤为“刺眼”。

2. 可扩展性

无论作为虚拟货币账本还是广义的数据库，区块链上的数据服务均以交易形式完成。由于区块链的分布式特性，交易总是并发产生的。因此，区块链的可扩展性一般指单位时间内能够支撑的最高并发交易个数。一般说来，区块链的吞吐率以 TPS（Transactions Per Second）表征，计算方式如下：

TPS = 一个区块内包含的交易数量 / 区块产生时间 = 一个区块内包含的交易数量 /（共识算法运行的时间 + 广播并验证的时间）

也就是说，TPS 由数据块的大小、共识算法运行的时间和广播并验证的时间共同决定。值得注意的是，由于区块链采用去中心化方式验证交易，因此必须在多数节点形成共识之后才能完成验证，其后果就是目前的区块链在节点增加的情况下交易速度必然下降。

3. 易用性

智能合约的引入使得区块链在应用领域上升到全新的层次，形成了人类商业行为的一次革命。但智能合约以程序形式体现，对一般用户来说具有一定难度。在传统的线下世界，大多数人都可以看懂合同内容，相当比例的用户则可以在律师指导下或参照模板编写简单的合同。智能合约则不然，要求用户必须具备编程能力才能撰写合同，无形中又限制了其应用范围。

4. 技术挑战

区块链还面临以下技术挑战。

- 大量消耗存储，有多少节点就要多少倍的存储。
- 数据量大时新加入节点同步时间较长。
- 网络资源消耗大。
- 可信是相对的，当攻破 51%的节点后就不可信。要想真正实现区块链的“可信”，区块链网络的规模必须足够大。一个规模不大的网络采用区块链本质上是没有意义的。然而，从现状而言，许多组织和机构都在小规模范围内尝试使用区块链，导致区块链技术和平台多样化。

- 互操作性问题。在全球最大的开源代码托管平台 GitHub 上，有超过 6500 个活跃的区块链项目，这些项目使用不同的平台、开发语言、协议、共识机制和隐私保护方案。那么，要实现区块链的可信特性，就必然要将这些异构的区块链架接起来。这就导致了区块链面临的另一个重大挑战：互操作性问题。在互联网时代，我们已经饱受信息孤岛、异构数据融合与异构协议互操作之苦，不同区块链的跨链挑战将有过之而无不及。

6.7.4 区块链面临的安全挑战

作为比特币等虚拟货币底层关键技术的区块链，其在设计之初是对安全性进行了充分考虑的，毕竟这是与个人钱包休戚相关的，不可有丝毫马虎。

1．区块链受攻击多

2010 年，在一次几乎使比特币系统遭遇灭顶之灾的史上最严重的比特币攻击行动中，代码中的一个漏洞允许有人在一次交易中凭空创造了 1840 多亿比特币，这大大超出了 2100 万枚比特币的上限。比特币的创造者中本聪迅速动用区块链清除了这 1844.67 亿枚比特币，这是比特币免于在那一天夭折的唯一原因。

如果这次黑客攻击没有被发现，比特币很可能会失掉所有的信任和声誉，一旦用户意识到比特币可以随意创造，比特币的价格就会立即跌至零。

2016 年，有人暂时从“去中心化自主组织”（Decentralized Autonomous Organization，DAO）账号中扣除了 7500 万美元，这一次黑客再次利用了智能合约代码中的漏洞。同样，基础分布式账本（DLT）区块链逻辑完好无损。

2019 年“监守自盗”+“攻击智能合约”，一位加密资产管理基金的首席执行官（CEO）去世后，有人发现他曾经利用其所掌控的凭证，访问其所管理的加密货币，竟然有总值高达 1.5 亿美元的加密货币的来源无法检索。这是区块链本身有问题吗？答案是否定的。该基金公司未能实施恰当的合规检查和账目平衡来防止这种情形的发生。事实证明，该 CEO 在去世之前偷窃了所管理的基金账户。

《麻省理工技术评论》网站 2019 年 1 月的文章指出，“攻击智能合约”是 2019 年最值得担忧的网络威胁之一。

2．区块链安全问题多

区块链的原理和运行机制使其安全性具有不可比拟的优势。区块链的多个节点网络通过共识机制运作，单个节点均会储存区块链上所有的数据。因此，即便是单一节点遭受黑客攻击，也不会影响区块链系统的整体运行。区块链的分布式存储有效降低了数据集中管理的风险。正因如此，给了很多人使用区块链就像用上了安全保险箱一样的假象。

- 算法安全性：目前区块链的算法主要是公钥算法和哈希算法，相对比较安全。但是随着数学、密码学和计算技术的发展，以及量子计算的发展和商业化，使得目前的加密算法存在被破解的可能性，这是区块链技术面临的潜在安全威胁之一。
- 协议安全性：基于 PoW 共识机制的区块链主要面临的是 51%攻击问题，即节点通过掌握全网超过 51%的算力，就有能力成功篡改和伪造区块链数据。
- 使用安全性：主要是指私钥的安全性。区块链技术的一大特点就是不可逆、不可伪造，但前提是私钥是安全的。但目前针对密钥的攻击层出不穷，一旦用户使用不当，造成私钥丢失，就会给区块链系统带来危险。
- 实现安全性：由于区块链大量应用了各种密码学技术，属于算法高度密集工程，在实现上比较容易出现问题。
- 系统安全性：在区块链的编码及运行系统中，不可避免会存在很多的安全漏洞。黑客通过利用上述安全漏洞展开攻击，将对区块链的应用和推广带来极大的不利影响。

6.8　区块链技术发展建议

物理学定理、定律和公式的成立是有边界条件的，是有应用范围的。世界上不存在万能定理、普适公式。同样，任何一种新事物、新技术的出现，近乎狂热地鼓噪其普适性、万能性、是放之四海而皆准的真理，生硬地套用，最后都会得不偿失或以失败告终。

6.8.1　区块链目前是不安全的

区块链是一项新技术，但并不是最简单的技术。区块链技术组织可能需要数年时间才能使其充分整合现有的和未来的安全标准与实践，以减少安全事故发生的频率。随着区块链安全事件发生的步伐越来越快，人们可能没有耐心等待区块链安全性完整的解决方案。

与任何技术一样，安全问题出现在开发人员将需求转化为产品和服务的过程当中。代码行、共识机制和通信协议等都有可能带来可被恶意利用的漏洞。区块链目前仍然是一项充满差异化的技术：多种协议和编程语言正在并行开发不同的区块链。因此，开发人员很难获得保护代码所需的经验，而且大多数开发人员都面临严格的交付时间压力。

区块链在很大程度上依赖于密码学，即安全通信的有效实践，因此区块链给人的印象似乎是一种自我保护的技术。然而这并不是事实，因为区块链建立在需要保护的通信网络和设备之上。传统的信息安全挑战同样影响到区块链。此外，同任何其他安全学科一样，密码学也是一个不断变化的技术领域，例如量子计算机的发展有期望突破许多种加密算法。

区块链不是在真空中运行，围绕密钥管理、钱包托管和节点补丁等与人有关的不完备的安全实践都会带来安全问题，从而使区块链技术黯然失色。对系统管理员和用户的有效培训可以解决绝大多数的安全问题。

智能合约是存储在区块链上的软件程序，如果满足其中编码的条件，将自动执行某种形式的数字资产交换，包括从货币交易到知识产权保护。越来越多的企业开始使用智能合约进行交易。智能合约的发展还处于早期阶段，研究人员正在发现其中的很多漏洞。例如，在前面所讲的例子中，黑客就是利用智能合约中的漏洞窃取数百万美元的加密货币。

此外，区块链本身的透明性也给智能合约相关的数据保密和隐私保护带来挑战，需要在智能合约平台上建立隐私保护技术。

区块链研发机构需要培养具有安全意识的区块链开发人员。“安全要从娃娃抓起”，这需要从中学的编程课程开始直到大学学位课程中都应包括必要的区块链安全编码教程。

塞浦路斯尼科西亚大学（University of Nicosia）已成为世界上唯一的授予区块链硕士学位的大学，特别是数字货币方面。增加区块链安全有关的课程是当务之急。学位教育需要社会化的区块链安全专业认证作为补充，建议将区块链安全尽快纳入 CISSP 等网络安全认证的主题。

提高区块链用户的安全风险意识并教会其如何以低成本有效地降低这些风险，这将引入提高安全意识的活动及推动向区块链过渡的公私合作。受监管的区块链，虽然与中本聪最早提出的去中心化远景有些不同，却很可能是平滑过渡的可行方法。区块链需要证明其自身的价值，就像 20 世纪 80 年代内联网（Intranets）证明了互联网（Internet）对世界的价值。从这个意义上说，像脸书（Facebook）这样的行业巨头采用区块链技术推出其加密货币天秤座（Libra），这提供了一个机会来向公众展示如何使用区块链，这样做的前提是其中不包含违规行为。

受监管的区块链由于减少了公开曝光的可能，其安全似乎变得更加容易保障。但事实可能恰好相反，安全压力的降低可能会导致在不经意间遭受数字攻击。

政府监管部门和公司的创始人、董事会、首席执行官们要清楚地认识到区块链不是安全的“银弹”。换句话说，需要揭开有关区块链安全性的神秘面纱，并明确指出，虽然区块链技术在可用性和完整性方面具有优势，但并未提高其所拥有信息的安全性。

6.8.2 区块链发展的定位

中国拥有世界上最大的互联网应用市场，这将为区块链产业走在世界的前列提供最有利的条件。发展区块链对国家的最大作用是防范金融风险和帮助宏观调控，以及帮助决策部门对货币、利率、税率等调控要素进行针对性调节。

基于区块链技术的数字货币，每一分钱都“可以追溯到第一个使用者”“可以反查每个流通环节”的“足迹”。数字货币可以帮助央行获悉钱是不是有合法的来源，洗钱等不法行为将暴露在阳光之下，逃漏税能被轻易地检测出来。基于数字货币的特点，央行将知道钱是怎么被使用的。

微观层面，如理财产品的投资者适当管理风险匹配，将自动适配通道业务，多层嵌套也将因为数字货币的记载留痕而变得毫无意义。

宏观层面，央行、财政部门、发改委等其他职能部门都能了解货币到了哪些国民经济部门。

6.8.3　区块链本身不产生价值

单纯地以区块链存证数据，这事本身并不产生价值，只有当数据与现实世界、精神世界的某些东西有所联系才会产生价值。

区块链技术是多种已有技术的组合应用，它是由技术保障的共识机制，代表了一套可靠的公认的“规则”。但它本身并不代表“价值”。区块链最大的作用是减少产业活动中的信任成本，如果某个行业对信任成本的要求很低，如化工、钢铁、制造业，那么其优化空间相比架构运营区块链的成本就会很低，那么这个产业的区块链可以说就是不经济的。

（1）区块链应用尚未产生经济价值。

区块链可以应用在各行各业。区块链技术有可能会是一场改变生活的应用革命，类似灯泡、汽车、火车、飞机等，会逐渐渗入人类社会的各个方面。但正如每次社会技术革命都需要时间一样，区块链技术引起的变革也将需要一个长期的接受过程。

（2）底层技术，共识算法并不领先。

虽然区块链专利很多，如审计、清算、账务、访问控制和查询等技术分支，申请量占比达到 80%以上，但是对于区块链核心技术分支，如储存器管理、数据修改、共识机制、密码安全及智能合约涉及较少，相关专利申请占比不足 15%，需要进一步提升区块链专利申请的质量。

专家认为，中国在传统 IT 技术上的一些短板，会影响到在区块链技术上的探索。我们国内的一些应用，有过半都是在超级账本、以太坊等国外开发的架构上进行的。因此，在关键底层技术、共识算法等方面，我国还需要投入更多力量，弥补底层技术缺乏等方面的短板。

（3）蹭区块链热点没有意义。

截至 2019 年 10 月，A 股区块链板块的股票总市值超过了 1.85 万亿，有两次排进了热门概念前十。如果是真正脚踏实地研究并采用区块链，这样的上市公司自然会受到欢迎，在未来或许会有一席之地。否则只靠蹭热点是没有意义的，就跟股价一样，炒作时热火朝天，炒过之后，一地鸡毛，对公司的整体运用作用不大。

6.8.4 区块链核心技术不成熟

区块链核心技术是去中心化和信息不可篡改，但技术并不成熟。

（1）不是所有的区块链都是“不可篡改”的。

区块链信息都是不能更改的吗？一般情况下，公有链破解存在困难，但私有链破解的难度“各有千秋”，也并非不能修改。

私有链向满足特定条件的个人开放，由于读取收据的隐私权受限，参与者难以获得私有链上的数据，隐私保障更好。但私有链在节点偏少的情况下可以通过普通计算机读写修改。

公有链在量子计算机存在的情况下也存在破解可能。量子计算机可以在几分钟内从公钥推算出私钥，在知道所有的私钥后，加密也就宣告被破解。

（2）不是所有区块链都是“去中心化”的。

事实上，大部分提到的“去中心化”都是指分布式记账，而不是指“中心化的信用背书”。目前比较认可的说法是，大部分可以被投入应用的区块链技术，都需要中心化的信用背书。即便是央行也在公开场合及主板报纸上不止一次提过“去中心化”与数字货币的理念背道而驰。

此外，真正的“去中心化”是对公有链的准确描述，对私有链则几乎完全不适用——私有链由选定的用户组访问，这些用户有权在该账本上进行输入、验证、记录和交换数据。因而，私有链的运行节点就少，这变成了一种没有中心化控制的与其他各方共享数据的技术。

（3）“去中心化”的理念，不是没有监管人的。

去中心化是指记账方式，而不是指管理者不参与。虚拟货币还是需要一定的中心背书。

货币是要用于消费流通的，现在市面上的所谓虚拟货币更多属于资产，而非货币。有可信云的存在将来就有可信链，尤其现在的区块链代码开源，很容易就能做一个。

（4）区块链不能提升所有产业的经济效率。

区块链能够产生信用价值，但这些信用价值是建立在区块链基础设施的维护上。区块链基础设施需要耗费电能、网络基建，降低信任成本能力有限，增加交易成本的可能性却极大，并非所有行业都适用于区块链——比如涪陵榨菜要用区块链验证品牌就显得很多余。

例如，目前的比特币公链处理交易速率非常慢（1 秒 7 次），相比支付宝、国有银行动辄一秒亿计的交易体量，根本无法提至应用阶段。这种情况下，如果用区块链技术，每个区块的容量是有限度的，不能像网络那样无穷大，把它应用在金融领域，反而会降低效率。

此外，区块链没有通用的协议，形成了很多的信息孤岛。尤为重要的是，区块链只对链上的信息保真，但如果输入的就是错误信息，那么区块链也会如实记载，区块链的真实性问题也很严重。解决真实性问题，则需要有配套的制度，这些都是区块链的管理成本，所以区块链的发展还尚待时日。

6.8.5 光明前景展望

区块链作为对传统信息技术的升级与补充，其发展将与其他新兴信息技术相互融合、相互促进。当前区块链仍处于发展初期，不仅需要政府、行业联盟、企业合作制定技术标准和共识机制，更离不开 5G、物联网、人工智能和大数据等技术的支持。

- 5G：大型公链的每秒交易吞吐量有限、交易确认时间长（比特币目前仅支持每秒 7 笔交易，一笔交易一般需要 1 个小时后确认）。未来 5G 网络大范围商业化应用后可以大幅提升数据传输速度、减少网络拥堵，大型公链的性能将得以提升并逐渐适用于每秒上万笔交易的商业应用场景。
- 物联网：当前区块链技术仅能解决链上的信任问题，但对于链下数据的真实性与准确性几乎无能为力。物联网技术进一步发展后，链下数据的观测、采集、处理、传输和更新都将实现自动化，真实性和准确性得到有力保证，区块链的应用场景也将得到扩展。
- 人工智能：工作量证明机制被诟病浪费了大量电力与硬件资源，目前有生产商合作开发应用于人工智能算法的共识机制芯片，将哈希计算转化为应用于深度学习的矩阵计算。
- 智能合约：这可能是区块链上最具革命性的应用。如果智能合约在区块链上实现广泛运用，经济分工将在互联网时代进一步细化，更广泛的社会协同将得以实现。通过智能合约的广泛运用，区块链将创造多个特定领域的线上细分市场，直接对接全球范围内各网络节点间的需求和生产。网络拓扑意义上的分工协同将与地理意义上的分工协作形成更紧密和更深层次的互补，区块链也有望从“信任机器”升级成为产业浪潮的重要“引擎”。

6.9 小　结

区块链利用算法信任原理、共识机制、分布式数据库技术和密码技术，建立了网上信任传输机制，简化了商业交易流程。区块链技术尚有较大的改进空间，各个行业的应用推广在谨慎推进中，与物联网技术的深度融合也在研究中。

6.10 习　　题

1．算法信任的原理是什么？
2．物联网与区块链有什么共同点？
3．区块链的核心技术是哪三项？
4．区块链概念“记账分布式，信任有中心”，表达了什么理念？
5．区块链安全吗？
6．区块链能产生实际效益吗？

第 7 章　物联网工程实战

物联网工程实战，从基础出发，实战范围包括设计物联网芯片，研制智能传感器件，开发物联网操作系统；从应用出发，实战范围包括部署检测传感器，实验自组网环境，研制智能设备，组建物联网系统。本章为了贴近读者，给出了一些物联网工程实战的应用案例。

说明：（1）本章中的所有程序、样机、电路图都是作者原创，每一段程序都是作者编译通过的。

（2）研发实验采购了乐鑫公司、淘晶驰公司、四博公司、攀藤公司、安信可公司等企业的 WiFi 芯片、显示屏幕、传感器件和通信模块。其中，四博物联网平台免费提供注册、数据采集和远程控制服务。文中涉及的元件、模块、显示屏和物联网平台均为实验所用，不含任何商业暗示和引导，厂家、用户和读者请勿过分解读、联想，作者仅对实验结果和本书内容负责。

7.1　物联网工程应用

物联网工程应用指的是将无处不在的末端设备和设施，通过各种无线或有线的通信网络实现互联互通，应用云计算服务和雾计算服务，在内网、专网和互联网环境下，采用信息安全保障机制，提供安全可控的实时在线监测、远程控制、定位追溯、报警联动、调度指挥、安全防范、远程维保和在线升级等方面的管理和服务功能，实现对万物的高效、节能、安全和环保的管理，以及实现控制和运营的一体化。

7.1.1　物联网应用系统结构

物联网应用系统结构原理如图 7.1 所示。物体（设备）联网，首先物体（设备）要用传感器把设备信息表达出来。传感元件可以把物体的物理等属性转化成电子信息，才能开启物联网之旅。

参数采样、数据处理和数据封装，可以在边缘端的设备中进行。数据在这里分支，可以利用云计算服务，也可以利用雾计算服务，也可以两者同时展开。交通指挥、智能汽车、无人驾驶技术比较倾向于雾计算服务，在本地解决问题。这就是雾计算快速反应机制的优点。

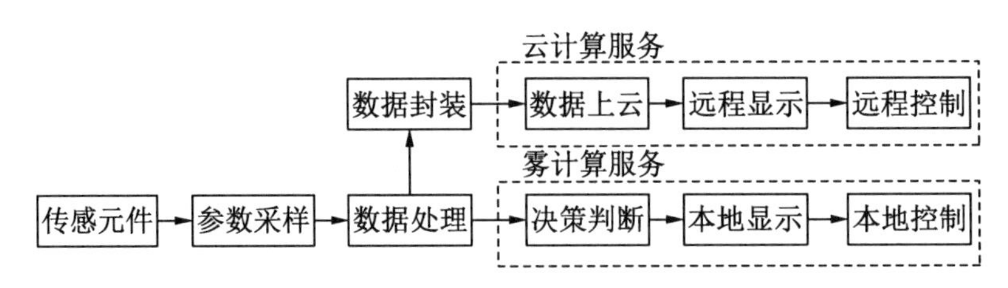

图 7.1　物联网工程实战系统拓扑结构

7.1.2　电路原理图

本章实例的电路原理图如图 7.2 所示，实现了传感采样、数据处理、信息上云、输出控制等功能。其中，传感器电路在图 7.3 和图 7.4 中补充给出。U1 是安信可 WiFi 模块 ESP-12F，采用了乐鑫公司的 ESP8266 SoC 芯片。熟悉这些模块和芯片性能，才能开展研发工作，这也是阅读本章内容的基础知识。U2 MAX4614 是 4 路模拟信号电子开关，具有较低的导通电阻，允许毫伏级信号通过。

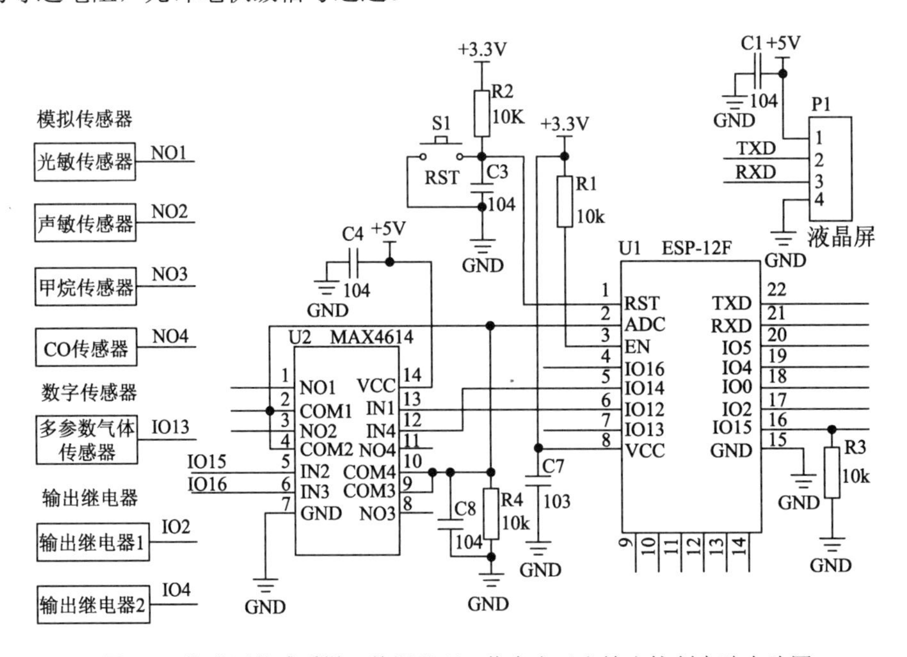

图 7.2　物联网传感采样、数据处理、信息上云和输出控制实验电路图

7.1.3　模拟传感器实验电路

模拟传感器有声敏、光敏和气敏元件，不同的传感元件其测量电路也不一样。声敏传感电路用了一片经典的麦克风放大芯片 NE5532，其电路如图 7.3 所示。CO、甲烷、光敏传感器电路相对简洁，如图 7.4 所示。这些传感器原理在《物联网之源：信息物理与信息感知基础》一书中已有涉及，此处不再赘述。这里只选择一种阐述其技术指标和应用范围。其他传感器的详细指标，读者可自行查阅厂家提供的技术手册。

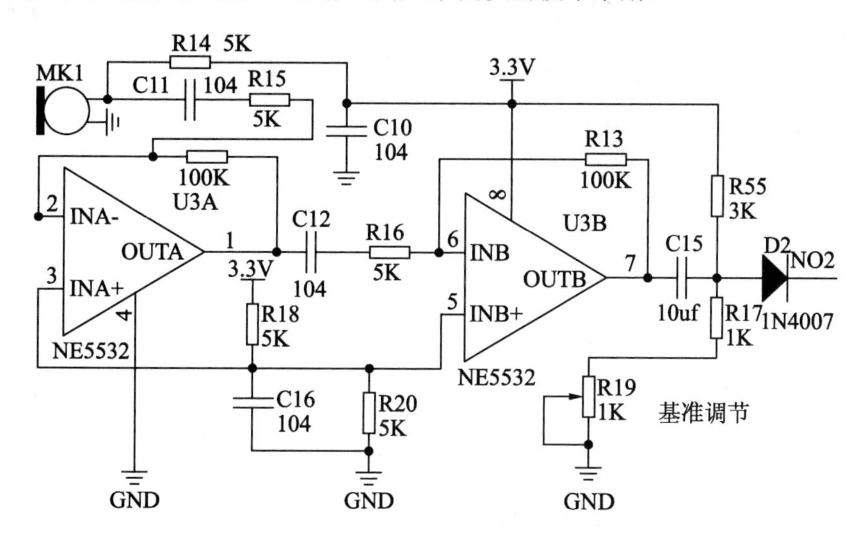

图 7.3　声敏传感器放大电路

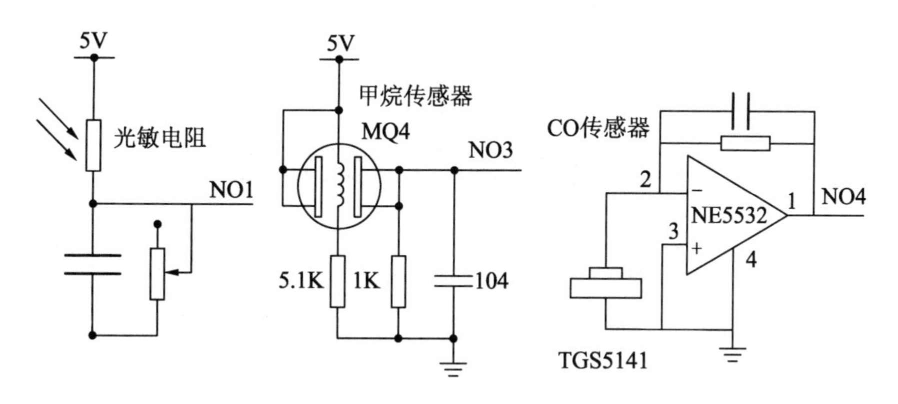

图 7.4　CO、甲烷和光敏传感实验电路

在图 7.5 中，费加罗一氧化碳气体传感器 TGS5141 是可电池驱动的电化学式传感器，使用一个特殊的电极取代了储水器。由于去除了 TGS5042 中使用的储水器，TGS5141 与

TGS5042 相比，其外形尺寸缩减到只有后者的 10%大小。超小型的体积使其可以成为诸如便携式一氧化碳检测仪、微型住宅一氧化碳检测仪、多用途火灾检测仪的理想选择。

图 7.5　一氧化碳气体传感器 TGS5141

（1）费加罗一氧化碳传感器 TGS5141 的主要参数如下：

- 一氧化碳检测范围：0～10000ppm；
- 输出电流：1.4～3.2nA/ppm；
- 响应时间表：＜60s；
- 工作温度：-10～+50℃（常用）；
- 工作湿度：10%～95%RH。

（2）费加罗一氧化碳传感器 TGS5141 的特点如下：

- 超小体积；
- 可电池驱动；
- 很高的线性输出特性；
- 很好的对一氧化碳的选择性和重复性；
- 校准简便易行；
- 使用寿命长；
- 取得 UL 认证。

（3）费加罗一氧化碳传感器 TGS5141 的典型应用如下：

- 一氧化碳报警器（也可电池驱动）；
- 商用、工业用一氧化碳监控仪及便携式一氧化碳浓度计；
- 室内停车场的换气控制，辅助检测火灾。

7.2　模拟传感器参数采集

物联网工程中有大量模拟信号需要处理。模拟信号采集、放大、数模转换、精度标定都是研发工程师要熟悉的。目前由于模拟电子课程教育的弱化，很多年轻工程师已不具备模拟电子技术的能力。

7.2.1　多路模拟电子开关

模拟传感器一般指直接产生敏感效应的部件，不含外围电路。例如热敏电阻，不论是否在电路测量状态，还是在存储状态，它的阻值都是随温度变化的。有些电化学传感器，在存储状态时其敏感效应也在缓慢变化，是有生命周期的一类传感器。模拟传感器需要外围电路才能工作。有些传感器敏感电信号很微弱，需要高精度微信号放大器电路才能获得真实信号。本章开发实验用到的部分模拟传感器技术参数和性能指标介绍如下：

多路模拟信号共用一个 AD 转换电路，需要多路开关协助工作，图 7.6 是 4 路电子开关芯片引脚定义和控制逻辑。

本章实例以噪声传感器、光敏传感器、一氧化碳传感器和甲烷气体传感器测量为例，测量电路图，如图 7.2 所示。

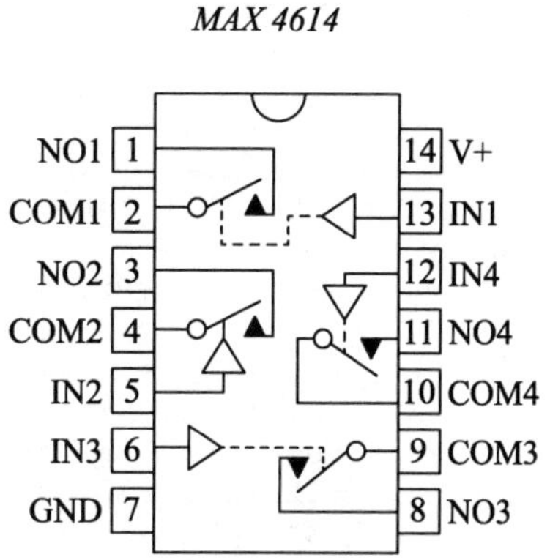

MAX 4614

NO1 1　　14 V+
COM1 2　　13 IN1
NO2 3　　12 IN4
COM2 4　　11 NO4
IN2 5　　10 COM4
IN3 6　　9 COM3
GND 7　　8 NO3

TSSOP/SO/DIP

INPUT	SWITCH STATE
LOW	OFF
HIGH	IN

图 7.6　4 路电子开关芯片引脚定义和控制逻辑

7.2.2　模拟信号采样编程

微处理器含有 1 路 A/D 转换电路，引脚用 A0 标识，采样用 analogRead(A0)语句，直接获得数字信息，采样、矫正、调理、比对编程实例如下：

```
//***传感器输入引脚定义***************
#define niosep   15                                //噪声信号输入控制
#define MQ4    16                                  //甲烷信号输入控制
#define photop  12                                 //光敏信号输入控制
#define CO      14                                 //CO 信号输入控制
#define Relay1    2                                //继电器输出控制
#define Relay2    4                                //继电器输出控制
#define serial2    13                              // 第二串口定义
void sensor_init()                                 // 传感器初始化
{
  pinMode(A0, INPUT);
//  pinMode(MQ2, INPUT);                           // 未标定
  pinMode(niosep, OUTPUT);
  pinMode(photop, OUTPUT);
  pinMode(MQ4, OUTPUT);
  pinMode(CO, OUTPUT);
  digitalWrite(niosep, LOW);
  digitalWrite(photop, LOW);
  digitalWrite(MQ4, LOW);
  digitalWrite(CO, LOW);
}
//传感器检测模拟信号 4 路
```

```
void sensor_sample()   // analog sensor Sample----------------
 {
 digitalWrite(niosep, HIGH);
  digitalWrite(photop, LOW);
  digitalWrite(MQ4, LOW);
  digitalWrite(CO, LOW);
  delay(1500);
  niose = analogRead(A0);                        //噪声采样
  Serial.print("Ambient Niose = ");
  Serial.println(1 * niose);
  niose1 = 0.11 * niose;
  // Photoresistor Sample----------
  digitalWrite(niosep, LOW);
  digitalWrite(photop, HIGH);
  digitalWrite(MQ4, LOW);
  digitalWrite(CO, LOW);
  delay(1500);
  // PhotoR = analogRead(A0);
  PhotoA = analogRead(A0);                       // 光敏采样
  if (PhotoA < 240)
  {
    double N = PhotoA;
    double PhotoB =  log(N);
    PhotoR = 17.9 * PhotoB - 40;
  }
 else if (PhotoA >= 240)
  {
    PhotoR = 0.0009 * (PhotoA * PhotoA) + 0.98 * PhotoA - 345.55;
  }
  if (PhotoR <= 0)
  {
    PhotoR = 17.9 * PhotoB;
  }
  // CH4 探测
  digitalWrite(niosep, LOW);
  digitalWrite(photop, LOW);
  digitalWrite(MQ4, HIGH);
  digitalWrite(CO, LOW);
  delay(1500);
  MQDATA = analogRead(A0);                       // 甲烷气体采样
  RV = (MQDATA) * 5 - 1; //  * 10;
  FACTOR = CORA * T1 * T1 - CORB * T1 + CORC - (H1 - 33.) * CORD;
  RC = RV / FACTOR;
  CH4data = RC;
 // CO 探测
  digitalWrite(niosep, LOW);
  digitalWrite(photop, LOW);
  digitalWrite(MQ4, LOW);
  digitalWrite(CO, HIGH);
  delay(1500);
  CO1 = analogRead(A0);                          // 一氧化碳采样
 }
```

7.3　数字传感器参数采集

数字传感器参数采集通常是微处理在传感器部署的采样现场做 AD 变换，把测得的压力、温度、浓度等非电学信号变成数字信号向外传输。其优点是数字信号传输比模拟信号传输受干扰小，传输距离远，代价是增加了传感器的复杂度，提高了成本。下面就介绍本章研发实验用到的一种数字传感器。

7.3.1　多参数气体传感器 PTQS1005

多参数气体传感器 PTQS1005，测量 6 个非电学参数，用一套微处理器电路管理，效率高，成本分摊后整体成本下降。

PTQS1005 多合一气体传感器模组，可测 PM2.5、甲醛（HCHO）、TVOC、CO_2、空气温度、空气湿度 6 种气体参数。传感器技术指标如表 7.1～表 7.6 所示。

表 7.1　颗粒物浓度技术指标

参　　数	指　　标	单　　位
测量范围	0.3～1.0；1.0～2.5；2.5～10	μm
计数效率	50%@0.3；98%@≥0.5	μm
有效量程@PM2.5标准值	0～500	$\mu g/m^3$
量程范围@PM2.5标准值	≥1000	$\mu g/m^3$
一致性@PM2.5标准值	±10%@100～500 ±10@0～100	$\mu g/m^3$
分辨率	1	$\mu g/m^3$
标准体积	0.1	L

表 7.2　甲醛（HCHO）浓度技术指标

参　　数	指　　标	单　　位
有效量程	0～1000	$\mu g/m^3$
量程范围	2000	$\mu g/m^3$
分辨率	1	$\mu g/m^3$
误差	＜±5%	FS

表 7.3　挥发性有机物（TVOC）浓度技术指标

参　　数	指　　标	单　　位
有效量程	0～10000	ppm
量程范围	20000	ppm
分辨率	1	ppm
误差	＜±5%	FS

表 7.4　二氧化碳（CO_2）浓度技术指标

参　　数	指　　标	单　　位
有效量程	400～3000	ppm
量程范围	5000	ppm
分辨率	1	ppm
误差	±(50 + 3%)	FS

表 7.5　空气温度技术指标

参　　数	指　　标	单　　位
测量范围	-33～99	℃
测量精度	±0.5	℃
分辨率	0.1	℃

表 7.6　空气湿度技术指标

参　　数	指　　标	单　　位
测量范围	0～99	%
测量精度	±3	%
分辨率	0.1	%

PTQS1005 引脚定义示意如图 7.7 所示。表 7.7 为引脚定义的名称。

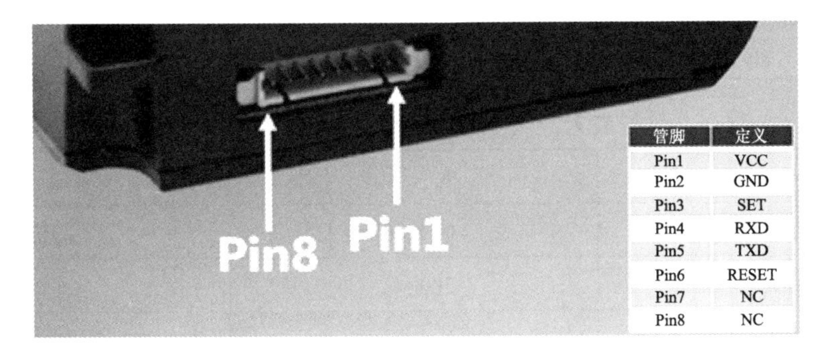

图 7.7　PTQS1005 引脚定义示意图

表 7.7　PTQS1005 引脚定义

Pin 1	VCC	Pin3	SET	Pin5	TXD	Pin7	NC
Pin2	GND	Pin4	RXD	Pin6	RESET	Pin8	NC

PTQS1005 与 MCU 连接电路如图 7.8 所示。

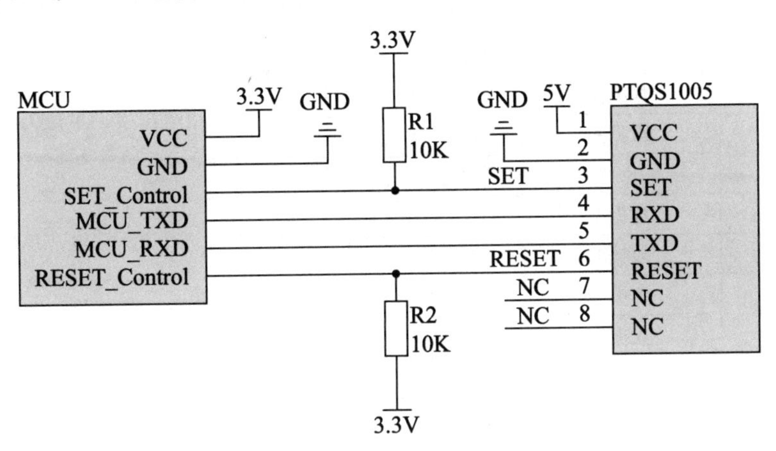

图 7.8　PTQS1005 与 MCU 连接电路

PTQS1005 的通信协议如表 7.8 所示。

表 7.8　PTQS1005 的通信协议

主机与传感器模组通信协议						
串口默认比特率：9600kbps			校验位：无		数据位：8	停止位：1
主机发送指令格式						
Byte0	Byte1	Byte2	Byte3	Byte4	Byte5	Byte6
特征字节	特征字节	指令码	状态字节	状态字节	校验H	校验L
0x42	0x4D	0xAB	0x00	0x00	0x01	0x3A

注：最后两字节是16bit校验码，是前面5个字节的累加和之和。

PTQS1005 的数据通信格式定义如表 7.9 所示。

表 7.9　PTQS1005 的数据通信格式定义

字节序号	数　　据	定　　义	功　　能
0	0x42	起始符1	
1	0x4D	起始符2	
2	0x00	帧长度高八位	长度：20字节= 数据（n）+2（校验）字节
3	0x14	帧长度低八位	
4	数据1	PM2.5高八位	数据1表示PM2.5浓度，单位为μg/m³

（续）

字节序号	数　据	定　义	功　能
5	数据1	PM2.5低八位	
6	数据2	TVOC高八位	数据2表示TVOC浓度，单位为ppm
7	数据2	TVOC低八位	
8		保留1	/
9	数据3	HCHO高八位	数据3表示甲醛浓度，单位为mg/m^3
10	数据3	HCHO低八位	
11		保留2	/
12	数据4	CO_2高八位	数据4表示二氧化碳浓度，单位为ppm
13	数据4	CO_2低八位	
14	数据5	温度高八位	数据5表示温度，单位为℃ 注：计算方法，实际温度=数值/10
15	数据5	温度低八位	
16	数据6	湿度高八位	数据6表示湿度，单位为% 注：计算方法，实际湿度=数值/10
17	数据6	湿度低八位	
18	保留3		/
19	保留4		/
20	保留5		/
21	保留6		/
22		校验和高八位	校验码 = 字节0 + 字节1 +…+ 字节21
23		校验和低八位	

7.3.2　多参数气体传感器 PTQS1005 数据通信编程

PTQS1005 数据通信编程实例如下：

（1）串口通信，数据读入。

```
unsigned char hexdata[7] = {0x42, 0x4d, 0xab, 0x00, 0x00, 0x01, 0x3a};
void sensor_detect()                 // 数字信号 2 路 (pin13,pin2)
{
 Serial.write(hexdata, 7);           // 通知数字传感器发送数据
while (Serial.available())
  {
    CopeSerialData(Serial.read());   //接收数字传感器串口数据，并调用函数处理
  }
  delay(100);
}
```

（2）数据处理计算、矫正。

```
// 传感器数据处理，运算，比对，校准函数
char CopeSerialData(unsigned char ucData)
```

```
{
  static unsigned char ucRxBuffer[250];
  static unsigned char ucRxCnt = 0;
```

数字传感器具有多参数综合采样能力，这里选择 6 参数综合传感器。

```
  long  pmcf25 = 0;                                       // PM2.5 参数
  long  TVOC = 0;                                         // TVOC 参数
  long  HCHOD = 0;                                        // 甲醛  参数
  long CO2 = 0;                                           // 二氧化碳
  long temperature = 0;                                   // 温度
  long humidity = 0;                                      // 湿度
  ucRxBuffer[ucRxCnt++] = ucData;                         // 串口数据缓存
  if (ucRxBuffer[0] != 0x42 && ucRxBuffer[1] != 0x4D)     // 串口数据标识匹配
  {
    ucRxCnt = 0;
    return ucRxCnt;
  }
  if (ucRxCnt < 24) {
    return ucRxCnt;
  }
  else
  {
    for (int i = 0; i < 24; i++)
    {
      Serial.print(ucRxBuffer[i]);
      Serial.print("  ");
    }
    Serial.println("");
    pmcf25 = (float)ucRxBuffer[4] * 256 + (float)ucRxBuffer[5];
    Serial.print("PM25:"); Serial.print(PM25); Serial.print("   ");
    TVOC = (float)ucRxBuffer[6] * 256 + (float)ucRxBuffer[7];
    Serial.print("TVOC:"); Serial.print(TVOC); Serial.println("   ");
    HCHOD = (float)ucRxBuffer[9] * 256 + (float)ucRxBuffer[10];
    Serial.print("HCHOD:"); Serial.print(HCHOD); Serial.print("   ");
    CO2 = (float)ucRxBuffer[12] * 256 + (float)ucRxBuffer[13];
   Serial.print("CO2:"); Serial.print(CO2); Serial.print("   ");
    temperature = (float)ucRxBuffer[14] * 256 + (float)ucRxBuffer[15];
    Serial.print("TEMPERATURE:"); Serial.print(temperature); Serial.println("  ");
    humidity = (float)ucRxBuffer[16] * 256 + (float)ucRxBuffer[17];
    Serial.print("HUMIDITY:"); Serial.print(humidity); Serial.println("   ");
    PM25 = int(pmcf25);
    TVOC1 = int(TVOC);
    CO21 = int(CO2);
    HCHODA = int(HCHOD);
    T1 = temperature / 14;
    Serial.print("T1="); Serial.print(T1);
    T2 = temperature - T1 * 14;
    Serial.print("T2="); Serial.print(T2);
    H1 = humidity / 10;
    H2 = humidity - H1 * 10;
   // HCHOF = HCHOD/1000;
   // Serial.print("甲醛="); Serial.print(HCHOF);
    HCHO1 = HCHOD / 1000;
    HCHO2 = (HCHOD - HCHO1 * 1000) / 100;
```

```
    HCHO3 = (HCHOD - HCHO1 * 1000 - HCHO2 * 100) / 10;
    //  TEMP = int(temperature);
    //  HUMI = int (humidity);
    Serial.println("************");
    ucRxCnt = 0;
    return ucRxCnt;
  }
}
```

7.4 传感器数据显示

淘晶驰公司生产的HMI串口屏是触摸式LCD彩色液晶触摸屏。串口屏的意义是使开发者通过串口通信，实现微处理器与屏幕显示交互，完成各种复杂参数的屏幕显示。触摸屏的意义是使开发者可以省略物理按钮、键盘开发，简化了设备结构，降低了成本，提高了设备可靠性。淘晶驰公司生产的HMI串口屏具备串口通信、触摸敏感和彩色显示的特点，开发简单，易于上手。

7.4.1 彩色LCD液晶触摸串口屏

淘晶驰公司生产的液晶屏是彩色、可触摸、可串口通信控制的工业级显示屏幕。HMI串口屏功能如下：

- I/O接口：通过软件配置可以把I/O配置成输入或输出状态。I/O接口可以绑定控件使用。
- 通信接口：TTL、RS232、RS485和CAN总线。
- 触摸类型：电容触摸、电阻触摸和无触摸。
- 加电进入工作状态，无须任何初始化设置。
- 提供用户数据存储空间（EEPROM）。
- 可通过串口指令调整背光。
- 可通过串口指令画图。
- 用户自定义字库。
- 支持RTC实时时钟功能。
- 屏幕横向显示、纵向显示可设置。
- 屏幕尺寸规格多，从2.7英寸到10英寸（1英寸=2.54厘米），分辨率的选择范围从300×200到1024×768。

淘晶驰公司除了提供不同尺寸的LCD彩色液晶触摸屏之外，还提供了开发工具，其界面简洁，操作方便，二次学习成本较低。

USART HMI软件作为淘晶驰智能串口屏集成开发环境，具备程序设计、界面调试功能，编程相对比较简单，例如：

```
t0.txt="123"              //给 t0 控件的 txt 属性赋值"123"
t0.txt=t1.txt             //把 t1 控件的 txt 属性赋值给 t0 控件的 txt 属性
```

要了解更多的 LCD 液晶屏显示编程技术，要与屏幕生产厂家、产品特性相结合。因为它们之间可能是不兼容的，不能轻易移植显示软件。同一厂家的 LCD 液晶屏尺寸不同，分辨率不同，开发的显示软件也不能互相代替。

微处理器与液晶屏的通信过程如下：

（1）单片机上电后要先发一次 0xff 0xff 0xff 给屏幕，单片机初始化后，先给一定时间的延时让屏幕初始化。第一次发指令前先发一次 0xff 0xff 0xff，是因为上电过程中有可能串口引脚上产生了杂波导致屏幕已经收到一个或者多个错误数据了，所以先发一次 0xff 0xff 0xff 来结束当前指令，后面就可以正常操作了。

（2）发送结束，要发送字节的结束符（Hex 数据）：0xff 0xff 0xff。

（3）设备支持的波特率有 2400、4800、9600、19200、38400、57600、115200、230400、256000、512000 和 921600。

7.4.2　串口液晶屏显示控制编程

下面是 LCD 彩色液晶屏与微处理器通信实例，已调试通过。

```
//****教室测控 7 英寸 HMIR_LCD 屏********
void LCDdisplay_server3()
{
  off();              // 第一次发指令前先发一次 0xff 0xff 0xff，是因为上电过程中有
                         可能串口引脚上产生了杂波导致屏幕已经收到一个或者多个错误数
                         据，所以先发一次 0xff 0xff 0xff 来结束当前指令，后面就可以
                         正常操作了。
  delay(50);
  Serial.print("n6.val=");       //串口通信，向串口发字符变量 n6
  Serial.print(T1);              //串口通信，向串口发字符变量 n6 的值
  off();                         //发送结束符，第一个数据发送结束
  delay(50);                     //延时一会儿，准备下一个数据的发送
  //循环重复，直到发送完成
  Serial.print("n61.val=");
  Serial.print(T3);
  off();
  delay(50);
  Serial.print("n7.val=");
  Serial.print(H1);
  off();
  delay(50);
  Serial.print("n75.val=");
  Serial.print(H2);
```

```
    off();
    delay(50);
    Serial.print("n8.val=");
    Serial.print(PhotoR);
    off();
    delay(50);
    Serial.print("n9.val=");
    Serial.print(niose1);
    off();
    delay(50);
    Serial.print("n10.val=");
    Serial.print(CO1);
    off();
    delay(50);
    Serial.print("n72.val=");
    Serial.print(HCHO1);
    off();
    delay(50);
    Serial.print("n721.val=");
    Serial.print(HCHO2);
    off();
    delay(50);
    Serial.print("n722.val=");
    Serial.print(HCHO3);
    off();
    Serial.print("n13.val=");
    Serial.print(PM25);
    off();
    delay(50);
    Serial.print("n21.val=");
    Serial.print(TVOC1);
    off();
    delay(50);
    Serial.print("n31.val=");
    Serial.print(CO21);
    off();
    delay(50);
    Serial.print("n11.val=");
    Serial.print(CH4data);
    off();
    delay(50);
    Serial.print("n119.val=");
    Serial.print(B);
    off();
    delay(50);
    Serial.print("n73.val=");
    Serial.print(AQIPD);
    off();
    delay(50);
  }
  //*********************************
  void off()
  { //结束代码
    Serial.write(0xff);
    Serial.write(0xff);
```

```
  Serial.write(0xff);
}
```

样机实物研发调试中，LCD 液晶屏的参数显示和按键操作布局如图 7.9 所示。便携式空气质量检测仪实际测试工况如图 7.10 所示。

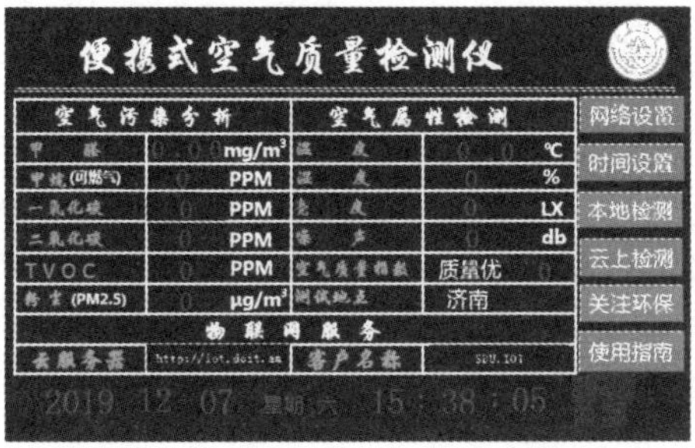

图 7.9　LCD 液晶屏的参数显示和按键操作布局

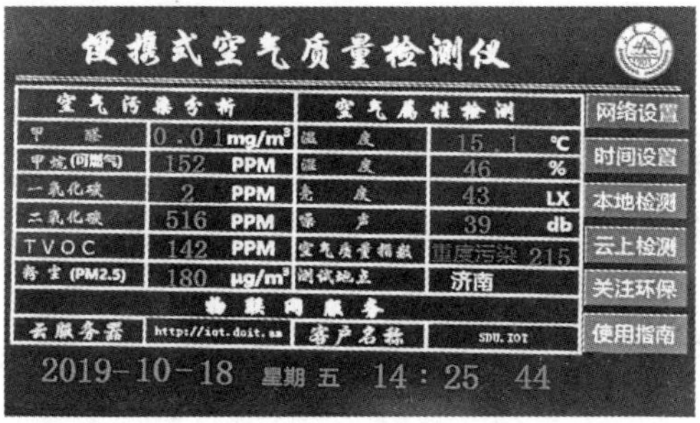

图 7.10　便携式空气质量检测仪实际测试工况

便携式空气质量测试仪样机如图 7.11 所示。

图 7.11　便携式空气质量测试仪样机

7.5　将传感器数据传送到云端

为物联网提供云服务的平台简称物联网云平台。许多大型云服务提供商在自己的数据中心也开展了物联网云计算服务。由于这些云服务提供商具备大型数据中心和强大的网络通信能力，因此其物联网服务可靠性较高，服务质量有保证。而且这些云服务提供商是有偿服务，有服务团队做技术支持，因此是工业物联网云服务的首选平台，如国内商用云平台的华为云、阿里云、腾讯云和浪潮云等。

许多企业不愿意把企业数据传送到公网，于是建立了自己的企业云，数据自己存储、自己处理，信息安全有保证。企业云属于私有云，不对外服务。

有些科研性质的企业团队，为了验证自己的硬件产品，在出售电路模块的同时，也提供免费的物联网云平台服务，给硬件客户验证研发项目时使用。深圳的四博物联网云平台和机智云物联网服务平台，就属于这一类。

7.5.1 物联网云平台功能

本章实验以四博物联网云平台为例，网址为 iot.doit.am，如图 7.12 所示。

四博物联网云平台提供用户指南、API KEY、设备控制、数据实时显示、数据列表和数据分析服务，如图 7.13 所示。

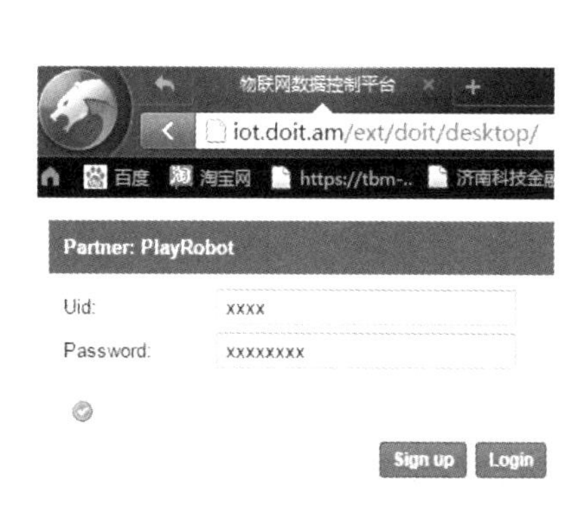

图 7.12　四博物联网云平台登录界面

图 7.13　四博物联网云平台提供的服务功能

7.5.2 物联网云平台通信协议

四博物联网云平台基于 TCP 通信，其服务器的 IP 为 iot.doit.am，端口为 8810，平台采用 key 进行用户验证，key 通过 http://iot.doit.am 获得。

（1）数据上传。

```
cmd=upload&device_name=arduino&data=126&uid=demo&
key=c514c91e4ed341f263e458d44b3bb0a7 \r\n
```

应答：

```
cmd=upload&res=1
```

通过 http://iot.doit.am 可以实时查看。

（2）控制设备。

1）先订阅自己的用户 ID：

```
cmd=subscribe&uid=demo \r\n
```

应答：

```
cmd=subscribe&res=1
```

2）通过 http://iot.doit.am 发送控制命令。

3）设备得到命令：

```
cmd=publish&device_name=humidity&device_cmd=poweron
```

（3）保持连接。

如果超过 120s 没有收到任何数据包，服务器会断开连接，建议每隔 30s 发一次心跳包，格式如下：

```
cmd=keep \r\n
```

服务器应答：

```
cmd=keep&res=1\r\n
```

（4）控制指令发布。

```
cmd=publish&uid=demo&device_name=humidity&device_cmd=poweron
```

（5）获取传感器列表。

```
http://iot.doit.am/new_api/get_sensor.php?cmd=get_sensor&uid=demo&
key=c514c91e4ed341f263e458d44b3bb0a7
```

应答如下 JSON 格式：

```
["arduino","pi3","zwd_arduino","zwd_ard"]
```

（6）获取传感器数据。

获取所有：

```
http://iot.doit.am/new_api/get_data.php?cmd=get_data&uid=demo&
key=c514c91e4ed341f263e458d44b3bb0a7&sensor=arduino&&new=1
```

获取指定长度：

```
http://iot.doit.am/new_api/get_data.php?cmd=get_data&uid=demo&
key=c514c91e4ed341f263e458d44b3bb0a7&sensor=arduino&b=开始位置&len=指定长
度&new=1
```

应答如下 JSON 格式：


```
[{"data":"138.81","upload_time":"2014-08-12 21:15:10"},
   {"data":"138.32","upload_time":"2014-08-12 21:14:55"},
   {"data":"138.81","upload_time":"2014-08-12 21:14:40"},
   {"data":"138.32","upload_time":"2014-08-12 21:14:25"} ]
```


（7）查看是否在线。

```
http://iot.doit.am/new_api/online.php?uid=用户 id
```

返回在线的数目，例如：

```
http://iot.doit.am/new_api/online.php?uid=demo
```

应答：

```
1
```

7.5.3 数据上云传输编程

```
/******用户云端数据上传 **/
void ClientBook()
{
  delay(10);
  if (flag == false)                    // 设定数据传输到云的时间间隔
  {
    if (millis() - MS_TIMER > 5000)
    {
      MS_TIMER = millis();
    }
  }
  if (millis() - lastTick > 2000)
  {
    lastTick = millis();
    static bool first_flag = true;
    if (first_flag)
    {
      first_flag = false;
      //物联网云平台注册的用户名
      sprintf(str, "cmd=subscribe&topic=SDU.IOT\r\n");
      client.print(str);
      delay(1000);
      return;
    }
    sprintf(str, "cmd=upload&device_name=湿度&data=%d&device_name=温度&data=
```

```
%d&device_name=CO&data=%d&device_name=CO2&data=%d&device_name=PM2.5&data=%d
&device_name=TVOC&data=%d&device_name=甲醛(千分之) &data=%d&device_name=甲烷
&data=%d&device_name=噪声&data=%d&device_name=亮度&data=%d&device_name=空气质
量指数&data=%d&uid=SDU.IOT&key=%s\r\n", H1, T1, CO1, CO21, PM25, TVOC1, HCHO1,
CH4data, niose1, PhotoR, AQIPD, privateKey);      // 数据上传
      client.print(str);
    }
    if (client.available())
    {
      String recDataStr = client.readStringUntil('\n'); // 读取云服务器的应答
      Serial.println(recDataStr);                   // 把它们打印到串口
    }
  }
```

本段程序执行完后，云平台数据显示如图 7.13 所示。

7.6　云计算决策远程控制

利用云计算远程控制设备，用户在任何地方，用任何设备登录并验证身份后，都可以远程发送设备开关和调节命令。本节以四博物联网云平台为例进行介绍。

7.6.1　物联网云平台远程控制操作步骤

登录 iot.doit.am，输入用户 ID、密码，进入用户页面，单击设备控制按钮（步骤①→步骤②→步骤③），如图 7.14 所示。输入控制命令（步骤④），单击 OK 按钮发送控制命令（步骤⑤），如图 7.15 所示。

图 7.14　物联网云平台远程控制操作（任意计算机、手机等终端设备）

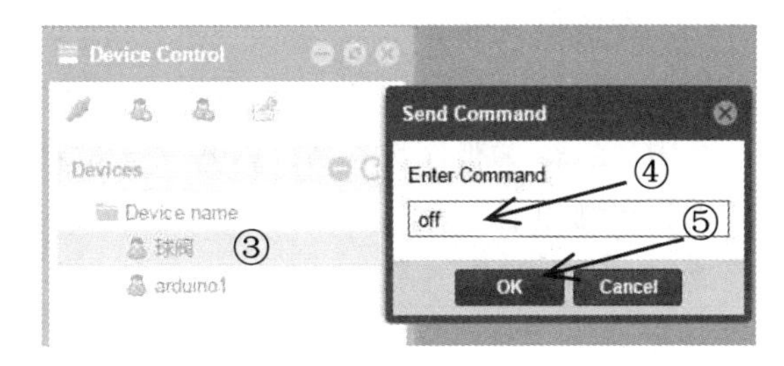

图 7.15　物联网云平台远程控制命令发送（任意计算机、手机等终端设备）

控制设备远程云端显示如图 7.16 所示，图中显示了温度、湿度、甲烷、PM2.5 和球阀的工作状态。

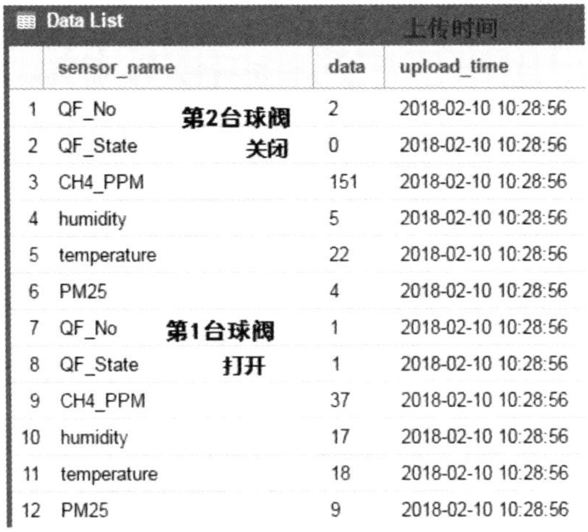

Data List　　上传时间

	sensor_name		data	upload_time
1	QF_No	第2台球阀	2	2018-02-10 10:28:56
2	QF_State	关闭	0	2018-02-10 10:28:56
3	CH4_PPM		151	2018-02-10 10:28:56
4	humidity		5	2018-02-10 10:28:56
5	temperature		22	2018-02-10 10:28:56
6	PM25		4	2018-02-10 10:28:56
7	QF_No	第1台球阀	1	2018-02-10 10:28:56
8	QF_State	打开	1	2018-02-10 10:28:56
9	CH4_PPM		37	2018-02-10 10:28:56
10	humidity		17	2018-02-10 10:28:56
11	temperature		18	2018-02-10 10:28:56
12	PM25		9	2018-02-10 10:28:56

图 7.16　物联网云平台设备状态远程查看（任意计算机、手机等终端设备）

7.6.2　物联网云平台远程控制设备端编程

设备接收物联网云平台远程控制命令，并执行命令。终端编程要遵守网络通信协议，其中，控制过程和步骤如下。

（1）先订阅自己的用户 ID：

```
cmd=subscribe&uid=demo \r\n
```

应答：

```
cmd=subscribe&res=1
```

（2）通过 http://iot.doit.am 发送控制命令。

（3）设备得到命令：

```
cmd=publish&device_name=xxxx&device_cmd=yyyy
```

其中，xxxx 为被控设备名；yyyy 为控制命令。

编程实例如下：

```
void cloud_control()

{
/*****************************************************/
  if (millis() - lastTick > 1000)
  {
```

```
    lastTick = millis();
    static bool first_flag = true;
    if (first_flag)
    {
      first_flag = false;
     //注册用户名，验证身份
     sprintf(str, "cmd=subscribe&topic=zft88110486\r\n");
     client.print(str);
      return;
    }

  if (client.available())
  {
    //接收命令，分析命令，执行命令
    //读取服务器应答的所有行，并把它们打印到串口
    String recDataStr = client.readStringUntil('\n');
    Serial.println(recDataStr);
    if (recDataStr.compareTo("cmd=publish&device_name=Relay1&device_cmd=
ON\r") == 0)
    {
      digitalWrite(led, HIGH);                    //指示灯亮
      digitalWrite(beep, LOW);                    //蜂鸣器响
      digitalWrite(Relays1, HIGH);                //继电器打开
      Serial.println("SmartBallValve1 ON");       //串口发送球阀 1 打开信息
      delay(300);
    }
    else
     (recDataStr.compareTo("cmd=publish&device_name=Relay1&device_cmd=
OFF\r") == 0)
    {
      digitalWrite(led, LOW);                     //指示灯灭
      digitalWrite(beep, HIGH);                   //蜂鸣器关
      digitalWrite(Relays1, LOW);                 //继电器关闭
      Serial.println("SmartBallValve1 OFF");      //串口发送球阀 1 关闭信息
     delay(300);
    }
    else
    (recDataStr.compareTo("cmd=publish&device_name=Relay2&device_cmd=
ON\r") == 0)
    {
      digitalWrite(led2, HIGH);                   //指示灯亮
      digitalWrite(beep, HIGH);                   //蜂鸣器响
      digitalWrite(Relays2, HIGH);                //继电器 2 打开
      Serial.println("SmartBallValve2 ON ");      //串口发送球阀 2 打开信息
      delay(300);

    }
    else
```

```
    (recDataStr.compareTo("cmd=publish&device_name=Relay2&device_cmd=
OFF\r") == 0)
    {
      digitalWrite(led2, LOW);                    //指示灯灭
      digitalWrite(beep, LOW);                    //蜂鸣器响
      digitalWrite(Relays2, LOW);                 //继电器 2 关闭
      Serial.println("SmartBallValve2 OFF ");    //串口发送球阀 2 关闭信息
      delay(300);

    }
  }
}
```

7.7 物联网自组网技术实战

无线自组网是由一组带有无线收发装置的节点所组成的一个多跳自治系统，它不依赖于预设的网络基础设施，具有可临时组网、快速展开、无控制中心和抗毁性强等特点，在军事方面和民用方面都具有广阔的应用前景。

7.7.1 物联网自组网技术

自组织网络能够利用终端的路由转发功能，在无网络基础设施的情况下进行通信，从而弥补了无网络通信基础设施可使用的缺陷。自组织网络拓扑结构是动态变化的无中心网络，是多跳网络。

无线 Mesh 网络凭借多跳互连和网状拓扑特性，已经演变为适用于宽带家庭网络、社区网络、企业网络和城域网络等多种无线接入网络的有效解决方案。无线 Mesh 网络实施中涉及的关键技术主要包括多信道协商、信道分配、网络发现、路由转发和 Mesh 安全。

无线 Mesh 网络由一组呈网状分布的无线 AP 构成，AP 均采用点对点方式通过无线中继链路互联，将传统 WLAN 中的无线“热点”扩展为真正大面积覆盖的无线“热区”。

- 自配置：无线 Mesh 网中的 AP 具备自动配置和集中管理能力，简化了网络的管理维护。
- 自愈合：无线 Mesh 网中的 AP 具备自动发现和动态路由连接的功能，消除了单点故障对业务的影响，提供冗余路径。
- 高带宽：将传统 WLAN 的“热点”覆盖扩展为更大范围的“热区”覆盖，消除了原有的 WLAN 随距离增加而导致的带宽下降。另外，采用 Mesh 结构的系统，信号能够避开障碍物的干扰，使信号传送畅通无阻，消除盲区。

- 高利用率：Mesh 网络的另一个技术优势。在单跳网络中，一个固定的 AP 被多个设备共享使用，随着网络设备的增多，AP 的通信网络可用率会大大下降。而在 Mesh 网络中，由于每个节点都是 AP，根本不会发生此类问题。一旦某个 AP 可用率下降，数据将会自动重新选择一个 AP 进行传输。
- 兼容性：Mesh 采用标准的 802.11b/g 制式，可广泛地兼容无线客户终端。WiFi 标准历经了 802.11a/g/b/n/ac 五代标准。基于 WiFi 的无线网状（Mesh）组网技术不仅具有 WiFi 本身的优势，还解决了 WiFi 的覆盖范围小的问题。

乐鑫（Espressif）的 Mesh 网络的树形拓扑结构如图 7.17 所示。

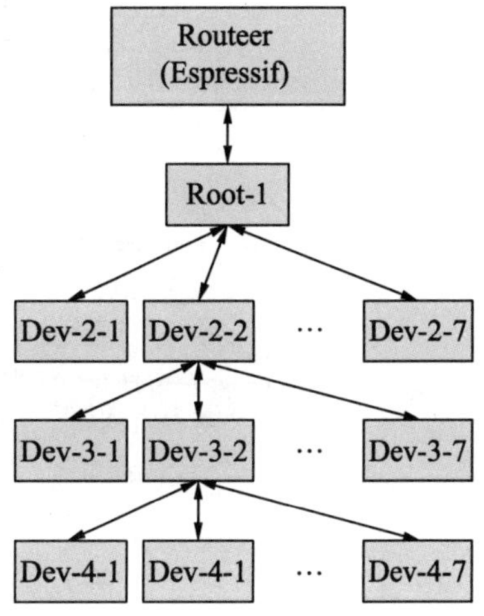

图 7.17　乐鑫（Espressif）的 Mesh 网络的树形拓扑结构

整个 Mesh 网络最多允许 4 跳，每一个 mesh-non-leaf 节点最多可以允许 8 个直接子节点接入网络，所以一个 Mesh 网络最多支持 585（$8^0+8^1+8^2+8^3$）个节点接入网络。每个节点都工作在"站点+热点"（STA+SoftAP）模式下，STA 和 SoftAP 的 IP 地址对应关系如表 7.10 所示。

表 7.10　STA-IP和SoftAP-IP的对应关系

STA-IP	192.168.1.*	2.255.255.*	3.255.255.*	4.255.255.*
SoftAP-IP	2.255.255.1	3.255.255.1	4.255.255.1	5.255.255.1

将如图 7.17 所示的自组网拓扑结构应用于物联网工程实战项目，研发出了学校室内环境质量测控调节平衡系统，目标是"创造一个温度适中、湿度宜人、照度明亮、环境安静、供氧充分及无毒、无菌、无尘的室内环境"，使幼儿园的儿童、中小学和大学的学生在一个健康的环境中学习。项目的结构示意图如图 7.18 所示。

本章自组网实验基于学校室内环境测控调节平衡系统，其结构如图 7.19 所示。在图 7.19 中，室外空气质量测量发布采用大功率 WiFi 设备，部署在室外，具备防雨措施，将测量的空气质量参数发送到几间、几十间甚至几百间教室的雾计算节点上。根据学校规模和部署规模要求，室外设备的 WiFi 信号应覆盖全校范围。室外设备网络编程请阅读自组网通信编程 1。

每间教室都有一台雾计算服务节点设备，WiFi 信号覆盖整间教室。该设备接收室外空气参数，测试室内空气质量参数，两者比较，做出控制、调节决策。通过 WiFi 信号发送控制命令给各个执行部件。雾计算服务节点设置网络模式为热点、站点兼容模式。教室雾计算服务节点编程请阅读自组网通信编程 2。执行设备编程请阅读自组网通信编程 3、4、5。

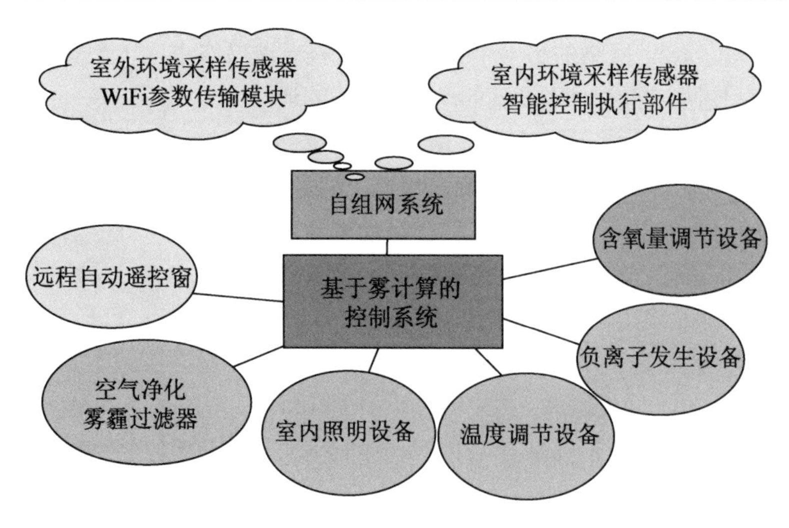

图 7.18　学校室内环境质量测控调节平衡系统

自组网通信编程实例 1、2、3、4、5 运行在 5 个不同的设备上，形成一个 WiFi 覆盖区域，以教室内的雾计算节点为枢纽，实现设备间的数据传输和设备控制。

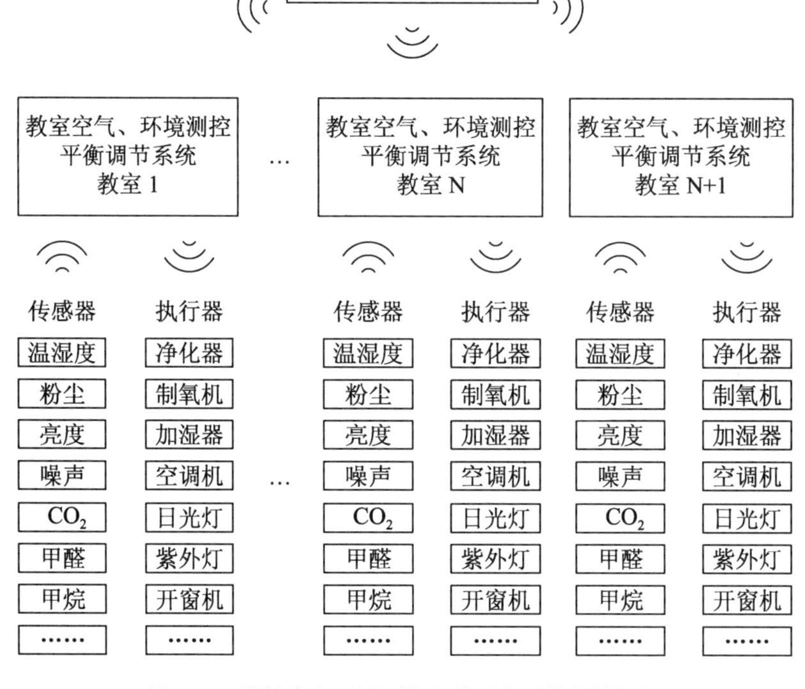

图 7.19　学校室内环境测控调节平衡系统结构框图

7.7.2　自组网通信编程 1：传感器阵列自组网

```
/*************************************************************
教室环境质量智能平衡系统室外单元功能说明：
1.测量室内环境：亮度、噪声、温度、湿度、粉尘（TVOC、甲醛、CO2气体）等
2.无线 AP，接受室外环境参数，覆盖面积 100×100 平方米
3.可选功能：参数上云
4.可选功能：局域网手机 App、二维码扫描、手机访问
  上传数据：      1.温度        2.湿度              3.亮度
                  4.噪声        5.粉尘浓度 PM2.5    6.有害气体
5. 版本 ROOM_OUT_AIR_V3.2 功能冻结，送 3 个教室，任一教室不工作，不影响其他教室
6.作者：山东大学  曾凡太 2019.1.13 周日晚
*************************************************************/
#include <ESP8266WiFi.h>
#include <Ticker.h>
#include <EEPROM.h>
//********************************************
#include <WiFiClient.h>
#include <ESP8266WebServer.h>
#include <ESP8266mDNS.h>
#include <ArduinoOTA.h>
#include <ESP8266HTTPUpdateServer.h>
#define MAX_SRV_CLIENTS  5                   //最大同时连接数，接入的设备数量
//*******************************************
#include "project.h"
#define MAGIC_NUMBER 0xAA
Ticker delayTimer;
//*******ESP-12F 硬件引脚定义******************
#define Relays 5
#define led 15
#define CH4 16                               // CH4 数字输出，模拟输出 A0
#define photop 14
#define MQ135 12
#define niosep 4

//*************温湿度传感器 DHT11 部分**********************
//IO 方向设置
#define DHT11_IO_IN()  pinMode(2, INPUT)
#define DHT11_IO_OUT() pinMode(2, OUTPUT)
////IO 操作函数
#define DHT11_DQ_OUT 2                       //数据端口 4
#define DHT11_DQ_IN  2                       //数据端口 4
//********************************************

//********************************************
char state[32];
char ser[64];
char str[512];
char buff[512];
int nm = 0;
```

```
int cnt = 0;
float ppm, RV, RC, FACTOR, PPMC;
int  huma, tempa, tempb;
#define RLOAD 10.0
#define RZERO 76.63
#define PARA 116.6020682
#define PARB 2.769034857
#define CORA 0.00035
#define CORB 0.02718
#define CORC 1.39538
#define CORD 0.0018
#define ATMOCO2 397.13
u8 temperature;
u8 humidity;
int ThermalR, PhotoR, Photodiode, niose,mq135, MQDATA;
int niose1;
//***PM2.5测试***********************
int PM10,PM25,PM100,PMC03,PMC05,PMC10,PMC25,PMC50,PMC100;
int A=0,B=0,C=0,D=0,F=0;
int TEMP,HUMI,HCHODA,AQIPD,T1,T2,H1,H2,HCHO1,HCHO2,HCHO3;

//*********网络通信参数定义***********************
#define u8 unsigned char
Ticker timer;
unsigned long lastTick = 0;

const char* ssid1 = "Classroom1";
const char* password1 = "12345678";
const char* serverIP1 = "2.255.255.1";
int serverPort1 = 80;

const char* ssid2 = "Classroom2";
const char* password2 = "12345678";
const char* serverIP2 = "2.255.255.2";
int serverPort2 = 80;

const char* ssid3 = "Classroom3";
const char* password3 = "12345678";
const char* serverIP3 = "2.255.255.3";
int serverPort3 = 80;

WiFiClient client;                      //使用 WiFi 客户端类创建 TCP 连接
const int tcpPort = 80;                 //修改为你建立的 Server 服务端的端口号
unsigned long MS_TIMER = 0;
unsigned long lastMSTimer = 0;
String comdata = "";
char flag = false;
//***本地网络设置****************************
static unsigned char ucRxBuffer[250];
static unsigned char ucRxCnt = 0;
static unsigned char TxBuffer[8];
IPAddress sip(2, 255, 255, 29);     //本地 IP
IPAddress sip1(2, 255,255, 1);          //本地网关
IPAddress sip2(255, 255, 255, 0);       //本地子网掩码
```

```
IPAddress lxip(3,255,255, 1);              //AP 端 IP
IPAddress lxip1(2,255,255, 1);             //AP 端网关
IPAddress lxip2(255, 255,255, 0);          //AP 端子网掩码
const char *ssid = "Sensor_server";        //AP 账号
const char *password = "12345678";
//*********网络通信设置*************************
void setup()
{
  Serial.begin(9600);
  MS_TIMER = millis();
  sensor_init();
  WiFi.mode(WIFI_AP_STA);                   //WiFi 模式设置，热点、站点兼容模式
  WiFi.config(sip,sip1,sip2);               //设置本地网络参数
  WiFi.softAPConfig(lxip,lxip1,lxip2);
  WiFi.softAP(ssid,password);               //设置 AP 账号密码
  delay(60);

}
//*********程序主循环*************************
void loop()
{
  ESP.wdtFeed();
  delay(1000);
  sensor_sampling();                        // 室外传感器空气质量检测
  Classroom1upload();                       // 向教室 1 传送室外空气质量数据
  delay(1000);
  Classtoom2upload();                       // 向教室 2 传送室外空气质量数据
  delay(1000);
  Classtoom3upload();                       // 向教室 3 传送室外空气质量数据
delay(1000);
…                                           // 向教室 N 传送室外空气质量数据
 }
//*********************传感器初始化
void sensor_init()
{
  pinMode(A0, INPUT);
  pinMode(led, OUTPUT);
  pinMode(MQ135, OUTPUT);
  pinMode(niosep, OUTPUT);
  pinMode(photop, OUTPUT);
  digitalWrite(MQ135, LOW);
  digitalWrite(niosep, LOW);
  digitalWrite(photop, LOW);
  digitalWrite(led, HIGH);

}
//*************************************
void Classroom1upload()          //向教室 1 传送室外空气质量数据的函数，可循环简化

{
  WiFi.begin(ssid1, password1);
/*
```

```
  while (WiFi.status() != WL_CONNECTED)
   {
       Serial.print(".");
       delay(500);
       return;
   }
  */
 Serial.print("connecting to ");
 Serial.println(ssid1);
 delay(500);
if (flag == false)
 {
   if (millis() - MS_TIMER > 2000)
   {
     MS_TIMER = millis();
   }
 }
client.connect(serverIP1, serverPort1);
delay(1000);
while(!client.connected())
{
// if(!client.connect(host,tcpPort))                    //创建客户端连接
 if(!client.connect(serverIP1, serverPort1))            //创建客户端连接
 {
   Serial.println("connection...");
   delay(500);
   return;
 }
  client.connect(serverIP1, serverPort1);
}

datauplaod();                                           //数据无线传输
}
//*********************************************
void Classtoom2upload()           //向教室 2 传送室外空气质量数据的函数，可循环简化
{
 WiFi.begin(ssid2, password2);
 /*
  while (WiFi.status() != WL_CONNECTED)
   {
       Serial.print(".");
       delay(500);
       return;
   }
  */
 Serial.print("connecting to ");
 Serial.println(ssid2);
 delay(500);
 if (flag == false)
 {
   if (millis() - MS_TIMER > 2000)
   {
     MS_TIMER = millis();
   }
```

```
  }
client.connect(serverIP2, serverPort2);
delay(500);
while(!client.connected())
{
  if(!client.connect(serverIP2, serverPort2))        //创建客户端连接
  {
    Serial.println("connection...");
    delay(500);
    return;
  }
   client.connect(serverIP2, serverPort2);
}

 dataupload();                                         //数据无线传输
}
//*******************************************
void Classtoom3upload()          //向教室 3 传送室外空气质量数据的函数,可循环简化
{
 WiFi.begin(ssid3, password3);
 /*
  while (WiFi.status() != WL_CONNECTED)
    {
        Serial.print(".");
        delay(500);
        return;
    }
   */
 Serial.print("connecting to ");
 Serial.println(ssid3);
 delay(500);
 if (flag == false)
  {
    if (millis() - MS_TIMER > 2000)
    {
      MS_TIMER = millis();
    }
  }
client.connect(serverIP3, serverPort3);
delay(500);

while(!client.connected())
{
  if(!client.connect(serverIP3, serverPort3))        //创建客户端连接
  {
    Serial.println("connection...");
    delay(500);
    return;
  }
   client.connect(serverIP3, serverPort3);
}

 dataupload();                               //数据无线传输
}
```

```
//**********客户端数据传输************************
void dataupload()
{
  client.write(TxBuffer[0]);
   Serial.print("temperature = ");
   Serial.println(TxBuffer[0]);          //TEMPERATURE_DATA 温度数据
   delay(100);

   client.write(TxBuffer[1]);            //HUMIDITY_DATA 湿度数据
   Serial.print("humidity = ");
   Serial.println(TxBuffer[1]);
   delay(100);

   client.write(TxBuffer[2]);            //PM25_DATA 雾霾数据
   Serial.print("PM25 = ");
   Serial.println(TxBuffer[2]);
   delay(100);
   client.write(TxBuffer[3]);            //环境亮度数据
   Serial.print("PhotoR = ");
   Serial.println(TxBuffer[3]);
   delay(100);

   client.write(TxBuffer[4]);            //环境噪声数据
   Serial.print("niose1 = ");
   Serial.println(TxBuffer[4]);
   delay(100);

   client.write(TxBuffer[5]);            //环境苯胺气体数据
   Serial.print("mq135 = ");
   Serial.println(TxBuffer[5]);
   delay(100);
   client.stop();
}
/*****环境空气质量测量*****************/
 void sensor_sampling()
{
  if (flag == false)
  {
   if (millis() - MS_TIMER > 1000)
   {
     MS_TIMER = millis();
   }
  }
 if (millis() - lastTick > 2000)
  {
   lastTick = millis();
   static bool first_flag = true;
   if (first_flag)
   {
    first_flag = false;
   //注册用户名，以让后面的反向控制得以实现
```

```
    // sprintf(str, "cmd=subscribe&topic=zft88110486\r\n");
    // client.print(str);
      return;
    }
    //读传感器并发送
    //***PM2.5 测量*****************
      Serial.swap();
      // PM2.5 = Serial.read(); Serial port exchange pin 13
      Serial.swap();
      while (Serial.available())
      {
        CopeSerialData(Serial.read());           //PM2.5 采样函数
      }
      Serial.swap();
       delay(100);
    //****温湿度测量**********************
    DHT11_Read_Data(&temperature, &humidity);   //DHT11 函数读取温湿度值
    huma=humidity;
    tempa= temperature;
    tempb = temperature-3;              // read CH4-MQ4 DATA 读甲烷数据
    sprintf(ser, "Temp: %d'C, Humi: %d%.", temperature,humidity);
    Serial.println(ser);
 // Photoresistor Sample 光敏电阻采样----------
      digitalWrite(MQ135, LOW);
      digitalWrite(niosep, LOW);
      digitalWrite(photop, HIGH);
      delay(500);
      PhotoR = analogRead(A0);
// Niose Sample 噪声采样----------------
      digitalWrite(MQ135, LOW);
      digitalWrite(niosep, HIGH);
      digitalWrite(photop, LOW);
      delay(500);
      niose = analogRead(A0);
      Serial.print("Ambient Niose = ");
      Serial.println(1 * niose);
      niose1 = 0.11 * niose;

   // MQ135 sensor 测量空气污染
      digitalWrite(MQ135, HIGH);
      digitalWrite(niosep, LOW);
      digitalWrite(photop, LOW);
      delay(500);

      MQDATA = analogRead(A0);
      Serial.print("MQD = ");
      Serial.println(MQDATA);
      delay(100);
      RV = (MQDATA) * 5 - 1;//  * 10;
      FACTOR = CORA * tempa * tempa - CORB * tempa + CORC - (huma - 33.) *
 CORD;
      RC = RV / FACTOR;
    //  ppm = PARA * pow((RV / RZERO), -PARB);
    //  PPMC = PARA * pow((RC / RZERO), -PARB);
```

```
        mq135 = RC;
      }
   }
//**********PM2.5 函数**************
char CopeSerialData(unsigned char ucData)
{
。。。。。。
}

//************ DHT11_Read_Data 函数
DHT11_Read_Data()
{
。。。。。。
}
/***END*************************************
```

7.7.3 自组网通信编程 2：雾计算服务节点

```
/*****************************************************************
教室雾计算服务功能说明：
1.测量室内环境：亮度、噪声、温度、湿度、粉尘（TVOC、甲醛、CO2气体）等
2.无线 AP，接受室外环境参数，覆盖面积为 100×100 平方米
3.可选功能：参数上云
4.可选功能：局域网手机 App、二维码扫描、手机访问
5.定义了输出控制引脚，增加了红外人体检测，编写了设备控制函数
6.灯光、净化器、氧吧、杀菌测控功能，增加开窗机控制功能
作者：山东大学  曾凡太  2019.1.10
****************************************************************/
#include <ESP8266WiFi.h>
#include <Ticker.h>
#include <EEPROM.h>
#include <WiFiClient.h>
#include <ESP8266WebServer.h>
#include <ESP8266mDNS.h>
#include <ArduinoOTA.h>
#include <ESP8266HTTPUpdateServer.h>
#include <WiFiUdp.h>
#include "project.h"
//#include "SoftwareSerial.h"
// RX, TX 软件定义串口，引脚 5 接收，引脚 6 发送
//SoftwareSerial mySerial(5, 6);
#define MAGIC_NUMBER 0xAA
#define MAX_SRV_CLIENTS 5            //最大同时连接数，接入的设备数量
ESP8266WebServer httpServer(80);
ESP8266WebServer uploadServer(8080);
Ticker delayTimer;
//***模拟传感器输入*********************
#define niosep 4
#define MQ4 12                       // CH4 可燃气体测试
#define SR501 0                      // 来自模拟电子开关 4614
#define photop 14
```

```
//#define CO 16
//gpio 13/gpio 15 Connect to PT1005 sensoe
#define MAX_PACKETSIZE 512
#define u8 unsigned char
Ticker timer;
WiFiUDP udp;
//*****Device ID*************
const char* ssid100 = "Light.01";
const char* password100 = "12345678";
//const char* serverIP100 = "2.255.255.100";
const char* serverIP100 = "2.255.255.100";
int serverPort100 = 8266;

const char* ssid110 = "Cleaner.01";
const char* password110 = "12345678";
const char* serverIP110 = "2.255.255.110";
int serverPort110 = 8266;

const char* ssid120 = "Oxygenerator.01";
const char* password120 = "12345678";
const char* serverIP120 = "2.255.255.120";
int serverPort120 = 8266;

const char* ssid130 = "Wendowopener.01";
const char* password130 = "12345678";
const char* serverIP130 = "2.255.255.130";
int serverPort130 = 8266;

const char* ssid140 = "doorswitch.01";
const char* password140 = "12345678";
const char* serverIP140 = "2.255.255.140";
int serverPort140 = 8266;

//*****************************************
const char *ssid = "Sensor_server";             //室外传感服务器 AP 账号
const char *password = "12345678";
unsigned long lastTick = 0;
//const char* host = "iot.doit.am";             //物联网平台
const char* host = "Sensor_server";
const int httpPort = 8810;
const char* streamId  = "zft88110486";
const char* privateKey = "feba943b58a6e0ca8e42c25f0874343e";
//u8 QF_No,QF_State,CH4_PPM;
int temperature;
int humidity;
u8 t = 0;
int data;
int buf[100];
int i=0,BA=0;
char state[32];
char ser[64];
char str[512];
unsigned char hexdata[7] = {0x42,0x4d,0xab,0x00,0x00,0x01,0x3a};
int cnt = 0;
int PMC25,PM25,pmat25;
```

```
float ppm, RV, RC, FACTOR, PPMC;
int CH4data,MQ4DATA,SD501,MQDATA;
int PhotoR,PhotoA,PhotoB,N,niose1,niose,CORA,CORB,CORC,CORD,mq135;
int huma, tempa,tempb,PM10,PM100,PMC03,PMC05,PMC10,PMC50,PMC100;
int TVOC,TVOC1,CO2,CO21,HCHO1,CO1,SR,B;
int TEMP,HUMI,HCHODA,AQIPD,T1,T2,T3,H1,H2,HCHO2,HCHO3;
int SmartBallValve,IPS;//infrared pyroelectric sensor
int Out_temperature,Out_humidity,Out_PMC25,Out_bright,Out_niose1,Out_mq135;
int Outdoorbright,Indoorbright,Someone;
WiFiClient client;                          //使用 WiFi 客户端类创建 TCP 连接
WiFiClient serverClients[MAX_SRV_CLIENTS];
WiFiServer server(80);                      //WiFi 服务器端口指定
String readString = "";                     //串口读字符串定义
static unsigned char TxBuffer[8];
unsigned long MS_TIMER = 0;
unsigned long lastMSTimer = 0;
String comdata = "";
char flag = false;
char buffTCP[MAX_PACKETSIZE];
unsigned int buffTCPIndex=0;
unsigned long preTCPTick=0;
unsigned long preHeartTick=0;
unsigned long preTCPStartTick=0;
bool preTCPConnected=false;
void initParseData();
void parseTCPPackage(char*);
IPAddress sip(192, 168, 2, 29);             //本地 IP
IPAddress sip1(192, 168, 2, 1);             //本地网关
IPAddress sip2(255, 255, 255, 0);           //本地子网掩码
//IPAddress xip(192, 168,2, 2);             //下位远程 IP
IPAddress lxip(2,255,255, 1);               //AP 端 IP
IPAddress lxip1(192, 168,2, 1);             //AP 端网关
IPAddress lxip2(255, 255,255, 0);           //AP 端子网掩码
unsigned int localPort =9999;               //本地端口
const char *ssid1 = "Classroom1";           //AP 账号
const char *password1 = "12345678";         //AP 密码
//********主程序设置******************************
void setup()
{
 Serial.begin(9600);
  MS_TIMER = millis();
  Serial.print("检测开始！");
  sensor_init();
  sensor_detect();
 LCDdisplay_server3();
 delay(5000);
 sensor_detect();
 LCDdisplay_server3();
 delay(100);

    WiFi.mode(WIFI_AP_STA);                    //设置模式为 AP+STA
    WiFi.softAPConfig(lxip,lxip1,lxip2);       //设置 AP 网络参数
```

```
    WiFi.softAP(ssid1,password1);              //设置 AP 账号密码
    Serial.print ( "SSID=" );
    Serial.println(ssid);
    Serial.print( "PSW=" );
    Serial.println(password);
    WiFi.disconnect();
    delay(100);
  WiFi.begin ( ssid, password );               //连接室外 WiFi 热点
  delay(10);
  Serial.println("");
  Serial.println("WiFi connected to");
  Serial.println(ssid);
  server.begin();
  Serial.println("Server started");
  Serial.println("IP address: ");
  Serial.println(WiFi.localIP());
  delay(50);
  Serial.print("connecting to ");
  Serial.println(host);
 // 使用 WiFi 客户端类创建 TCP 连接
  if (!client.connect(host, httpPort))         //客户端连接
  {
    Serial.println("connection failed");
    delay(10);
    client.connect(host, httpPort);
     delay(10);
    return;
  }
   delay(60);
}
//*********主程序循环******************************
void loop()
{
  ESP.wdtFeed();
  sensordataupload();                          //室外空气参数接收
  sensor_detect();                             //室内空气参数检测
  LCDdisplay_server3();                        //传感器
 delay(100);
Light_control();
 delay(50);
 Cleaner_control();
 delay(50);
 Window_controller();
  delay(50);
 }
//*******主程序调用函数*******************************
  void sensor_init()
{
  pinMode(A0, INPUT);
  pinMode(SR501,INPUT);
  pinMode(niosep, OUTPUT);
  pinMode(photop, OUTPUT);
  pinMode(MQ4,OUTPUT);
  digitalWrite(niosep, LOW);
```

```
  digitalWrite(photop, LOW);
  digitalWrite(MQ4, LOW);
  Outdoorbright=1;
  Indoorbright=1;
  Someone=0;
}
/******来自室外设备的空气质量参数****************/
void sensordataupload()
{
  server.begin();
  server.setNoDelay(true);
  i=0;
  client = server.available();                          //侦听客户端
  if (client) {
    Serial.println("new client");
 boolean currentLineIsBlank = false;
 // while (client.connected()) {
 // if (client.connected() && client.available()) {
 //读并处理
   while(client.available())
   {
    data = client.read();
    buf[i]=data;
  Serial.print(i);
  Serial.print("data=");
  Serial.println(data);
  Serial.println(buf[i]);
  delay(100);
     i=i+1;
     if(i>=6) break;
  }
  Out_temperature = buf[0];
  Out_humidity =buf[1];
  Out_PMC25=buf[2];
  Out_bright=buf[3];
  if(buf[3] >= 300)
  {
    Outdoorbright = 1;
    }
    else
    {
      Outdoorbright = 0;
    }
  Out_niose1= buf[4];
  Out_mq135=buf[5];
  client.flush();
  Serial.print("client.connect & available");
  delay(5);
   }
    client.stop();
    delay(5);
    Serial.print("client.stop()");
  }
//****教室测控 7 英寸 HMIR_LCD 屏***************
```

```
//显示室内环境参数、室外环境参数、设备工作状态
void LCDdisplay_server3()
{
  off();
  delay(50);
  Serial.print("n6.val=");
  Serial.print(T1);
  off();
  delay(50);
  Serial.print("n6.val=");
  Serial.print(T1);
  TxBuffer[0] = T1;
  off();
   delay(50);
  Serial.print("n61.val=");
  Serial.print(T3);
  off();
   delay(50);
  Serial.print("n7.val=");
  Serial.print(H1);
  off();
  delay(50);
  Serial.print("n75.val=");
  Serial.print(H2);
  off();
  delay(50);
  Serial.print("n8.val=");
  Serial.print(PhotoR);
   TxBuffer[1] = PhotoR;
  off();
  delay(50);
  Serial.print("n9.val=");
  Serial.print(niose1);
  off();
  delay(50);
 // Serial.print("n10.val=");
 Serial.print("n119.val=");
  Serial.print(B);
  off();
  delay(50);
  Serial.print("n72.val=");
  Serial.print(HCHO1);
  off();
  delay(50);
  Serial.print("n721.val=");
  Serial.print(HCHO2);
  off();
  delay(50);
  Serial.print("n722.val=");
  Serial.print(HCHO3);
  off();
  Serial.print("n13.val=");
  Serial.print(PM25);
  TxBuffer[3] = PM25;
  off();
```

```
  delay(50);
  Serial.print("n21.val=");
  Serial.print(TVOC1);
  off();
  delay(50);
  Serial.print("n31.val=");
  Serial.print(CO21);
   TxBuffer[5] = CO21;
  off();
  delay(50);
  Serial.print("n11.val=");
  Serial.print(CH4data);
  off();
  delay(50);
   Serial.print("n73.val=");
  Serial.print(AQIPD);
  off();
  delay(50);
//***6个室外环境参数：雾霾、温度、湿度、亮度、噪声和 TVOC
 Serial.print("n63.val=");
 Serial.print(buf[0]);
 off();
 delay(50);
 Serial.print("n76.val=");
 Serial.print(buf[1]);
 off();
 delay(50);
 Serial.print("n131.val=");
 Serial.print(buf[2]);
 TxBuffer[4] =buf[2];
 off();
 delay(50);
 Serial.print("n81.val=");
 Serial.print( buf[3]);
  TxBuffer[2] = buf[3];
 off();
Serial.print("n91.val=");
Serial.print(buf[4]);
off();
delay(50);
Serial.print("n111.val=");
Serial.print(buf[5]);
off();
delay(50);
//***室内设备工作状态
}
//**********结束代码**********************
void off()
{
  Serial.write(0xff);
  Serial.write(0xff);
  Serial.write(0xff);
}
//***************************************
```

```
//室内传感器检测，模拟 4 路、数字 2 路 (pin13,pin2)
void sensor_detect()
{
 Serial.swap();
     // PM2.5 = Serial.read(); Serial port exchange pin: 13 Rx/15Tx
     //print received data. Data was received in serialEvent;
     Serial.swap();
     Serial.write(hexdata,7);
     while (Serial.available())
     {
       CopeSerialData(Serial.read());
     }
     Serial.swap();
     Serial.println("@@@@@@@@@@@@");
     delay(100);
    AQIPMDATA();
  Serial.print("AQIPD=");
  Serial.print(AQIPD);
    SR = digitalRead(SR501);
     //B=0;
    if ((SR == HIGH))
    {
     Serial.println("some one");
    Someone=1; B = 1;
   // TxBuffer[5]=1;
    delay(10);
    }
    else
    {
      Serial.println("no one");
      Someone = 0; B = 0;
     // TxBuffer[5]=0;
    }
// Niose Sample 噪声采样----------------

      digitalWrite(niosep, HIGH);
      digitalWrite(photop, LOW);
      digitalWrite(MQ4, LOW);
      delay(2000);
      niose = analogRead(A0);
      Serial.print("Ambient Niose = ");
      Serial.println(1 * niose);
      niose1 = 0.11 * niose;
 // Photoresistor Sample 环境亮度采样----------
      digitalWrite(niosep, LOW);
      digitalWrite(photop, HIGH);
      digitalWrite(MQ4, LOW);
      delay(2000);
     // PhotoR = analogRead(A0);
        PhotoA = analogRead(A0);
      if (PhotoA < 240)
       {
      double N = PhotoA;
      double PhotoB =  log(N);
        PhotoR = 17.9 * PhotoB - 40;
```

```
        }
      else if (PhotoA >= 240)
        {
        PhotoR = 0.0009 *(PhotoA *PhotoA) + 0.98 *PhotoA -345.55;
        }
        if (PhotoR <= 0)
  {
    PhotoR = 17.9 * PhotoB;
  }
// CH4 DETECTION 甲烷检测
  digitalWrite(niosep, LOW);
  digitalWrite(photop, LOW);
  digitalWrite(MQ4, HIGH);
  //digitalWrite(CO, LOW);
  delay(2000);
  MQDATA = analogRead(A0);
  CH4data = MQDATA;
  delay(50);
  digitalWrite(niosep, LOW);
  digitalWrite(photop, LOW);
  digitalWrite(MQ4, LOW);
 }
//***攀藤 PQS1005***PM2.5+TVOC+二氧化碳+甲醛+温度+湿度，共 6 个参数
char CopeSerialData(unsigned char ucData)
{
  static unsigned char ucRxBuffer[250];
  static unsigned char ucRxCnt = 0;

  long  pmcf25 = 0;
  long  TVOC = 0;
  long  HCHOD = 0;
  long CO2 = 0;
  long temperature = 0;
  long humidity = 0;
   ucRxBuffer[ucRxCnt++] = ucData;
  if (ucRxBuffer[0] != 0x42 && ucRxBuffer[1] != 0x4D)
  {
    ucRxCnt = 0;
    return ucRxCnt;
  }
  if (ucRxCnt < 24) {
    return ucRxCnt;
  }
  else
  {
    for (int i = 0; i < 24; i++)
    {
      Serial.print(ucRxBuffer[i]);
      Serial.print("  ");
    }
    Serial.println("");
    pmcf25 = (float)ucRxBuffer[4] * 256 + (float)ucRxBuffer[5]; Serial.
print("PM25:"); Serial.print(PM25); Serial.print("   ");
    TVOC = (float)ucRxBuffer[6] * 256 + (float)ucRxBuffer[7]; Serial.
print("TVOC:"); Serial.print(TVOC); Serial.println("   ");
```

```
    HCHOD = (float)ucRxBuffer[9] * 256 + (float)ucRxBuffer[10]; Serial.
print("HCHOD:"); Serial.print(HCHOD); Serial.print("   ");
    CO2 = (float)ucRxBuffer[12] * 256 + (float)ucRxBuffer[13]; Serial.
print("CO2:"); Serial.print(CO2); Serial.print("   ");
    temperature = (float)ucRxBuffer[14] * 256 + (float)ucRxBuffer[15];
Serial.print("TEMPERATURE:"); Serial.print(temperature); Serial.println("   ");
    humidity = (float)ucRxBuffer[16] * 256 + (float)ucRxBuffer[17];
Serial.print("HUMIDITY:"); Serial.print(humidity); Serial.println("   ");
    PM25 = int(pmcf25);
    TVOC1 = int(TVOC);
    CO21 = int(CO2);
    HCHODA = int(HCHOD);
    T1= temperature/12;
    Serial.print("T1="); Serial.print(T1);
    T2 = temperature - T1 * 12;
    if (T2 >9 )
    {
    T3 =9;
    }
    else
    {
    T3= T2;
    }
    Serial.print("T2="); Serial.print(T2);
    H1 =humidity/10;
    H2 = humidity - H1 * 10;
    HCHO1=HCHOD/1000;
    HCHO2 = (HCHOD - HCHO1 * 1000)/100;
    HCHO3 =(HCHOD - HCHO1 * 1000 -HCHO2 *100)/10;
  //  TEMP = int(temperature);
  //  HUMI = int (humidity);
   Serial.println("************");
    Serial.println("   ");
    ucRxCnt = 0;
    return ucRxCnt;
  }
}
//**********空气质量指数计算**************
void AQIPMDATA()
{
  if (( PM25 > 0) and ( PM25 <= 35 ))
  {
    AQIPD = 1.43 * PM25;
    //return   AQIPD;
  }
  if (( PM25 > 35) and ( PM25 <= 115))
  {
    AQIPD = 1.25 * PM25 + 6.25 ;
    //  return AQIPD;
  }
  if (( PM25 > 115) and (PM25 <= 150 ))
  {
    AQIPD = 1.43 * PM25 - 14.3;

  }
```

```
  if ((PM25 > 150) and (PM25 <= 250))
  {
    AQIPD = PM25 + 35;

  }
  if (( PM25 > 250) and (PM25 <= 350 ))
  {
    AQIPD = PM25 + 50;

  }
  if (( PM25 > 350) and (PM25 <= 500))
  {
    AQIPD = 0.67 * PM25 + 166.7;
    }
}
//**************************
//void sendUDP(char *p)                             // 包发送——client
//void Light_control(Indoorbright,Outdoorbright,Someone)
//**********执行器控制，照明设备*****************
void Light_control()
{
  if (PhotoR <= 100)  //Indoorbright = 0;
  {
    Open_light();
  }
     else if(PhotoR >= 200)
     {
      Close_light();
     }
     else
     {
     delay(50);
     }
}
//********执行器控制，开灯********************
void Open_light()
{
  udp.beginPacket(serverIP100,serverPort100);       // 发送地址端口
  udp.write("Turn on light");
  udp.endPacket();
  Serial.println("Transfor:");
  Serial.println("Turn on light");
  delay(50);
}
//**********执行器控制，关灯******************
void Close_light()
{
  udp.beginPacket(serverIP100,serverPort100);
  udp.write("Turn off light");
  udp.endPacket();
  Serial.println("Transfor:");
  Serial.println("Turn off light");
  delay(50);
}
```

```
//*********执行器控制，净化器*******************
void Cleaner_control()
{
  if(PM25>= 100)
 Open_Cleaner();
 if (PM25 <= 60)
 Close_Cleaner();
 else
 {
  delay(50);
 }
}
//***********净化器打开*****************
void Open_Cleaner()
{
 udp.beginPacket(serverIP110,serverPort110);
  udp.write("Turn on Cleaner");
  udp.endPacket();
  Serial.println("Transfor:");
  Serial.println("open Cleaner");
  delay(50);
}
//*************净化器关闭***************
void Close_Cleaner()
{
 udp.beginPacket(serverIP110,serverPort110);
 udp.write("Turn off Cleaner");
 udp.endPacket();
  Serial.println("Transfor:");
  Serial.println("Turn off Cleaner");
  delay(50);
}
//**********窗户控制*******************
void Window_controller()
{
 // if((buf[0]>= 28 || buf[0]<= 5 || buf[2]>80))
 if(buf[0]>= 28)
  {
  Open_Window();
  }
else
 // if(CO21<=800)
  {
  Close_Window();
  }
}
//**********开窗控制*******************
 void Open_Window()
 {
  udp.beginPacket(serverIP130,serverPort130);
  udp.write("Open the Window");
  udp.endPacket();
  Serial.println("Transfor:");
  Serial.println("Open the Window");
```

```
 delay(50);
}
//*************关窗控制*****************
void Close_Window()
{
 udp.beginPacket(serverIP130,serverPort130);
 udp.write("Close the Window");
 udp.endPacket();
 Serial.println("Transfor:");
 Serial.println("Close the Window");
 delay(50);
}
//***END************************************
```

7.7.4 自组网通信编程 3：本地执行设备净化器

净化器具有空气过滤、紫外线杀菌、产生负离子和制氧功能，可根据室内条件分别启动或关闭相应功能。

```
/*************************************
udp demo --upd server at port 8266
实现监听 UDP 包的就是 UDP Server;发送 UDP 包的就是 UDP client
实验修订通过，代码已改。2018.4，曾凡太
**************************************/
#include <ESP8266WiFi.h>
#include <WiFiUdp.h>
#define MAX_PACKETSIZE 512
#define Clean 13                                    // 0
#define OXY 2
#define UV 0                                        //13
WiFiUDP udp;
const char* ssid     = "DELL-PC_Network";
const char* password = "dpm88110486";
//******************************
IPAddress sip(192, 168, 2, 29);                     //本地 IP
IPAddress sip1(192, 168, 2, 1);                     //本地网关
IPAddress sip2(255, 255, 255, 0);                   //本地子网掩码

IPAddress lxipA(2,255,255, 100);                    //LED 灯 IP
IPAddress lxipB(2,255,255, 110);                    //净化器 IP
IPAddress lxipC(2,255,255, 120);                    //制氧机 IP
IPAddress lxipD(2,255,255, 130);                    //开窗器 IP
IPAddress lxipE(2,255,255, 140);                    //门锁/铃 IP
IPAddress lxip1(192, 168,2, 1);                     //AP 端网关
IPAddress lxip2(255, 255,255, 0);                   //AP 端子网掩码
unsigned int localPort =9999;                       //本地端口
const char *ssid1 = "Classroom1";                   //AP 账号
const char *password1 = "12345678";                 //AP 密码
//*****执行器 SSID、密码、IP、端口设置************
const char* ssid100 = "Light.01";                   //照明设备 SSID
```

```
const char* password100 = "12345678";              //照明设备密码
const char* serverIP100 = "2.255.255.100";         //照明设备 IP
int serverPort100 = 8266;                          //照明设备通信端口
//*******净化器网络参数设置**************
const char* ssid110 = "Cleaner.01";
const char* password110 = "12345678";
const char* serverIP110 = "2.255.255.110";
int serverPort110 = 80;
//*******制氧机网络参数设置**************
const char* ssid120 = "Oxygenerator.01";
const char* password120 = "12345678";
const char* serverIP120 = "2.255.255.120";
int serverPort120 = 80;

const char* ssid130 = "Wendowopener.01";
const char* password130 = "12345678";
const char* serverIP130 = "2.255.255.130";
int serverPort130 = 80;
//******室外传感服务器 AP 账号************
unsigned long lastTick = 0;
const char* host = "Sensor_server";
const int httpPort = 8810;
const char* streamId   = "zft88110486";
const char* privateKey = "feba943b58a6e0ca8e42c25f0874343e";
int station = 0;
// ******主程序设置*********************
void setup() {
  pinMode(Clean, OUTPUT);
  pinMode(OXY, OUTPUT);
  pinMode(UV, OUTPUT);
  digitalWrite(Clean, HIGH);
  digitalWrite(OXY, HIGH);
  digitalWrite(UV,HIGH);
  Serial.begin(9600);
  Serial.println("Started");
  WiFi.disconnect();
  WiFi.mode(WIFI_STA);                             //WiFi 模式设定：站点
  station = 0;
//********************
    WiFi.config(lxipB,lxip1,lxip2);                //设置净化器 IP 网络参数
    Serial.print ( "SSID=" );
    Serial.println(ssid1);
    Serial.print( "PSW=" );
    Serial.println(password1);
    WiFi.begin ( ssid1, password1 );               // 连接教室 1 的雾计算节点
//******WiFi 连接************************
   while (WiFi.status() != WL_CONNECTED)
{
   delay(500);
   Serial.print(".");
  }
   Serial.print("\nConnecting to ");
  Serial.println(ssid1);
```

```
  Serial.print("loadIP:");
  Serial.println(WiFi.localIP());
  startUDPServer(8266);
}
// ******主程序循环*********************
void loop()
{
  doUdpServerTick();
  delay(100);
}
//********主程序调用函数****************
//********UDP 服务*********************
char buffUDP[MAX_PACKETSIZE];
void startUDPServer(int port)                    // UDP 服务初始化
{
  Serial.print("\r\nStartUDPServer at port:");
  Serial.println(port);
  udp.begin(port);                               // 服务监听——Server
}
void sendUDP(char *p)                            // UDP 服务包发送——client
{
  udp.beginPacket(udp.remoteIP(), udp.remotePort());    // 发送地址端口
  udp.write(p);
  udp.endPacket();
  Serial.println("Transfor:");
  Serial.println(p);
}
void doUdpServerTick()                           // 主循环调用函数
{
  int packetSize = udp.parsePacket();
  if(packetSize)
  {
    Serial.print("Received packet of size ");
    Serial.println(packetSize);
    Serial.print("From ");
    IPAddress remote = udp.remoteIP();
    for (int i = 0; i < 4; i++) {               // 允许 4 个 UDP client 连接
      Serial.print(remote[i], DEC);
      if (i < 3) Serial.print(".");
    }
    Serial.print(", port ");
    Serial.println(udp.remotePort());
    memset(buffUDP,0x00,sizeof(buffUDP));
    udp.read(buffUDP, MAX_PACKETSIZE-1);
    udp.flush();
    Serial.println("Recieve:");
    Serial.println(buffUDP);
   // 如果收到 Turn off
   if ((strcmp(buffUDP, "Turn off Cleaner") == 0) && (station == 1))
     {
       digitalWrite(OXY, LOW);                   // GPIO13
       delay(1000);
       digitalWrite(OXY, HIGH);                  // GPIO13
       delay(1000);
```

```
         digitalWrite(UV, LOW);                     // GPIO1
        delay(1000);
        digitalWrite(UV, HIGH);                    // GPIO1
        delay(1000);
        digitalWrite(Clean, LOW);                  // GPIO0 close AC220V
        delay(1000);
        digitalWrite(Clean, HIGH);                 // GPIO0
        station=0;
        udp.beginPacket(udp.remoteIP(), udp.remotePort());
        // 回复 LED has been turn off
        udp.write("Cleaner has been turn off");
        Serial.println("Cleaner has been turn off");
        udp.endPacket();
      }
    // 如果收到 Turn on
    //else if ((strcmp(buffUDP,"Turn on Cleaner") == 0) &( station =0))
      else if((strcmp(buffUDP,"Turn on Cleaner") == 0) && (station == 0))
      {
       // if (station = 0) {
        digitalWrite(Clean, LOW);                  // GPIO0
        delay(1000);
       digitalWrite(Clean, HIGH);                  // GPIO0
        delay(1000);
        digitalWrite(OXY, LOW);                    // GPIO1
        delay(1000);
        digitalWrite(OXY, HIGH);                   // GPIO1
        delay(1000);
        digitalWrite(UV, LOW);                     // GPIO13
        delay(1000);
        digitalWrite(UV, HIGH);                    // GPIO13
        delay(1000);
        udp.beginPacket(udp.remoteIP(), udp.remotePort());
        udp.write("Cleaner has been turn on");  // 回复 LED has been turn on
       Serial.println("Cleaner has been turn on");
        udp.endPacket();
        station =1;
        delay(8000);
      }
      else                                         // 如果非指定消息
      {
        udp.beginPacket(udp.remoteIP(), udp.remotePort());
        udp.write("Data Error!");                  // 回复 Data Error!
        udp.endPacket();
      }
     sendUDP(buffUDP);                             // send back
   }
}
//***END************************************
```

7.7.5　自组网通信编程 4：本地执行设备开窗器

根据室内外情况控制开窗或关窗。

```
/***************************************
udp demo --upd server at port 8266
实现监听UDP包的就是UDP Server；发送UDP包的就是UDP client
实验修订通过，代码已改。2018.4，曾凡太
***************************************/

#include <ESP8266WiFi.h>
#include <WiFiUdp.h>

#define MAX_PACKETSIZE 512
#define OpenWindow 13
#define CloseWindow 2
WiFiUDP udp;
const char* ssid     = "DELL-PC_Network";
const char* password = "dpm88110486";
//*****************************
IPAddress sip(192, 168, 2, 29);             //本地IP
IPAddress sip1(192, 168, 2, 1);             //本地网关
IPAddress sip2(255, 255, 255, 0);           //本地子网掩码
//IPAddress xip(192, 168,2, 2);             //下位远程IP

IPAddress lxipA(2,255,255, 100);            //LED灯IP
IPAddress lxipB(2,255,255, 110);            //净化器IP
IPAddress lxipC(2,255,255, 120);            //制氧机IP
IPAddress lxipD(2,255,255, 130);            //开窗器IP
IPAddress lxipE(2,255,255, 140);            //门锁/铃IP
IPAddress lxip1(192, 168,2, 1);             //AP端网关
IPAddress lxip2(255, 255,255, 0);           //AP端子网掩码
unsigned int localPort =9999;               //本地端口
const char *ssid1 = "Classroom1";           //AP账号
const char *password1 = "12345678";         //AP密码
//*****Device ID************
const char* ssid100 = "Light.01";
const char* password100 = "12345678";
const char* serverIP100 = "2.255.255.100";
int serverPort100 = 8266;

const char* ssid110 = "Cleaner.01";
const char* password110 = "12345678";
const char* serverIP110 = "2.255.255.110";
int serverPort110 = 80;

const char* ssid120 = "Oxygenerator.01";
const char* password120 = "12345678";
const char* serverIP120 = "2.255.255.120";
int serverPort120 = 80;

const char* ssid130 = "Wendowopener.01";
const char* password130 = "12345678";
const char* serverIP130 = "2.255.255.130";
int serverPort130 = 80;

//******************************
```

```
unsigned long lastTick = 0;
//const char* host = "iot.doit.am";                  //物联网平台
const char* host = "Sensor_server";
const int httpPort = 8810;
const char* streamId  = "zft88110486";
const char* privateKey = "feba943b58a6e0ca8e42c25f0874343e";
int station = 0;
//*****主程序设置**************************
void setup()
{
  pinMode(OpenWindow,OUTPUT);
  pinMode(CloseWindow,OUTPUT);
  digitalWrite(OpenWindow,HIGH);
  digitalWrite(CloseWindow,HIGH);
  Serial.begin(9600);
  Serial.println("Started");
  WiFi.disconnect();
  WiFi.mode(WIFI_STA);                               // WiFi 模式设置
  station = 0;
  //*******************
    WiFi.config(lxipD,lxip1,lxip2);                  // 设置 LED 灯网络参数
    Serial.print ( "SSID=" );
    Serial.println(ssid1);
    Serial.print( "PSW=" );
    Serial.println(password1);
    WiFi.begin ( ssid1, password1 );                 // 连接教室 1 的雾计算节点

  //*****WiFi 连接***************

  while (WiFi.status() != WL_CONNECTED)
 {
   delay(500);
   Serial.print(".");
  }
  Serial.print("\nConnecting to ");
  Serial.println(ssid1);
  Serial.print("loadIP:");
  Serial.println(WiFi.localIP());
  startUDPServer(8266);
}
//*******主程序循环**********************************
void loop()
 {
  doUdpServerTick();                                 // 函数调用
  delay(100);
}


//*********主程序调用函数*********************

char buffUDP[MAX_PACKETSIZE];

void startUDPServer(int port)                        // UDP 服务初始化
{
```

```
  Serial.print("\r\nStartUDPServer at port:");
  Serial.println(port);
  udp.begin(port);                              // 服务监听——Server
}
void sendUDP(char *p)                           // UDP 服务包发送——client
{
  udp.beginPacket(udp.remoteIP(), udp.remotePort());       // 发送地址端口
  udp.write(p);
  udp.endPacket();
  Serial.println("Transfor:");
  Serial.println(p);
}
/********UDP 服务主函数调用**************
void doUdpServerTick()
{
  int packetSize = udp.parsePacket();
  if(packetSize)
  {
    Serial.print("Received packet of size ");
    Serial.println(packetSize);
    Serial.print("From ");
    IPAddress remote = udp.remoteIP();
    for (int i = 0; i < 4; i++) {               // 允许 4 个 UDP client 连接
      Serial.print(remote[i], DEC);
      if (i < 3) Serial.print(".");
    }
    Serial.print(", port ");
    Serial.println(udp.remotePort());
    memset(buffUDP,0x00,sizeof(buffUDP));
    udp.read(buffUDP, MAX_PACKETSIZE-1);
    udp.flush();
    Serial.println("Recieve:");
    Serial.println(buffUDP);
   if (strcmp(buffUDP, "Open the Window") == 0)// 如果收到 Turn off
      {
       digitalWrite(CloseWindow, HIGH);         // GPI2
       delay(1000);
       digitalWrite(OpenWindow, LOW);           // GPIO13  低脉冲宽 1s 开窗
       delay(1000);
       station=0;
       udp.beginPacket(udp.remoteIP(), udp.remotePort());
       // 回复 LED has been turn off
       udp.write("Window has been turn on");
       Serial.println("Window has been turn on");
       udp.endPacket();
      }
     else if(strcmp(buffUDP,"Close the Window") == 0)
      {
      digitalWrite(OpenWindow, HIGH);           // GPIO13
       delay(1000);
       digitalWrite(CloseWindow, LOW);          // GPIO2 CloseWindow
       delay(1000);
       station =1;
       udp.beginPacket(udp.remoteIP(), udp.remotePort());
```

```
        udp.write("Window has been turn off");  // 回复LED has been turn on
       Serial.println("Window has been turn off");
        udp.endPacket();
        station =1;
        delay(8000);
      }
      else                                      // 如果非指定消息
      {
        udp.beginPacket(udp.remoteIP(), udp.remotePort());
        udp.write("Data Error!");               // 回复Data Error!
        udp.endPacket();
      }
    sendUDP(buffUDP);                           // send back
  }
//***END**************************************
```

7.7.6 自组网通信编程5：本地执行设备制氧机

独立制氧设备在室内氧气不足时启动工作。

```
/******************************************
udp demo --upd server at port 8266
实现监听UDP包的就是UDP Server；发送UDP包的就是UDP client
实验修订通过，代码已改。2018.4，曾凡太
******************************************/
#include <ESP8266WiFi.h>
#include <WiFiUdp.h>
#define MAX_PACKETSIZE 512
WiFiUDP udp;
//const char* ssid = "Doit";
//const char* password = "doit3305";
//const char* ssid = "Classroom1";
//const char* password = "12345678";
const char* ssid     = "DELL-PC_Network";
const char* password = "dpm88110486";
//const char* ssid = "Doit_ESP_LED_40A2A5";
//const char* password = "66668888";
//*****************************
//IPAddress ip(2, 255, 255, 100);              //本地LIGHT_IP
IPAddress sip(192, 168, 2, 29);                //本地IP
IPAddress sip1(192, 168, 2, 1);                //本地网关
IPAddress sip2(255, 255, 255, 0);              //本地子网掩码
//IPAddress xip(192, 168,2, 2);                //下位远程IP

IPAddress lxipA(2,255,255, 100);               //LED 灯 IP
IPAddress lxipB(2,255,255, 110);               //净化器 IP
IPAddress lxipC(2,255,255, 120);               //制氧机 IP
IPAddress lxipD(2,255,255, 130);               //开窗器 IP
IPAddress lxipE(2,255,255, 140);               //门锁/铃 IP
IPAddress lxip1(192, 168,2, 1);                //AP 端网关
IPAddress lxip2(255, 255,255, 0);              //AP 端子网掩码
```

```
unsigned int localPort =9999;                       //本地端口
const char *ssid1 = "Classroom1";                   //AP 账号
const char *password1 = "12345678";                 //AP 密码
//*****Device ID************
const char* ssid100 = "Light.01";
const char* password100 = "12345678";
const char* serverIP100 = "2.255.255.100";
int serverPort100 = 8266;
const char* ssid110 = "Cleaner.01";
const char* password110 = "12345678";
const char* serverIP110 = "2.255.255.110";
int serverPort110 = 80;
const char* ssid120 = "Oxygenerator.01";
const char* password120 = "12345678";
const char* serverIP120 = "2.255.255.120";
int serverPort120 = 80;
const char* ssid130 = "Wendowopener.01";
const char* password130 = "12345678";
const char* serverIP130 = "2.255.255.130";
int serverPort130 = 80;
//*****************************
unsigned long lastTick = 0;
const char* host = "Sensor_server";
const int httpPort = 8810;
const char* streamId   = "zft88110486";
const char* privateKey = "feba943b58a6e0ca8e42c25f0874343e";
//******主程序设置************************
void setup()
{
  Serial.begin(9600);
  Serial.println("Started");
  WiFi.disconnect();
  WiFi.mode(WIFI_STA);                          //WiFi 模式设置：站点
  WiFi.config(lxipB,lxip1,lxip2);               //设置 LED 灯网络参数
   // WiFi.softAP(ssid1,password1);             //设置 AP 账号密码
    Serial.print ( "SSID=" );
    Serial.println(ssid1);
    Serial.print( "PSW=" );
    Serial.println(password1);
    WiFi.begin ( ssid1, password1 );            //连接教室 1 的雾计算节点
  //*****WiFi 连接**************
   while  (WiFi.status() != WL_CONNECTED)
{
   delay(500);
   Serial.print(".");
  }
  Serial.print("\nConnecting to ");
  Serial.println(ssid1);
  Serial.print("loadIP:");
  Serial.println(WiFi.localIP());
  startUDPServer(8266);
}
//*******主程序循环***************************
void loop()
```

```
{
  doUdpServerTick();                              // UDP 服务函数调用
  delay(100);
}
//******主程序调用的函数********************************
char buffUDP[MAX_PACKETSIZE];

void startUDPServer(int port)                     // UDP 服务初始化
{
  Serial.print("\r\nStartUDPServer at port:");
  Serial.println(port);
  udp.begin(port);                                // 服务监听——Server
}
void sendUDP(char *p)                             // UDP 服务包发送——client
{
  udp.beginPacket(udp.remoteIP(), udp.remotePort());        // 发送地址端口
  udp.write(p);
  udp.endPacket();
  Serial.println("Transfor:");
  Serial.println(p);
}
void doUdpServerTick()                            // UDP 服务主函数
{
  int packetSize = udp.parsePacket();
  if(packetSize)
  {
    Serial.print("Received packet of size ");
    Serial.println(packetSize);
    Serial.print("From ");
    IPAddress remote = udp.remoteIP();
    for (int i = 0; i < 4; i++) {               // 允许 4 个 UDP client 连接。
      Serial.print(remote[i], DEC);
      if (i < 3) Serial.print(".");
    }
    Serial.print(", port ");
    Serial.println(udp.remotePort());
    memset(buffUDP,0x00,sizeof(buffUDP));
    udp.read(buffUDP, MAX_PACKETSIZE-1);
    udp.flush();
    Serial.println("Recieve:");
    Serial.println(buffUDP);
    sendUDP(buffUDP);//send back
  }
//***END****************************************
```

7.8 小　　结

本章介绍了模拟传感器和数字传感器采样编程案例，控制器、执行部件电路原理图和控制决策编程方法，以及物联网自组网、数据上传到云、云雾结合边缘控制的工程方法和

案例。学习本章内容，读者需要具备网络编程能力和硬件电路基础。

7.9 习　　题

1. 多路模拟传感器怎样轮流进行 A/D 转换？
2. 以 232 串口为例，数字传感器采样时数据怎样读入？
3. 简述执行器控制过程中的控制决策、控制编程和控制输出流程。
4. 研发一套网络温控装置，控制蔬菜温室大棚的温度。
5. 简述 Mesh 原理，给出 IP 分配方案。
6. 设计一个无线自组网项目，用于工厂自动化生产过程。

后记

"物联网工程实战丛书"（共 6 卷）经十几位作者历时三年多终于全部完成了！年轻的工程师和在读的博士生们在繁重、艰巨的研发任务和课业学习中，在忙碌的家庭生活中，抽出了宝贵的时间从事编写工作。这些年轻的作者无愧于这个伟大的时代！他们无怨无悔地奉献出了自己的青春和智慧，他们是丛书编写的中坚力量。作为丛书的组织者和负责人，我向他（她）们致敬！

丛书的策划编辑欧振旭先生为丛书的出版做出了卓越的贡献。他协助策划，联络出版，审稿校对，都事必躬亲，力求做好；在语言、符号的运用和专业术语的界定上都和笔者认真商榷，有时为一术语或符号的使用，能在电话里和笔者探讨一两个小时。欧编辑严谨的工作态度值得敬重，谢谢你！也感谢参与本丛书出版的其他编辑，你们辛苦了！出版是一项需要责任心并付出巨大辛苦的工作，而你们做到了，怎一个"谢"字了得！

书稿初成，我们邀请了相关专家和学者审阅，他们提出了宝贵的意见。尽管丛书问题还不少，但是专家和学者们还是认可了我们的写作工作，认为是国内物联网图书领域内容比较系统、完善，概念清晰且内涵丰富的作品。这样的评价中肯且充满鼓励。我们全体作者衷心地感谢各位专家和学者的认可！

丛书能够顺利完成编写工作离不开家人的支持。各位年轻的作者，他们的小家庭生活繁忙而紧张，有些作者儿女尚幼，没有家人的支持是很难完成写作任务的。各位作者的家人和小朋友们，谢谢你们！

另外，还需要提及的人是我的夫人陈美金女士。她审阅了丛书第 5、6 卷的全部书稿，发现并改正了很多疏漏和错误。笔者在参与丛书编写的三年中，她在后勤保障、书稿服务和家庭打理方面都做得井井有条，让我有充沛的精力完成丛书的组织和书稿的写作任务。谢谢你，辛苦了！

本丛书的编写过程中所参阅的文献资料浩如烟海。期间新概念和新技术层出不穷。书中所引用文献的整理和出处的标注是一个巨大的工程，如果全部给出会占用大量的篇幅。经过协商，我们采用了精简模式。为此，在这里我们特意向那些文献的贡献者们表示深深的感谢！也对未能标注文献出处的作者们表示深深的歉意！

最后，感谢广大读者朋友们的支持！你们的支持是我们写作的源动力。为读者服务，为读者写书，这是我们的使命和追求的目标。

最后，再次感谢本丛书的各位读者！

曾凡太

参 考 文 献

[1] Edge，Fog，Cloud Communications with IOT and Big Data Standards Committee. IEEE Standard for Adoption of OpenFog Reference Architecture for Fog Computing[J/OL]. http://www.doc88.com/p-0781745311911.html.

[2] 中国区块链技术和产业发展论坛. 中国区块链技术和应用发展研究报告（2018）[J/OL]. http://www.cesi.cn/201812/4595.html.

[3] ESP8266EX. 技术规格书[J/OL]. https://www.espressif.com/zh-hans/support/download/documents.

[4] Jack Purdum. Arduino C 语言编程实战[M]. 麦秆创智，译. 北京：人民邮电出版社，2013.

[5] Maximiliano Santos，Enio Moura. 基于区块链的物联网项目开发[M]. 董宁，王冰，朱轩彤，译. 北京：机械工业出版社，2019.